西北民族大学中央高校基本科研业务费专项资金
资助项目 31920130064

环境科学理论及其发展研究

HUANJING KEXUE LILUN JIQI FAZHAN YANJIU

刘兆民　杨一鸣　田　华　编著

中国水利水电出版社
www.waterpub.com.cn

内 容 提 要

本书系统地介绍了环境科学理论及其发展研究的相关知识。共分10章，包括环境与环境科学概述，生态学基本原理，大气环境，水体环境，土壤环境，固体废物与环境，物理环境，人口、资源与环境，环境检测、评价与管理，全球环境问题与可持续发展。本书在章节设计和内容编撰上既有一定的广度，又有一定的深度，同时还对一些新概念与新知识展开了探讨，使读者重点掌握环境科学的基础理论和关键知识点，充分调动读者对于环境科学的兴趣，以及对环境保护事业的热爱。

本书可供环境学相关专业工程人员和科学工作者参考研究。

图书在版编目（CIP）数据

环境科学理论及其发展研究 / 刘兆民，杨一鸣，田华编著. -- 北京 : 中国水利水电出版社，2015.10（2022.9重印）
ISBN 978-7-5170-3734-7

Ⅰ. ①环… Ⅱ. ①刘… ②杨… ③田… Ⅲ. ①环境科学－研究 Ⅳ. ①X

中国版本图书馆CIP数据核字(2015)第244834号

策划编辑：杨庆川　责任编辑：陈　洁　封面设计：崔　蕾

书　名	环境科学理论及其发展研究
作　者	刘兆民　杨一鸣　田　华　编著
出版发行	中国水利水电出版社 （北京市海淀区玉渊潭南路1号D座 100038） 网址：www.waterpub.com.cn E-mail：mchannel@263.net（万水） sales@mwr.gov.cn 电话：(010)68545888（营销中心）、82562819（万水）
经　售	北京科水图书销售有限公司 电话：(010)63202643、68545874 全国各地新华书店和相关出版物销售网点
排　版	北京厚诚则铭印刷科技有限公司
印　刷	天津光之彩印刷有限公司
规　格	170mm×240mm　16开本　18印张　323千字
版　次	2016年1月第1版　2022年9月第2次印刷
印　数	1501-2500册
定　价	54.00元

前　言

环境是人类生存和发展的基本前提。环境为我们的生存和发展提供了必需的资源和条件。随着社会经济的发展，环境问题已经作为一个不可回避的重要问题提上了各国政府的议事日程。研究表明，地球一半以上的陆地表面都受到人为活动的改造，一半以上的地球淡水资源都已被人类开发利用，人类活动严重影响着地球系统的生物地球化学过程及能量和物质的循环。保护环境，减轻环境污染，遏制生态恶化趋势，已经成为社会管理的重要任务。对于我们国家，保护环境是我国的一项基本国策。解决全国突出的环境问题，促进经济、社会与环境的协调发展和实施可持续发展战略，是政府面临的重要而又艰巨的任务。为了解决环境问题，我们不仅要进行末端治理，更要注意源头预防。

环境科学发展到现在已经走过了半个多世纪的历程，形成历史虽然不长，但其学科框架日趋成熟、研究方法逐渐丰富、研究范围快速扩展、多学科交叉的特点日益彰显。从多学科到跨学科、从跨学科到学科交叉融合，环境科学经历了起源、发展并逐渐成熟的快速成长过程，同时也处于继续深入发展的重要关口。一些基本的理论问题需要归纳整理，一些重要的科学问题需要明确，一些关系到学科未来发展的框架需要搭建。

正是基于这种思想，本书系统地介绍了生态学基本原理，大气环境，水体环境，土壤环境，固体废物与环境，物理环境，人口、资源与环境，环境检测、评价与管理，全球环境问题与可持续发展等相关知识，使读者能够比较全面地理解环境学理论及其发展问题是如何与我们的日常生活息息相关，并期盼能给予读者对如何解决这些环境问题有所启迪。

本书在章节设计和内容编撰上遵循既有一定的广度，又有一定的深度；既介绍基础，也探讨新概念与新知识；既介绍理论，也论述技术和方法的基本原则，使读者了解环境科学的总体轮廓，重点掌握环境科学的基础理论和关键知识点，拓展读者的环境科学视野，调动读者对于环境科学的兴趣以及对环境保护事业的热爱。

全书由刘兆民、杨一鸣、田华撰写，具体分工如下：

第 4 章、第 8 章、第 9 章：刘兆民（西北民族大学）；

第 2 章、第 3 章、第 5 章：杨一鸣（西北民族大学）；

第1章、第6章、第7章、第10章：田华（西北民族大学）。

由于本书涉及领域广泛加之作者水平有限，书中难免存在缺点和错误之处，敬请广大读者和同行们批评指正。

作　者

2015年7月

目　　录

前言

第1章　环境与环境科学概述 ………… 1

1.1　环境与环境问题 ………… 1

1.2　环境科学的产生和发展 ………… 10

1.3　现代环境科学的分支及发展趋势 ………… 13

第2章　生态学基本原理 ………… 16

2.1　生态学的概念与发展 ………… 16

2.2　种群、群落 ………… 18

2.3　生态系统 ………… 37

2.4　生态学在环境保护中的应用 ………… 51

第3章　大气环境 ………… 54

3.1　大气的结构与组成 ………… 54

3.2　大气污染和污染源 ………… 57

3.3　污染物在大气中的迁移、扩散与化学转化 ………… 60

3.4　大气污染物综合防治与管理 ………… 76

第4章　水体环境 ………… 89

4.1　水资源 ………… 89

4.2　水体污染源与污染物 ………… 90

4.3　污染物在水体中的扩散与化学转化 ………… 92

4.4　水体污染防治与管理 ………… 103

第5章　土壤环境 ………… 113

5.1　土壤物质组成与性质 ………… 113

5.2　土壤环境污染的特点 ………… 123

5.3　土壤污染物的来源及其迁移转化 ………… 124

5.4　土壤污染防治与修复 …………………………………………… 134

第6章　固体废物与环境 …………………………………………… 136
6.1　固体废物的来源和分类 …………………………………………… 136
6.2　固体废物的污染及其控制 …………………………………………… 137
6.3　固体废物处理处置技术 …………………………………………… 139
6.4　固体废物综合利用 …………………………………………… 156
6.5　固体废物污染的管理 …………………………………………… 162

第7章　物理环境 …………………………………………… 166
7.1　环境噪声与防治 …………………………………………… 166
7.2　放射性污染与防治 …………………………………………… 180
7.3　热污染与防治 …………………………………………… 189
7.4　光污染 …………………………………………… 194
7.5　电磁辐射污染 …………………………………………… 195

第8章　人口、资源与环境 …………………………………………… 200
8.1　人口与环境 …………………………………………… 200
8.2　能源与环境 …………………………………………… 227

第9章　环境监测、评价与管理 …………………………………………… 238
9.1　环境监测、评价与管理概述 …………………………………………… 238
9.2　主要环境要素污染监测技术 …………………………………………… 246
9.3　环境质量现状及环境影响评价 …………………………………………… 255
9.4　环境管理 …………………………………………… 262

第10章　全球环境问题与可持续发展 …………………………………………… 266
10.1　全球气候变化 …………………………………………… 266
10.2　臭氧层的破坏 …………………………………………… 271
10.3　生物多样性锐减 …………………………………………… 273
10.4　环境与发展前景展望 …………………………………………… 278
10.5　可持续发展与环境保护 …………………………………………… 280

参考文献 …………………………………………… 281

第1章　环境与环境科学概述

1.1　环境与环境问题

1.1.1　环境概述

1.环境的定义

环境作为一个应用广泛的名词或术语其含义和内容极为丰富，会根据各种具体状况而不同。哲学角度而言，环境是一个相对于主体而言的客体，它与其主体相互依存，其内容随着主体的不同而不同。环境科学角度来看，环境是以人类为主体的外部世界的总体，即人类已经认识到的，直接或间接影响人类生存与发展的各种自然因素与社会因素的综合体。它既包括自然界众多要素，如大气、水体、土壤、天然森林和草原、野生生物等，也包括经过人类社会加工改造过的自然界，如城市、村落、水库、港口、公路、铁路、空港、园林等。它既包括这些物质性的要素，也包括由这些要素所构成的系统及其所呈现出的状态。

2.环境的组成

组成人类环境整体的各个独立的、性质各异的而又服从总体演化规律的基本物质组分称为环境要素，也称环境基质。环境要素可进一步划分为自然环境要素和社会环境要素。

环境要素组成环境结构单元，环境结构单元又组成环境整体或环境系统。例如：由水组成河流、湖泊和海洋等水体，全部水体又组成水圈（水环境整体）；由岩石组成岩体，由土壤组成农田、草地和林地等，全部岩石和土壤构成岩石圈或称土壤—岩石圈；由生物体组成生物群落，全部生物群落加上无机环境构成生物圈。具体可见图1-1所示的环境组成要素示意。

自然环境要素通常包括大气、水、土壤、生物、岩石、气温、引力以及地壳的稳定性等，各种自然环境要素的总体构成了自然环境，它是人类和其他生物赖以生存与生活所必需的各种自然条件和自然资源的总称。自然环境也可以看作由地球环境和外围空间环境两部分组成。地球环境对于人类具有特殊的重要意义，它是人类赖以生存的物质基础，是人类活动的主要场所。

据目前所知，在千万亿个天体中，能适于人类生存者，只发现地球这一个天体。外围空间环境是指地球以外的宇宙空间，理论上它的范围无穷大。不过在现阶段，由于人类活动的范围还主要限于地球，对广袤的宇宙还知之甚少，因而还没有明确地把它列入人类环境的范畴。

- 环境
  - 自然环境
    - 物质：大气、水、土壤、岩石、生物
    - 能量：阳光、引力、地磁力、地热、气温
    - 自然现象：地壳稳定性（地质构造、地震、火山活动）、全球水循环、大气流动、水土演变等
  - 人工环境
    - 综合生产力
    - 科学技术
    - 人工构筑物
    - 人工产品和能量
    - 政治体制
    - 宗教信仰
    - 文化等

图 1-1　环境组成要素

3.环境的分类

环境根据不同的分类标准和原则，按照人类环境的组成和结构关系将它进行不同的分类。通常按照环境的主体、环境的范围、环境的要素等原则进行分类。

(1)根据环境的主体分类

根据环境的主体分类，包括两种体系：一种是以人类作为主体，其他的生命物体和非生命物质都被视为环境要素，环境就是指人类的生存环境，在环境科学中，多数人采用这种分类法；另一种是以所有生物作为环境的主体，其他的非生命物质作为环境要素，生态学研究一般采用此类划分。

(2)根据环境的空间范围分类

以人类为主体，按围绕人类周围环境的空间规模划分，可将环境分为居室环境、聚落环境、区域环境、地球环境和宇宙环境。

①居室环境：是指相对封闭和狭小的人造环境。

②聚落环境：是指人类聚居的地方与活动的中心，是人类对自然环境进行人工改造形成的。可分为院落环境、村落环境和城市环境。

③区域环境：是指具有相似环境背景、独特结构和特征的空间地域范围。按功能，区域环境可分为自然区域环境、社会区域环境、旅游区域环境、农业区域环境等；按性质和范围，可分为陆地环境、海洋环境和流域环境等。

④地球环境：也称为全球环境。地球环境是指具有整体意义和全球性特点的环境条件，地球环境的结构具有圈层性，包括大气圈、水圈、土壤岩石圈、生物圈等自然圈层和人类活动形成的社会圈。各圈之间相互依赖、相互作用、相互渗透，共同构成人类生存的地球表层环境。

⑤宇宙环境："宇"即上下四方，"宙"即古往今来，"宇宙"即无限的空间和时间。目前人类能够观察到的空间范围已达100多亿光年。环境科学中宇宙环境是指地球大气圈以外的环境，又称为星际环境，包括地球在太阳系中的位置和运动、宇宙空间的性质和状态。

4.环境的特性

(1)环境的整体性

这一特性是指环境的各个组成部分或要素构成了一个完整的系统，环境中的各部分都是相互作用影响的，人类生存环境从整体上看是没有区域界限的。

(2)环境的区域性

环境的区域性指的是环境（整体）特性的区域差异。由于纬度和经度的差异，导致了地球热量和水分在各个自然环境的分布不同，形成了陆地生态系统和水域生态系统的垂直地带性分布和水平地带性分布，这是自然环境的基本特征。不同区域自然环境的多样性和差异性具有重要的生态学意义，是自然资源多样性的基础和保证，同时使人类对环境规律的探索和运用面临更多的挑战。

(3)环境的相对稳定性

在一定的时空尺度下，环境具有相对稳定的特点。所谓相对稳定，是指环境通过物流、能流和信息流而处于不断变化中，但环境系统具有一定抗干扰的自我调节能力，只要自然和人类的作用不超过环境所能承受的界限，其可借助于自身的调节能力使这些变化逐渐减弱或消失，表现出一定的稳定性。

(4)环境变化的滞后性

自然环境受到外界影响后，其产生的变化往往是潜在的、滞后的，这主要表现为：自然环境在受到冲击和破坏的过程中日积月累，在短期内也许不被认识或反映出来，并且发生变化的范围和影响程度也难以预料，一旦环境被破坏，所需的恢复时间较长，尤其是当破坏超过环境承载能力或自净能力时，一般就很难再恢复了。

(5)环境的脆弱性

环境的脆弱性是环境系统在特定时空尺度相对于外界干扰所具有的敏感反应和自我恢复能力，是自然属性和人类干扰行为共同作用的结果。生态环境的脆弱性既有自然因素,又有人为因素,自然因素包括地质构造、地貌特性、地表组成物质、地域水文特性、生物群体类型以及气候因子。人为因素即人类滥用各种物质和资源,导致资源枯竭、生态破坏、污染物超标排放等,破坏了生态平衡,对环境构成了巨大的压力。环境的脆弱性与恶劣的自然条件直接相关,但自然条件的不利只决定了环境脆弱存在的潜在性,而引发这一潜在危害的则是人类的干扰活动。

(6)环境过程的不可逆性

生态系统中的能量流动过程是不可逆的,因此环境一旦遭到破坏,利用物质循环规律可以局部恢复,但不可能彻底回到原来状态。

(7)持续反应性

环境污染不但影响当代人的健康,还会造成遗传隐患。例如黄河流域生态环境的破坏,导致至今仍旧经常发生水旱灾害,某些污染而引起婴儿畸形的现象也时有发生。

(8)灾害放大性

某些环境污染与破坏,经环境的作用后,其危害的深度和广度都会明显放大。例如燃料燃烧产生的二氧化硫气体会造成局部污染,促使酸沉降形成,进而导致湖泊、土壤酸化,最终可使鱼类死亡、植物生长受到抑制。

1.1.2 环境问题概述

1.环境问题的定义

环境问题是由于人类活动作用于周围环境所引起的环境质量变化,以及这种变化对人类的生产、生活和健康造成的影响。具体是指任何不利于人类生存和发展的环境结构和状态的变化,其产生原因包括人为和自然两方面因素。人类在改造自然环境和创建社会环境的过程中,自然环境仍以其固有的自然规律变化着。社会环境一方面受自然环境的制约,另一方面也以其固有的规律运动着。人类与环境不断地相互影响和作用,产生环境问题。环境问题主要由生态破坏、环境污染等造成,例如过度放牧引起草原退化,滥采滥捕使珍稀物种灭绝和生态系统生产力下降,植被破坏引起水土流失等。

2.环境问题的分类

环境问题按照产生的原因可以分为原生环境问题和次生环境问题。

(1)原生环境问题

也称为第一环境问题是指由自然因素自身的失衡和污染引起的环境问题,如火山爆发、洪涝、干旱、地震、台风等自然界的异常变化,因环境中元素自然分布不均引起的地方病以及自然界中放射性物质产生的放射病等。

(2)次生环境问题

也称为第二环境问题，是指由人为因素造成的环境污染和自然资源与生态环境的破坏。人类在开发利用自然资源时，只是将环境作为一个取之不尽、用之不竭的宝库和天然垃圾场，而将自身看做是环境的统治者，超然于环境之外，没有顾及环境的整体性，没有认识到环境的变化将反作用于人类自身。结果，当人类从环境中攫取资源并排放废物超出环境承载力时，就出现环境质量恶化或自然资源枯竭的现象。这些都属于人为造成的环境问题，通常所说的环境问题主要就是指次生环境问题。

次生环境问题还可以进步一分为环境污染和生态环境破坏两大类。

3. 环境问题的发展

自然环境具有其自身特有的运行规律，但也会受到人类活动的影响。自然的客观性质和人类的主观要求之间、自然的发展过程和人类活动的目的之间不可避免地存在着矛盾。于是便出现了环境问题，环境问题的发生与发展可大致分为三个阶段。

(1)环境问题的萌芽阶段

此阶段包括人类出现以后直至 18 世纪中叶产业革命的漫长时期。

古人类由于生存问题学会了农耕和畜牧，由原始社会进入了农业社会。农业社会是人类征服自然、改造自然的始端，该过程中出现了文化、生产，很大程度上提高了社会文明，伴随文明的是环境问题。人们破坏了自然环境资源，从而影响到了农业社会的经济基础。

(2)近代城市环境问题阶段

这一阶段从产业革命到 1984 年发现南极臭氧层空洞为止。18 世纪 60 年代至 19 世纪中叶，生产发展史上出现了又一次伟大的革命——工业革命。

工业革命大幅提高了劳动生产率，增强了人类利用和改造环境的能力。伴随着产业化，城市化也急剧发展。城市人口迅速增加，城市规模和结构布局也迅速扩大和变化。但由于城市基础设施落后，跟不上城市工业和人口发展的需要，一些工业发达的城市和工矿区的工业企业，排出大量废物污染环境，使得“三废”成灾，各类污染事件频发。

进入 20 世纪开始，人口增长迅速，世界各国工业化和城市化进程加快，能源和各种资源的消耗迅猛增加。人类自身的发展之快、资源与环境的开发利用强度之大，是人类历史上从未有过的。到 20 世纪 50 年代～70 年代初，环境污染问题已成为发达资本主义国家的一个重大社会问题，这个时期被称为公害泛滥期。这一时期世界公害事故发生次数、公害病患者和死亡人数急剧增加，表 1-1 所示为著名世界性公害事件，环境问题进入爆发高潮。

表 1-1 著名世界性公害事件

事件名称	主要污染物	发生地点	发生时间	中毒情况	中毒症状	致害原因	公害原因
马斯河谷烟雾事件	烟尘及 SO_2	比利时马斯河谷（长 24km，两侧山高约 90m）	1930 年 12 月	几千人呼吸道发病，约 60 人死产	流泪、喉痛、声嘶、咳嗽、呼吸短促、胸口窒闷、恶心、呕吐	硫氧化物——SO_2、SO_3 烟雾混合物，加上空气中的金属氧化物颗粒，加剧对人体的刺激作用	①工厂集中、排烟尘量大 ②天气反常、逆温天气时间长、雾较大
多诺拉烟雾事件	烟尘及 SO_2	美国多诺拉镇（位于一个马蹄形河湾内侧，两边山高 120m）	1948 年 10 月	4 天内有 43%的城镇居民（约 6000 人）患病，17 人死产	咳嗽、喉痛、胸闷、呕吐、腹泻	SO_2、SO_3 金属元素及硫酸盐类气溶胶对呼吸道的影响	①工厂过多 ②河谷盆地内适遇雾天和长时间逆温天气
伦敦烟雾事件	烟尘及 SO_2	英国伦敦	1952 年 12 月	5 天内 4000 人死亡，后又连续发作 3 次	胸闷、咳嗽、喉痛、呕吐	SO_2 在金属颗粒物催化作用下生成 SO_3 及硫酸和硫酸盐气溶胶吸入肺部	①烟煤中 SO_2、粉尘量大气 ②适遇逆温和大雾天气
洛杉矶光化学烟雾事件	光化学烟雾	美国洛杉矶	5～11 月	1955 年，因呼吸系统衰竭死亡的 65 岁以上的老人达 400 多人；1970 年，约有 75% 以上的市民患上红眼病	刺激眼睛、喉、鼻，引起眼病、喉头炎、头痛	NO_x 及碳氢化合物在阳光（紫外线）作用下产生的二次污染物光化学烟雾	①汽车尾气，使逾 1000t 碳氢化合物排入大气 ②适合的地理位置、阳光充足、三面环山、静风等不利的气象条件适合时

续表

事件名称	主要污染物	发生地点	发生时间	中毒情况	中毒症状	致害原因	公害原因
水俣事件	甲基汞	日本九州南部熊本县的水俣镇	1953 年开始发现	第一次出现怪病，有人身亡，至 1972 年有 180 人患病，死亡 50 人	口齿不清、步态不稳、面部痴呆，进而耳聋眼瞎、全身麻木，最后精神失常	甲基汞中毒，人通过食用受甲基汞毒害的鱼类而患病	生产氯乙烯和醋酸乙烯时采用氯化汞和硫酸汞催化剂，使含汞废水排人海湾形成甲基汞对鱼、贝类的污染
富山事件（骨痛病）	镉	日本富山县神通川流域	1931 年发现直至 1972 年 3 月	患者超过 280 人，死亡 34 人	开始关节痛，后神经痛和全身骨痛，最后骨骼软化萎缩，自然骨折，直到饮食不进，在疼痛中死去	吃含镉污染的大米，饮用含镉污染的水	炼锌厂排放含镉废水进入河流污染农田和饮水
四日事件	SO_2、煤尘及重金属粉尘	日本四日市	1970 年	患病者 500 多人，其中有 10 多人在气喘病中死亡	支气管炎、支气管哮喘、肺气肿	有毒重金属微粒和 SO_2 吸入肺部	工厂排出 SO_2 和粉尘的数量大，并含有钴、锰、钛等重金属粉尘
米糠油事件	多氯联苯	日本九州爱知县等 23 个府县	1968 年	患病者 5000 多人，死亡 16 人，实际受害者超过 1 万人	眼皮肿、掌出汗、全身起红疙瘩，重者呕吐恶心、肝功能下降肌肉痛、咳嗽不止，甚至死亡	误食含多氯联苯的米糠油所致	生产米糠油中用多氯联苯作载热体，因管理不善，使毒物混进米糠油中

20世纪70～80年代可称为公害治理期。工业发达国家不断增加环保投资，制定各种法律条例，加强管理，采用新技术，因而在经济发展的同时，环境污染逐步得到控制，城市和工业区的环境质量有了明显改善。

(3)当代全球环境问题阶段

20世纪80年代至今是环境问题从局部问题、区域问题发展到全球性问题的阶段。从1984年英国科学家发现(并于1985年被美国科学家证实)南极上空出现的“臭氧洞”开始，人类环境问题发展到当代环境问题阶段。这一阶段环境问题的特征是，在全球范围内出现了不利于人类生存和发展的征兆，目前这些征兆集中在酸雨、臭氧层破坏和全球变暖三大全球性大气环境问题上。与此同时，发展中国家的城市环境问题和生态破坏以及某些国家的贫困化愈演愈烈，水资源短缺在全球范围内普遍发生，其他资源(包括能源)也相继出现将要耗竭的信号。这一切表明，生物圈这一生命支持系统对人类社会的支撑已接近它的极限，同时也表明环境问题的复杂性和长远性。

总之，不同的环境问题之间并不是相互独立的，它们互为因果，相互交叉，彼此协同强化，使得问题更加恶化和复杂化。环境问题是整个地球在遭到人类掠夺性开发后发生的系统性病变。环境质量恶化，干扰和破坏了生态系统中各要素之间的内在联系，使人类失去了洁净的空气、水和土壤；生态破坏，严重地削弱了自然环境对人类社会生存发展的支撑能力。环境问题已经危及着全人类的生存和发展。

环境问题的实质是盲目发展、不合理开发利用资源而造成的环境质量恶化和资源浪费，也是经济、社会、环境间的协调发展问题以及资源的合理开发利用问题，因此只能在发展中解决环境问题，既要保护环境，也要促进经济发展。只有处理好发展与环境的关系，才能从根本上解决环境问题。

4.全球性环境问题

(1)全球变暖

全球变暖是指全球地表平均气温的升高。区域性气候变化以及高空气温变化与地表平均气温变化并不相同。近百年来全球气温的变化特点为：①呈现冷暖交替波动；②上升趋势明显，平均大约上升0.6℃。1991年国际应用系统分析研究所的预测表明：2050年，全球气温将上升4.5℃～10℃；21世纪末，全球气温将上升12℃～15℃。

全球变暖导致海平面上升引起低地被淹、海岸被冲蚀、排洪不畅、土地盐渍化、海水倒灌等。气候变暖引起农业结构发生变化，从而使许多农产品贸易模式也会发生相应的变化。全球变暖使得山峰间的峡谷(动物迁徙走廊)越来越干燥,炎热山区越来越多的动物将会灭绝。气候变暖有可能增加疾病危险和死亡率、传染病发病率。随着温度升高,可能使许多国家的疟疾、血吸虫病、黑热病、脑炎的发病率增加。在高纬度地区,这些疾病传播的危险性可能会更大。具体可参见图 1-2 所示大气组成和人为的气候变化对生物圈和人类生产的影响。

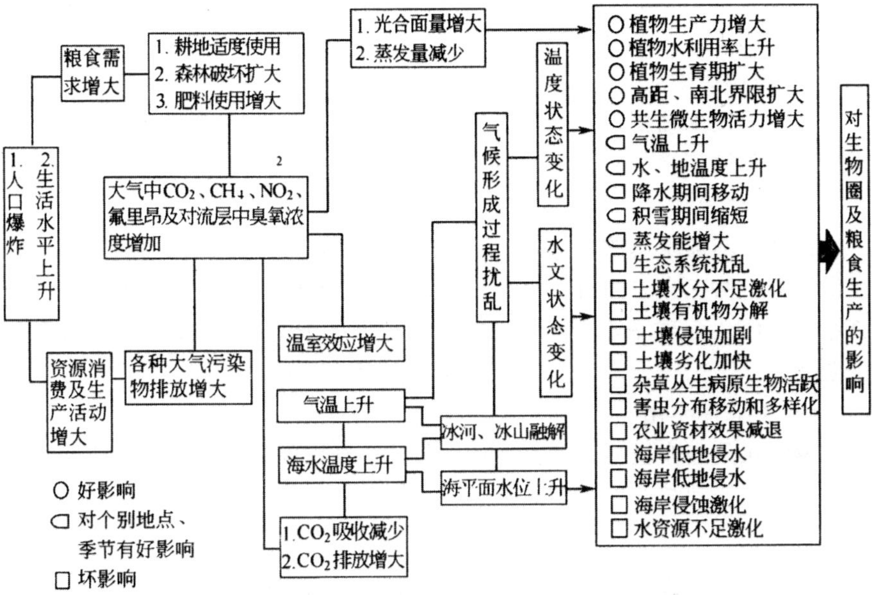

图 1-2　气候变化对生物圈及人的影响

(2)臭氧层破坏

臭氧层可有效阻挡来自太阳紫外线的侵袭,确保人类和地球上的各种生命能存在、繁衍和发展,臭氧层破坏会引起:①使皮肤癌和白内障患者增多,损坏人的免疫力,使传染病的发病率增加;②破坏生态系统,使植物的生长和光合作用受到抑制,使农作物减产;③使塑料等高分子材料更加容易老化和分解,亦能促进光化学大气污染形成。

(3)淡水资源短缺与水污染

水是人类生活、生产的必需物质,地球的淡水贮备只占 3%。淡水的 69.5%又被封冻在两极及高山的冰层和冰川中,难以利用。其中淡水资源在时空上分布不均匀,加上人类的不合理利用,使世界上许多地区面临着严重的水资源枯竭危机。水体污染大大减少了淡水的可供量,加剧了淡水资源的短缺。目前由于水污染和缺少供水设施,全世界有 10 亿多人口无法得到安全的饮用水。

(4)酸雨

酸雨大量降落到地表后，可使土壤、湖泊、河流酸化。还能腐蚀建筑材料、金属结构、油漆等，尤其是许多以大理石和石灰石为材料的历史建筑物和艺术品，耐酸性差，容易受酸雨腐蚀和变色。

(5)生物多样性损失

据专家估计，从恐龙灭绝以来，当前地球上生物多样性损失的速度比历史上任何时候都快，鸟类和哺乳动物的灭绝速度或许是它们在未受干扰的自然界中的100～1000倍。

(6)海洋污染

人类的过度捕捞再加上污染给海洋带来了灭绝性的打击，同时也给人类的生产环境带来了巨大的威胁。

(7)森林锐减

森林是陆地生态的主体，在维持全球生态平衡、调查气候、保持水土、减少洪涝等自然灾害方面有着极其重要的作用，各种林产品也有着广泛的经济用途。但从全球来看，森林破坏仍然是许多发展中国家所面临的严重问题。

(8)土地荒漠化

荒漠化是当今世界最严重的环境与社会经济问题。土地荒漠化是自然因素和人为活动综合作用的结果。

1.2　环境科学的产生和发展

1.2.1　环境科学的诞生

环境科学是20世纪新兴的综合学科，从宏观上看，环境科学要研究人与环境之间的相互作用、相互制约的关系，要力图发现社会经济发展和环境保护之间协调的规律；在微观上，环境科学要研究环境中的物质在有机体内迁移、转化、蓄积的过程以及其运动规律，对生命的影响和作用机理，尤其是人类活动排放出来的污染物质。

环境科学在解决环境问题的社会需要的推动下形成并迅速发展起来，其主要任务是探索全球范围内环境演化的规律、揭示人类活动同自然生态之间的关系、探索环境变化对人类生存的影响、研究区域环境污染综合防治的技术措施和管理措施。

环境科学是在人类与环境问题作斗争的过程中逐渐形成和发展的。一般认为,环境科学的发展经历两个阶段。

第一阶段是从 20 世纪 50 年代到 70 年代,一些分门别类的环境科学分支学科的形成标志着环境科学的诞生。50 年代以后,随着经济高速发展和人口剧增,出现了第一次环境问题的高潮。当时许多科学家等纷纷运用原有学科的原理和方法对环境问题进行了大量的调查和研究,并逐渐形成了环境地学、环境生物学、环境化学、环境物理学、环境医学、环境工程学、环境经济学、环境法学、环境管理学,等等。在这些分支学科的基础上孕育产生了环境科学。

第二阶段是 20 世纪 80 年代以后,随着可持续发展理论的兴起和全球性环境问题的突出,环境科学的内容有了进一步扩展。在这一时期,环境科学把人与环境的协调演化作为研究对象,综合考虑人口、经济、资源与环境等因素的制约关系,从多层次乃至最高层次上探讨人与环境协调演化的具体途径。环境科学涉及科学技术的发展、社会经济模式的改变、人类生活方式和价值观念的变化等。现在,环境科学的理论和方法已经渗透到了社会发展的方方面面,从污染治理到自然生态保护,从公众的日常生活到国民经济规划的制定,环境科学已经成为社会和科学发展中不可缺少的重要部分。

1.2.2　环境科学的任务和内容

1.环境科学的任务

环境科学的基本任务如下。

(1)研究全球范围内环境的演化规律

环境总是不断地演化,环境变异也随时随地发生。在人类改造自然的过程中,为使环境向有利于人类的方向发展,避免向不利于人类的方向发展,就必须了解环境变化的过程,包括环境的基本特性、环境结构的形式和演化机理等。

(2)探寻人类活动和自然生态之间的关系

环境为人类提供生存条件,其中包括提供发展经济的物质资源。人类通过生产和消费活动,不断影响环境的质量。人类生产和消费系统中物质和能量的迁移、转化过程是异常复杂的,但必须使物质和能量的输入同输出之间保持相对平衡。这个平衡包括两项内容:一是排入环境的废弃物不能超过环境自净能力,以免造成环境污染,损害环境质量;二是从环境中获取的可更新资源不能超过它的再生增殖能力,以保障永续利用;从环境中获取不可更新资源要做到合理开发和利用。因此,社会经济发展规划中必须列入环境保护的内容,有关社会经济发展的决策必须考虑生态学的要求,以求得人类和环境的协调发展。

(3)研究环境变化对人类生存的影响

环境变化是由物理的、化学的、生物的和社会的因素以及它们的相互作用所引起的。因此,必须研究污染物在环境中的物理、化学的变化过程,在生态系统中迁移转化的机理,以及进入人体后发生的各种作用,包括致畸作用、致突变作用和致癌作用。同时,必须研究环境退化同物质循环之间的关系。这些研究可为保护人类生存环境、制定各项环境标准、控制污染物的排放量提供依据。

(4)探索区域环境污染综合防治技术和管理

工业发达国家的污染防治分别经历了20世纪50年代治理污染源、20世纪60年代区域性污染综合治理、20世纪70年代预防强调区域规划和合理布局等三大阶段,通过研究得知人类生产和生活所引起环境问题的因素很多,实践证明需要综合运用多种工程技术措施和管理手段,从区域环境的整体出发,调节并控制人类和环境之间的相互关系,通过系统分析和系统工程的方法寻找解决环境问题最好方案。

2.环境科学的内容

环境科学是基于社会科学、自然科学和技术科学而发展起来的一门综合性边缘科学,其研究的内容非常丰富,涉及面也很广泛,综合以往和现在环境科学的发展,大体可将环境科学研究的内容概括如下。

(1)环境系统

主要是从系统科学角度研究区域和全球环境问题,强调“人类—环境”系统。它以系统科学为方法论,研究环境系统演化规律及其与人类活动相互间的关系,研究环境系统的结构、功能和状态,研究环境质量、环境承载力的自然本质和物质基础等。

(2)环境质量

主要以环境质量为核心概念,研究环境质量与人体健康、生活质量、精神境界的关系,描述和预测环境质量变化规律及其与人类活动的相互关系等。

(3)环境承载力

随着环境承载力概念的提出及其在环境规划、环境影响评价等领域的应用,形成了解决环境与发展问题的一种新的理论和方法体系。主要研究内容为环境(包括生态、资源)对经济社会发展活动的承载作用、人类活动对环境承载力的提高和降低作用、如何协调两者的关系等。“环境承载力(Environmental carrying capacity)”的科学定义可表述为:在某一时期,某种状态或条件下，某地区的环境所能承受的人类活动作用的阈值。这里，所谓“能承受”是指不影响环境系统正常功能的发挥。

(4)环境管理

以环境系统学说、环境质量学说、环境承载力学说为基础，在可持续发展理论的指导下，研究如何运用社会学、经济学、管理学方法在法规、政策、规划等各个层次上调整人类的思想和行为，以使环境与经济社会协调发展。

1.3　现代环境科学的分支及发展趋势

环境科学仅仅是在20世纪70年代新兴的一门科学，目前正处于蓬勃发展的阶段，不断有新的分支学科形成；因此对环境科学的分科体系还没有成熟一致的看法。可以说环境科学是一门综合性很强的学科，由于环境问题的重要性和综合性，许多自然科学、社会科学和工程科学部门都已积极参与到环境科学的研究中，形成了许多相互渗透、相互交叉的分支学科。不同学者从各自角度提出了不同的分科方法，图1-3所示为其中一种分科体系。

环境科学所涉及的学科面广，具有自然科学、社会科学与技术科学交叉渗透的广泛基础，几乎涉及现代科学的各个领域；它的研究范围涉及一个国家、一个地区甚至全球人类经济活动和社会行为的各个领域，涉及管理部门、经济部门、科技部门、军事部门及文化教育等人类社会的各个方面。同时，环境系统本身是一个多层次相互交错的网络结构系统，每个子系统都可能自成一个环境系统分支，并可能相互影响或制约。因此，环境科学也更清晰地体现了其综合性、整体性、系统性和复杂性的学科特点。

环境科学是人们认识到环境问题已经成为全球性重大问题后产生和发展起来的。可以说环境科学是在其他学科交叉、综合的基础上，不断充实和完善的理论体系。一方面，环境科学的发展为人类解决环境问题提供了新思路、新方法；另一方面，在新问题、新认识面前，环境科学也在不断纠正自己的错误和不足，提出新的理论和方法，以解决人类发展进程中出现的环境和发展问题。

环境科学研究方法一开始从人与自然的矛盾出发，主要研究环境质量对自然环境影响，在自然科学和工程技术领域寻求环境问题的解决方案，来自各学科的科学家分别用本学科的理论和方法研究环境问题，形成了环境化学、环境地学、环境生物学、环境经济学、环境医学和环境工程学等一系列交叉和分支学科，遵循的模式基本上是问题出现—技术解决。随后这种模式被淘汰，出现环境科学理论及研究方法，逐步发展与管理学、经济学、法学等学科交叉，人文学科与自然科学的有效结合为环境科学的方法论提供了更为宽广的发展空间。

- 环境科学
  - 社会环境学
    - 环境法学
    - 环境经济学
    - 环境管理学
      - 环境规划学
      - 环境质量评价学
    - 环境心理学
    - 环境伦理学
    - 环境教育学
  - 基础环境学
    - 环境数学
    - 环境地学
      - 环境地质学
      - 环境地球化学
      - 环境地理学
      - 环境水文学
      - 环境海洋学
      - 环境土壤学
      - 环境气象学
    - 环境生物学
      - 污染生态学
      - 环境微生物学
      - 环境植物学
      - 环境动物学
    - 环境化学
      - 环境分析化学
      - 环境污染化学
      - 环境污染控制化学
    - 环境物理学
      - 环境声学
      - 环境光学
      - 环境热污染及其控制
      - 环境电磁学
      - 辐射污染及其控制
    - 环境医学
      - 环境流行病学
      - 环境毒理学
      - 环境医学监测
  - 应用环境学
    - 环境工程学
    - 环境控制学
    - 环境监测学

图 1-3　环境科学分科

环境科学现有的各分支学科，正处于蓬勃发展时期。这些分支学科在深入探讨环境科学的基础理论和解决环境问题的途径和方法的过程中，还将出现更多的新的分支学科及研究方法。如在研究污染对微生物生命活动和种群结构的影响，以及由于微生物种群的变化而引起的环境变化方面，逐渐形成了环境微生物学。

随着人类在控制环境污染方面所取得的进展，环境科学这一新兴学科也日趋成熟，并形成自己的基础理论和研究方法。它将从分门别类研究环境和环境问题，逐步发展到从整体上进行综合研究。

第 2 章　生态学基本原理

2.1　生态学的概念与发展

生态学(ecology)的词首和经济学(economics)是相同的,均为 eco,来源于希腊文 oikos,表示家庭、居处或环境的意思。生态学主要是研究生物群落(所谓生物群落就是指在同一时空中多个生物种群的集合体)与其生存环境相互作用下,生态系统结构和功能的变化及其稳定性的学科。

2.1.2　生态学的发展

纵观生态学的发展,可将其分为两个阶段。

1. 生物学分支学科阶段

20 世纪 60 年代以前,生态学基本上局限于研究生物与环境之间的相互关系,隶属于生物学的一个分支学科。初期的生态学主要是以各大生物类群与环境相互关系为研究对象,因而出现了植物生态学、动物生态学、微生物生态学等。进而以生物有机体的组织层次与环境的相互关系为研究对象,出现了个体生态学、种群生态学和生态系统生态学。

个体生态学就是研究各种生态因子对生物个体的影响。各种生态因子包括阳光、大气、水分、温湿度、土壤、环境中的其他相关生物等。各种生态因子对生物个体的影响,主要表现在引起生物个体生长发育、繁殖能力和行为方式的改变等。

种群是指在同一时空中同种生物个体所组成的集合体,种群生态学主要是研究在种群与其生存环境的相互作用下,种群的空间分布和数量变动的规律。

生态系统生态学主要是研究生物群落与其生存环境相互作用下,生态系统结构和功能的变化及其稳定性(所谓的生物群落就是指在同一时空中多个生物种群的集合体)。

2. 综合性学科阶段

20 世纪 50 年代后半期以来,由于工业发展、人口膨胀,粮食短缺、环境污染、资源紧张等一系列世界性环境问题相继出现，迫使人们不得不努力去寻求协调人类与自然的关系、探求全球可持续发展的途径，人们寄希望于集中全人类的智慧，更期望生态学能作出自己的贡献，在这种社会需求下，生态学有了进一步的发展。

近代系统科学、控制论、计算机技术和遥感技术等的广泛应用，为生态学对复杂系统结构的分析和模拟创造了条件，为深入探索复杂系统的功能和机理提供了更为科学和先进的手段，这些相邻学科的“感召效应”也促进了生态学的高速发展。

随着现代科学技术向生态学的不断渗透，生态学被赋予了新的内容和动力，突破了原有生物科学的范畴，成为当代最为活跃的领域之一。生态学在基础研究方面已趋于向定性和定量相结合、宏观与微观相结合的方向发展，并进一步研究生物与环境之间的内在联系及其作用机理，使生态学原有的个体生态学、种群生态学和生态系统生态学等各个分支学科均有不同程度的提高，达到了一个新的水平。同时，生态学与相邻学科的相互交融，也产生了若干个新的学科生长点，例如，生态学与数学相结合，形成了数学生态学，数学生态学不仅对阐明复杂生态系统提供了有效的工具，而且数学的抽象和推理也将有助于对生态系统复杂现象的解释和有关规律的探求，这必将导致生态学新理论和新方法的出现；生态学与化学相结合，形成了化学生态学，化学生态学不仅可以揭示生物与环境之间相互作用关系的实质，而且在探求对有害生物防治方面，如农药的使用，也提供了有效的手段。

随着经济建设和社会的发展，出现了一些违背生态学规律的现象，如人口膨胀、资源浪费、环境污染、生态破坏等，引发了一系列经济问题和社会问题，迫使人们在运用经济规律的同时，也去积极主动地探索对生态规律的应用。此时，生态学与经济学、社会学相互渗透，使生态学出现了突破性的新进展。生态学不仅限于研究生物圈内生物与环境的辩证关系及其相互作用的规律和机理，也不仅限于研究人类活动（主要是经济活动）与自然环境的关系，而是研究人类与社会环境的关系。

研究人类与其生存环境的关系及其相互作用的规律，这就形成了人类生态学。研究人类与各类人工环境的关系及其相互作用的规律，就构成了人类生态学的众多分支学科。例如，研究人类与社会环境的关系及其相互作用的趣律形成了社会生态学，研究人类与经济、政治、教育环境的关系则分别形成了经济生态学、政治生态学和教育生态学等，研究城市居民与城市环境的关系及其相互作用的规律形成了城市生态学，研究人类与工业环境的关系及其相互作用的规律形成了工业生态学，研究人类与农业环境的关系及其相互作用的规律形成了农业生态学等。

目前,生态学正以前所未有的速度,在原有学科理论和方法的基础上,与自然科学和社会科学相互渗透,向纵深方向发展,并不断拓宽自己的研究领域。生态学将以生态系统为中心,以生态工程为手段,在协调人与人、人与自然的复杂关系、探求全球走可持续发展之路、建设和谐社会方面作出重要的贡献,21 世纪是生态的世纪。

2.2 种群、群落

2.2.1 种群

种群(population)是生态学的重要概念之一。种群是在一定空间中同种个体的组合。这是一般的定义,表示种群是由同种个体组成的,占有一定的领域,是同种个体通过种内关系组成的一个统一体或系统。

“Population”这个术语从拉丁语派生,含人或人民的意思,一般译为人口。以前,有人在昆虫学中译为虫口,其他还有牲口、鱼口之称,后来我国生态学工作者统一译为种群,但也有译为“居群”的。

种群生态学研究种群的数量、分布、种群与其栖息环境中的非生物因素及其他生物种群(例如捕食者与猎物、寄生物与宿主等等)的相互作用。

1. 种群结构

(1)种群大小

单体生物(unitary organisms)如哺乳动物的种群大小很清楚,它就是个体的数目。而构件生物如高等植物和动物中的珊瑚就比较复杂,如一个稻丛有许多分蘖,这些分蘖数(或称为构件数)要比个体数更丰富。

(2)年龄(阶段)结构和性比

种群的年龄结构是指不同年龄组的个体在种群内的比例或配置情况。年龄组可以分成各种类型,如年或日,或者生活史的各个阶段如昆虫的卵、幼虫、蛹、成虫。研究种群的年龄结构和性比,深入分析种群动态和进行预测预报具有重要价值。

年龄锥体(或称年龄金字塔 age pyramid)是以不同宽度的横柱从上到下配置而成的图(图 2-1)。横柱高低的位置表示由幼到老的不同年龄组,宽度表示各年龄组的个体数和百分比。按锥体形状,年龄锥体可划分为三种基本类型:

增长型种群锥体呈典型金字塔形,基部宽、顶部狭,表示种群中有大量幼体，而老年个体较少。种群的出生率大于死亡率，是迅速增长的种群。

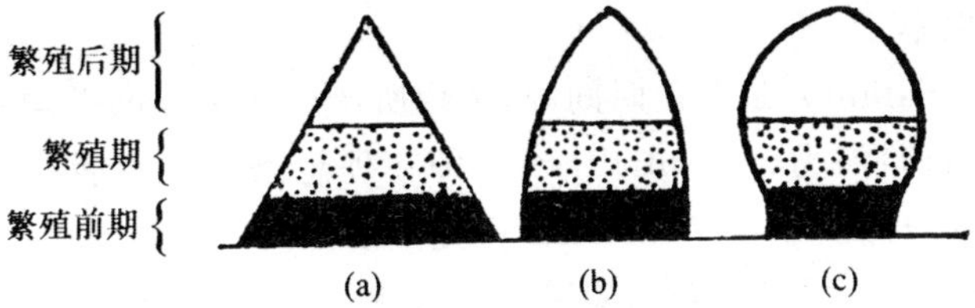

图 2-1　年龄锥体的三种基本类型

(a)增长型种群；(b)稳定型种群；(c)下降型种群

稳定型种群锥体形状和老、中、幼比例介于其他两种之间。出生率与死亡率大致相平衡，种群稳定。

下降型种群锥体基部较狭，而顶部较宽。种群中幼体比例减少而老体比例增大，种群的死亡率大于出生率。

性比是种群中雌(♀)雄(♂)个体所占的比例，人口统计中常将年龄锥体分成左右两半，分别表示男性和女性的年龄结构(图 2-2)。

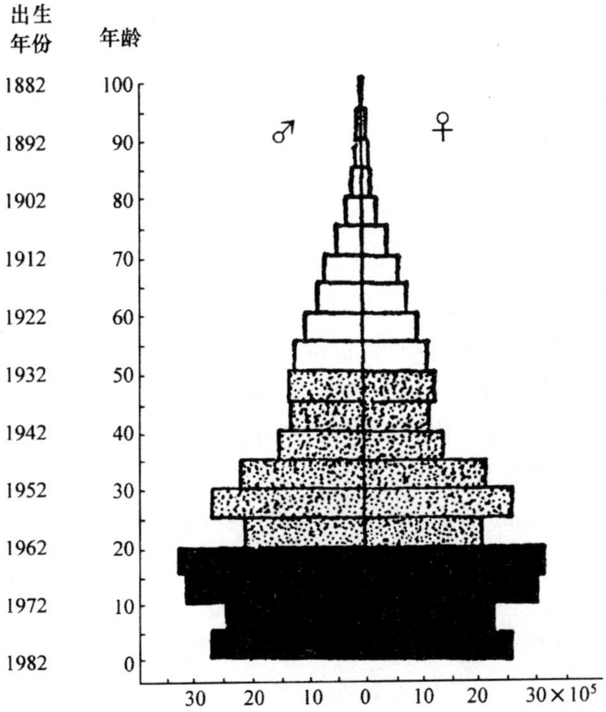

图 2-2　一个区域的人口年龄结构

2. 种群增长

(1)出生率

出生率(natality)是单位时间内,生物所产后代个体的平均数。理论上的出生率是繁殖潜力(potential rate),即在理想条件下所能产生的后代数目。与出生率相反,死亡率(mortality)是单位时间内生物死亡的平均数,这是从个体的死亡来描述种群数量减少的变率。

必须说明,这里所讲的出生率或死亡率,指的是种群,而不是孤立的个体,作为出生率指标的,是平均的繁殖能力,而不是繁殖力最大或最小的个体的能力。种群中的个别个体会出现超常的繁殖力,但决不能以它作为种群整体的最大出生率指标。

另外,从生态学角度看,死亡在某种意义上说,对一个物种具有存活的价值,因为一些个体死亡了,在种群中留下空隙,让一些具有不同遗传性的个体取代其位置,这样,物种就有更多机会来适应变化中的环境。所以,具有高死亡率、短命和高生殖力的物种(如鼠类),比具有低死亡率、长寿和低生殖力的物种(如象)对环境多变的挑战具有更大的适应性。

(2)存活曲线

存活曲线是用来表示一个种群在时间过程中存活量的方便指标。人们关心的不是一个时间过程中的死亡数,而是它的反面——存活量。可从100头或1000头动物开始,跟踪一个物种的命运。每出现一次死亡,存活数量就减少一个,直到最后全部死亡,一个不留。动物死亡速率的大小随时间和种类而不同。

一般存活曲线可有三种类型(图2-3),类型Ⅰ表示直到生命晚期存活数一直很高,这是一些大型动物(包括人)的常见形式;类型Ⅲ是幼体存活机会很小(死亡率高),这是一些小型动物,如青蛙等;类型Ⅱ是介于前二者的情况,世界上没有一种生物死亡率在各年龄段是稳定不变的,但是有些鸟类和小型的哺乳动物比较接近这种曲线。所有这些不同的生存曲线都是生物种在长期适应中形成的固有特征,是自然选择的结果,在物种进化上各有其特殊作用。

(3)种群增长

一个种群按其固有的速度增长,将在种群数量上进行几何级数增长(指数增长),并形成独特的几何级数曲线(图2-4)。这种情况仅发生在资源未耗尽的种群,虽然种群的数量快速增加,但增加的平均速率(v)仍然恒定。几何学增长的存在既是更多的个体参与到种群来又是速率的增加的结果。所以,在每一个时间段中,参与种群中的个体数比前一个时间段更多。

1)种群的指数增长(exponential growth)

种群的指数增长也称为与密度无关的种群增长(density-independent population growth)。

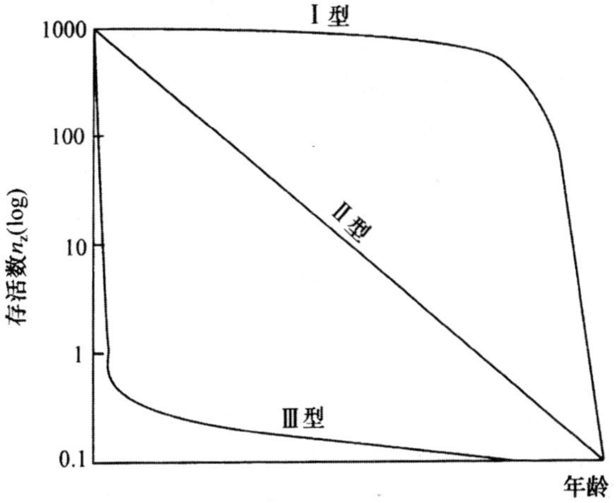

图 2-3　存活曲线

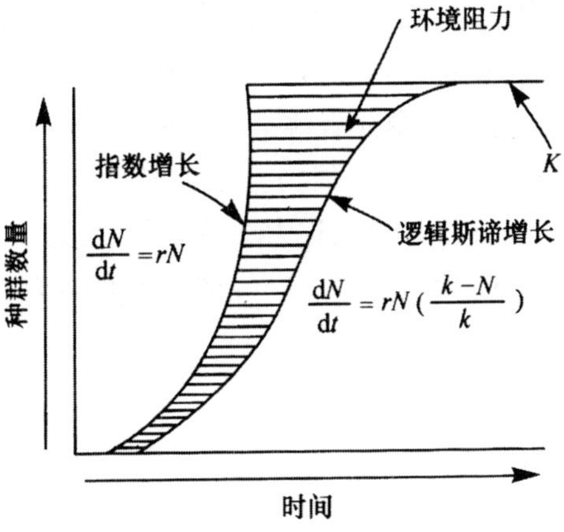

图 2-4　种群增长曲线

有些生物可以连续进行繁殖,没有特定的繁殖期,在这种情况下,种群的数量变化可以用微分方程表示:

$$\frac{\mathrm{d}N}{\mathrm{d}t}=(b-d)N$$

式中,$\frac{\mathrm{d}N}{\mathrm{d}t}$表示种群的数量变化;$b$ 和 d 分别为每个个体的瞬时出生率和死亡率。在这里,出生率和死亡率可以综合为一个值,即

$$r=b-d$$

r 值就被定义为瞬时增长率。因此，种群的瞬时数量变化就是：

$$\frac{dN}{dt}=rN$$

显然，若 $r>0$，种群数量就会增长；若 $r<0$，种群数量就会下降。

应该指出的是，种群的数量变化是连续的，因此以上方程用图形来表示的增长曲线是平滑的。如果 r 值较大（如在 0.2 左右），增长曲线就是 J 字形，这时的曲线也称为 J 形曲线。从 J 形曲线可看到种群在开始时增长很慢，后来由于成倍增长（说明所有种群都有爆发性增加的潜力）而几乎垂直上升，最后当种群超越其生境所能支持的生活极限时，J 曲线就急剧下降。

2）种群的逻辑斯谛增长（logistic growth）

这类增长又称受密度制约的增长（density-dependent gowth）。

假如在充分时间内观察许多自然界的种群，可看到种群内的个体数起初成指数增长，然后在一些时点上增长速率逐步减退，最后达到稳定的停滞期。在自然界，种群不可能无限地继续增长，每个种似乎都有最大个体数，称为环境负荷量（即 k 值，carrying capacity）。这就是在较长时期内能得到的资源，主要是食物和空间所能供养的最大个体数。假如种群个体数超过其所处环境的负载能力，过多的个体可能因得不到养料而死亡（如过度放牧），也可能在繁殖上受到限制或有些个体迁出这个种群。大多这样的种群的个体数不断地在其环境的负载能力上下波动，这种种群曲线成为 S 形，所以称为 S 形曲线，这种增长方式称为逻辑斯谛增长。

为了描述上述种群的数量增长过程，就必须在指数增长方程中引入一个包括 k（环境负荷量）的新系数，即

$$\frac{dN}{dt}=rN\left(\frac{k-N}{k}\right)$$

式中，$\frac{dN}{dt}$ 是种群的瞬时增长量；r 是种群的瞬时增长率；N 是种群大小；$\left(\frac{k-N}{k}\right)$ 就是逻辑斯谛系数。当 $N>k$ 时，$\left(\frac{k-N}{k}\right)$ 是负值，种群数量下降；当 $N<k$ 时，$\left(\frac{k-N}{k}\right)$ 是正值，种群数量上升；当 $N=k$ 时，$\left(\frac{k-N}{k}\right)=0$，此时种群数量不增不减。

3）自然种群的周期性变动

自然种群具有季节消长和年变动的特征。种群的季节消长是常见的，我们甚至能够预计苍蝇和蚊子的季节性变动。一般具有生殖季节性的生物，其种群的最高数量通常落在一年中最后一次繁殖。例如，寒带、温带的

鼠形啮齿动物通常由于冬季停止繁殖，到下一年春季是最低数量时期。春季繁殖开始后，数量一直上升，直到秋冬因寒冷而停止繁殖之前，是一年中数量最高的季节。

种群除了有季节变动外，还有年变动。这种变化有的具有规律性（指有周期性的），有的没有规律性。种群的不规则波动，通常是由于非生物因子，特别是气候因子在不同年份中的区别而引起的。图 2-5 反映了在大不列颠两个地区的灰鹭种群自 1933～1963 年的种群动态。在大多数年份中，种群数量相当稳定，显然当地的环境给灰鹭以稳定的容纳量。但每次冬季严寒，都使灰鹭的密度有明显的下降，接着再恢复，并且两个地区的变化是一致的。

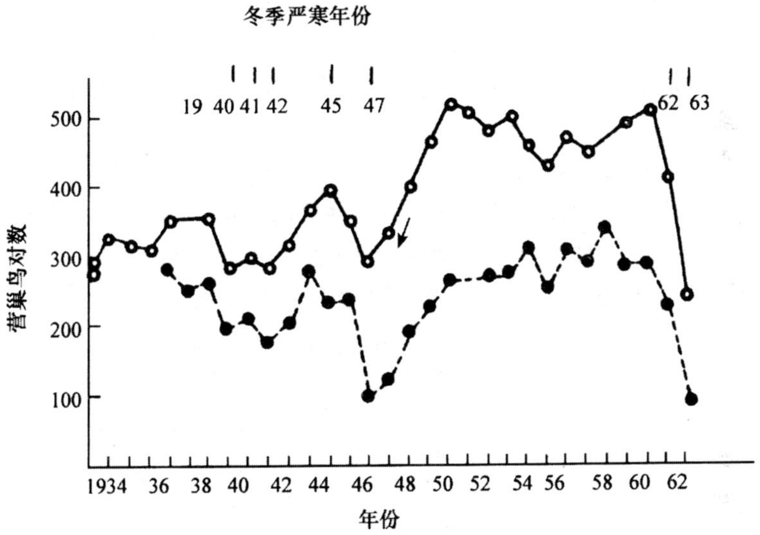

图 2-5　1933～1963 年大不列颠两个地区灰鹭的相对丰盛度变化

生态学家曾提出过很多理论来解释种群数量的周期波动现象，这些理论大体可归纳为两大学派。一派主张周期波动是由自然环境中的某些因素或种群自身的一些因素引起的。在这个学派中，有人提出捕食是引起种群数量周期波动的因素，也有人提出因种群数量过剩而引起的食物不足是造成种群数量周期波动的原因。而 D. L. Lack(1954)则主张食物不足和捕食作用两者结合起来，才能引起种群数量的周期波动。1957 年 F. A. Pitelka 则提出了营养恢复学说来解释旅鼠数量的周期波动。当旅鼠数量达到高峰时，植被因遭到过度啃食而被破坏，引起食物短缺和隐蔽条件恶化，因此会有更多的旅鼠饿死、外迁或被捕食动物捕食。

以科尔(L. C. Cole)等人为代表的另一个学派认为：种群的周期波动和

随机波动在统计学上是难以区分的，种群因受到多种环境因素的影响而表现出随机波动，而环境条件的随机波动也可能引起种群的周期波动。1975年，M. G. Bulmer从统计学上证实了很多动物在1951年到1969年间都表现出了周期波动，这些动物包括郊狼、红狐、水貂、雪兔、角鹗等。种群数量周期波动的主要特点是波的间距是有规律的，而波的振幅是无规律的。

上面介绍的两个学派都特别强调外在因素的作用，如食物、天敌、气候和隐蔽所等。其基本的前提条件是：组成种群的个体是没有差异的。他们都忽视了个体差异对种群调节的重要性。而另有一些生态学家把研究重点放在种群内部的变化上，并认为这种变化对种群的数量调节是十分重要的。

表现型和基因型是个体可能发生的两种基本变化形式，虽然自我调节学派在具体问题上，对表现型和基因型个体在种群调节时各有怎样的重要性，认识并不一致，但不管正在起作用的是什么机制，它必定是进化的产物。因此，凡是支持种群自我调节理论的生态学家都非常重视进化方面的论据。

4)种间的相互作用

一个种群的活动影响另一个种群的生长或促使死亡的情况，是大家所熟悉的。一个种群的成员可能吃掉另一种群的成员，或者以竞争食物、分泌有害物质影响另一种群。同样，种群之间也可能彼此相互帮助。这些种间的相互作用或者是单方向的，或者是彼此作用的，如图2-1所示。

表2-1　两个物种种群间相互作用分析相互作用

类型	物种		相互作用的一般情况
	1	2	
1.中性作用	0	0	两个种群彼此不受影响
2.竞争：直接干涉型	－	－	一个种群直接抑制另一个种群
3.竞争：资源利用型	－	－	资源缺乏时的间接抑制
4.偏害作用	－	0	种群1受抑制，2无影响
5.寄生作用	＋	－	种群1是寄生者，通常较寄主2的个体小
6.捕食作用	＋	－	种群1是捕食者，通常较猎物2的个体大
7.偏利作用	＋	0	种群1是偏利者，而对寄主2无影响
8.原始合作	＋	＋	相互作用对两种都有利，但非必然
9.互利共生	＋	＋	相互作用对两种都必然有利

注："0"表示没有意义的相互影响；"＋"表示对生长、存活或其他特征有利；"－"表示种群生长或其他特征受抑制；2～4垂可归为负相互作用；7～9型为正相互作用；5、6是兼有。

表 2-1 所列出的就是这些相互作用可能划分的若干范畴。为了说明这些相互关系怎样影响种群的生长和存活，应用增长方程式“模型”能使定义更为精确，并帮助测定在复杂的自然情况下各种因素可能是怎样作用的。

如果说，一个种群的增长可以用一个方程式来表示，那么对另一个种群的影响，就可用修正第一个种群增长项来表示。例如对于竞争作用，一个种群（N_1）的增长率等于无限增长率减去种群自我拥挤效应（它随种群数量增加而加强），再减去对另一种群（N_2）的有害影响（它也随两个种群 N_1 和 N_2 数量的增加而加强），可以方程式表示为：

$$\frac{\mathrm{d}N_1}{\mathrm{d}t}=rN_1-\left(\frac{r}{k}N_1^2\right)-CN_2N_1$$

（增长率）=（无限增长率）-（自我拥挤效应）-（对另一个物种的有害效应）

这种相互作用可能有若干种结果。假如竞争系数 C 对于两个物种都很小，那么，种间的压抑效应就比种内（自我抑制）的影响小，两个物种的增长率可能稍稍受到压制，但两个种群可能共存。同样，如果种群增长率表现为指数型（方程式中缺少自我限制这一项），那么，种间竞争就可能使种群增长曲线“变平”。如果 C 很大，那么，起影响最大的物种可能消灭其竞争者，或者把它赶到其他地方。这样，从理论上讲，具有同样需求的物种由于发生强烈的竞争以致其中一个种被另一个所消灭的可能性很大。因此，这两个种是难以共存的。

当两个物种的相互作用对各种群是彼此有利的时候，增长方程式中可以加入一个正项，来取代有害项。在这种情况下，两个种群都增长和繁荣起来，达到双方有利的平衡水平。假如一个种群的有和影响（方程式中的正项）对于两个种群的生长和存活是必须的，那么这种关系是互利共生。另一方面，假如有利影响只能增加种群的大小和增长率，而对于生长和存活不是必需的，那么这种关系属于原始合作。

种间相互关系的类型很多，这里具体介绍几类：

①竞争与协调。

无论是种内还是种间竞争，都是由资源争夺与空间争夺两个主要原因引起。这是由于竞争的各方都力求抑制对方，谁胜谁负不仅取决于它们自身的生物学特性，还要决定于所在地环境及条件的变化。

争夺资源是同居在一起的生物个体间及种群间竞争的主要形式，在表现上，种内个体由于彼此生物学需要相同，因而无论在对资源的需要和获取资源的手段上，竞争都是十分激烈，特别在种群密度过大（繁殖过剩）时就更为紧张。不同种之间在资源争夺上也极普遍，但竞争强度因生活型和习性不同而有差别。植物中同一生活型之间是紧张的，不同生活型之间就缓和些;动物中食性相同的关系紧张,食性不同的比较缓和。

无论植物、动物都需要生活空间,因此,在空间上的争夺也极为普遍。在森林上层优势树种之间相互排斥;在动物则表现为许多鸟兽在领地上的争夺,还可以表现为通过形成环境对他种生物进行抑制。

此外,生物间的竞争还有化学的相互作用物质(allelo-chemics)在起作用。这些物质是生物代谢的产物,如各种抵御剂(repellents)、趋避剂(escape substances)、吸引剂(attractants)等。再如信息化合物,又称为激素(hermones),可对动物之间的生殖行为、识别、追踪、寻觅食物等起重要作用。近年在物理生态和化学生态方面的进展不仅在阐明种内(如同性排斥、异性引诱)和种间(如种的排斥、聚集、侵袭、防卫)关系上,发现了重要的物质基础,而且也为对病虫害的生物防治提供有力武器。

物种之间不仅有竞争,也有许多相互依赖、协同进化的例子。如被子植物的花常具有鲜艳色彩和芬芳香味是为吸引昆虫和鸟类以保证授粉的完成。种内协调的例子如蜜蜂蜇敌人时,会放出一种化学物质,刺激其他蜜蜂一起来参加攻击。

②捕食和防御。

食肉动物的捕食是动物间在营养关系上一种比较普遍的表现形式。捕食者和捕获物二者之间,前者受益,后者受害,经历了漫长的历史进程。捕食者对顺利捕获食物逐渐形成一种捕获适应,表现在它们的构造、生理、习性和生活方式上。例如,食肉动物有锋利的牙齿,猛禽有钩状喙、锐利弯曲的爪等。食肉动物的中枢神经系统和感觉器官比较发达,因此反应灵敏、动作迅速。捕获物并不是一味消极待毙,它们也有明显的防御和保护适应。如有的动物生有带刺的器官,有的散发有毒或有气味的分泌物;一些动物的动作敏捷,能很快逃跑;也有些动物能巧妙地隐匿起来或靠群居来保障安全。

③寄生关系。

一个物种的个体(寄生物)以消耗另一个物种的个体(寄主)物质为主,但并不马上导致该个体死亡,这种关系称为寄生。例如,蛔虫、绦虫和一些寄生性原生动物侵入高等动物体内,生活在各种内脏和组织内(肠管和血液等),或细菌、真菌侵入人体、植物体内。作为一种生活方式的寄生现象,带给寄生物很多好处。只要寄主活着,营养就有保证,而且很多环境危机(如脱水、极端湿度)都可避免;另外,寄生关系也引起寄生物和寄主的很多变化和适应。

由于寄生物的存活率太低,所以它们必须有很高的繁殖能力;又由于杀死寄主会使寄生物失去栖息场所,所以寄生物的繁殖也不会有太大的成功。

一种成功的寄生关系是寄生物受益和寄主受损害之间维持一种平衡的关系。对这种平衡关系的认识，不能仅从寄生物的角度出发，寄主对寄生物也有防御和抵制的功能。植物病害防治中的抗病育种就是这个原理的具体应用。

④共栖与共生。

当两个不同物种的个体生活在一起，其中一方受益而另一方不受益也不受害，这称为共栖(commusalism)。如藻类附生在龟鳖、甲壳类和鲸身体上，藻类既不从其附着动物中获取食物，也不伤害它们，但却被它们带到不同的环境而受益。

另外，也有不同种的两个个体在生活中彼此互相依赖，如果缺少一方，另一方也不能生存，这叫互利共生(mutualism)。如白蚁的消化道中生活着一种强厌氧性鞭毛虫，这种原生动物分泌水解纤维素的酶，用来消化白蚁的食物——木材。假如把白蚁消化道中这种原生动物杀死，白蚁很快就会因饥饿而死亡。

此外，真菌和藻类形成地衣，豆科植物与根瘤菌共生形成根瘤，可固定空气中的氮气，这些都是共生的例子。

2.2.2　群落

1. 群落的概念及其基本特征

(1)群落的定义

生物群落(biotic community)和相邻的生物群落，有时界限分明，有时则混合难分。可简单地分为植物群落(plant community)、动物群落(animal community)和微生物群落(microbial community)三大类。

群落概念是生态学中最重要的理论之一，因为它强调的是自然界共同生活在一起的各种生物能有机地、有规律地在一定时空中共处，而不是各自以独立物种的面貌任意散布在地球上。它强调生物间有物质循环和能量转化的联系，因而它具有一定的组成和营养结构。它在时间过程中经常改变外貌，并具有发展和演替的动态特征。

(2)群落的基本特征

1)群落的物种组成

群落中的种类组成和环境条件是密切相关的，环境条件的丰富与否，是指物质与能量交换中原始物质的丰富程度。营养物质的丰富程度不同，种类数目可以相差很大。

动物通常依附于植物而生活，因为动物直接或间接以植物为食，尤其在陆地生物群落中，植物为许多动物提供隐蔽所、栖息地和繁衍后代的场所。因此，陆地生物群落中植物种类的多样性和结构的复杂性能直接影响动物种类和数量。如把森林中鸟类数量和农田中的相比，前者可多于后者10倍左右。随着植物群落的发育完整而丰富，动物在生物群落中有自己的地位和作用。如传播花粉和种子的作用，红杉种子常被松鼠转移贮存而得到传播；某些植物种子被动物取食，经排泄而得到散布。动物在生态系统中是能量流动、物质循环和信息交流中的重要环节。动物一方面依赖于植物，同时又是植物发展不可少的条件。

微生物和土壤动物是生物群落的重要成分，它们的活动使土壤通气，调节水分，分解有机物质，促进能量和物质循环的过程。

2)群落的物种多样性

某一地区群落中的种类数目，在很大程度上敢决于物种所处环境的地理位置。如从极地向热带推移，种类数是逐渐增加的。在热带森林中，每公顷有上百种的鸟类，而在温带森林的同样面积中，只有十几种。另外，随海拔高度增加，种类数逐渐减少。一个群落的种类数、物种均匀度和多样性都会受环境的污染所影响。

2. 群落的结构

(1)群落的外貌

我们常常看到的森林、草原、田园就是特定区域生物群落的表象，是群落长期适应环境的外部表现。同一群落，随季节的不同，也会表现出不同的外貌，此称为季相。如温带落叶阔叶林，春夏郁郁葱葱，冬季则枯枝败叶。

丹麦植物学家阮基耶尔(Raun Kiaer)把高等植物划分为五个生活型。现就这五个类型加以简介：

①高芽位植物。

植物的芽或顶端嫩枝位于离地面较高处的枝条上，如乔木、灌木等。

②地上芽植物。

芽或顶端嫩枝位于地表和接近地表处，因而受土表或残落物所保护。

③地面芽植物。

植物在不利季节，其地上部分死亡，但被土壤和残落物保护的地面部分仍活着，并在地面有芽。

④隐芽植物。

或称地下芽植物，植物芽位于土表以下，或位于水中。

⑤一年生植物。

植物只能在良好的季节中生长，它们以种子的形式度过不良季节。

统计各个群落内的各种生活型的数量对比关系成为生活型谱。群落类型的不同，其生活型谱也不同，见表 2-2。

表 2-2　我国几种群落类型的生活型谱

群落（地点）	生活型的数量/%				
	高芽位植物 Pn	地上芽植物 Ch	地面芽植物 H	隐芽植物 Ct	一年生植物 T
热带雨林（西双版纳）	94.7	5.3	0	0	0
热带雨林（海南岛）	96.88	0.77	0.42	0.98	0
山地雨林（海南岛）	87.63	5.99	3.42	2.44	0
南亚热带常绿阔叶林（鼎湖山）	84.5	5.4	4.1	4.1	0
亚热带常绿阔叶林（滇东南）	74.3	7.8	18.7	0	0
亚热带常绿阔叶林（浙江）	76.7	1.0	13.1	7.8	2
暖温带落叶阔叶林（秦岭北坡）	52.0	5.0	38.0	3.7	1.3
寒温带暗针叶林（长白山）	25.4	4.4	39.6	26.4	3.2
温带草原（东北）	3.6	2.0	41.1	19.0	33.4

（2）物种多样性

一个群落总是包含很多种生物。环境条件愈优越，群落的结构就愈复杂，组成群落的生物种类就愈多。热带雨林是“植物王国”，云南西双版纳南部的热带雨林中，组成群落的主要高等植物就约有 130 多种。然而，北极地带植物种类很少，只有少数几种有花植物，还有一些地衣、苔藓类植物。群落的多样性反映群落中物种的丰富程度（species richness）和各个种的相对密度（又叫群落的异质性 Heterogeneity）。各物种之间的比例对群落的大小、结构等方面产生不同的影响。

（3）物种的种间关联与群落系数

在不同的群落中，许多物种经常趋于一起出现，相互间呈现正关联（positive association）；另一些物种由于竞争排斥或对环境、资源要求的明显差异而相互排斥，呈现负关联（negative association）。在群落生态研究中，要把特征相似的群落进行比较，找出他们之间的相似程度，即为群落系数。

（4）群落的格局

群落中各种生物在一定的时间和空间的分布状况，构成群落的结构，其分为水平结构和垂直结构。前者是在群落内部水平方向上，因环境状况的差异而形成的不同生物的分布；后者指生物在空间垂直分布上所产生的成层性分布现象，如在森林群落中，上部空间为乔木层，往下为灌本层、草本层、地被层和地下层。水生生物群落中亦有类似的分层现象。群落中生物的空间分布总是按照能够最充分利用环境所提供的各种生存条件的原则进行的。也就是说各物种的分布关系是建立在各种竞争的基础上的；包括争夺光、食物、水分，或为了寻求庇护所以克服周围环境的不利因素或战胜某种敌害而进行的竞争。由于上述原因使生物群落具有一定的空间结构和时间结构。

1)群落的垂直结构

群落垂直成层现象(vertical stratification)中每一层片都是同一生活型。动物也有分层现象，但不明显。水生环境中，不同的动、植物也在不同深度水层中占有各自位置。如鲢、鳙在上层水体活动；而鲫、鲤在中下层水体活动。

2)群落的水平格局

群落结构的另一特征就是水平格局(horizonal pattern)，它的形成主要决定于植物的分布格局。这种情况的产生，主要是环境因素在群落内不同地点上分布不均匀的结果(图 2-6)。如小地形和微地形的变化、遮荫不均匀等。

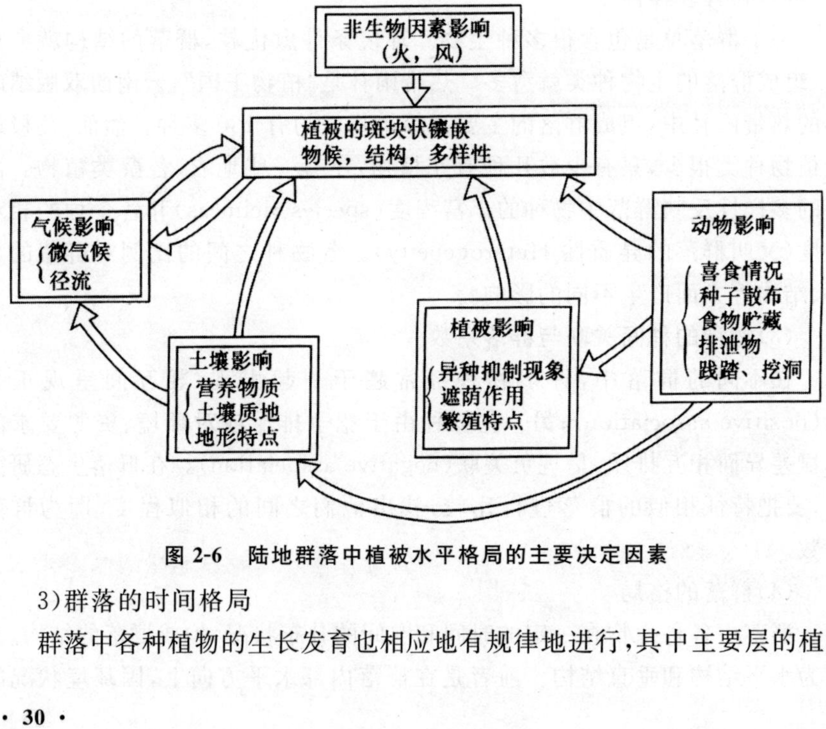

图 2-6　陆地群落中植被水平格局的主要决定因素

3)群落的时间格局

群落中各种植物的生长发育也相应地有规律地进行，其中主要层的植物季节性变化，使群落表现为不同的季节性外貌，即为群落的季相(aspect)。

动物群落季相变化的例子也很多，如人们熟知的候鸟春季迁徙到北方营巢繁殖，秋季南迁越冬。动物群落的昼夜相也很明显，如森林中，白昼有许多鸟类活动，但一到夜里，鸟类几乎都处于停止活动状态，但一些鹗类开始活动，使群落的昼夜相迥然不同。水生群落的昼夜相不像陆地群落那么容易看到，但许多淡水和海洋群落中的一些浮游生物有着明显的昼夜相(图 2-7)。

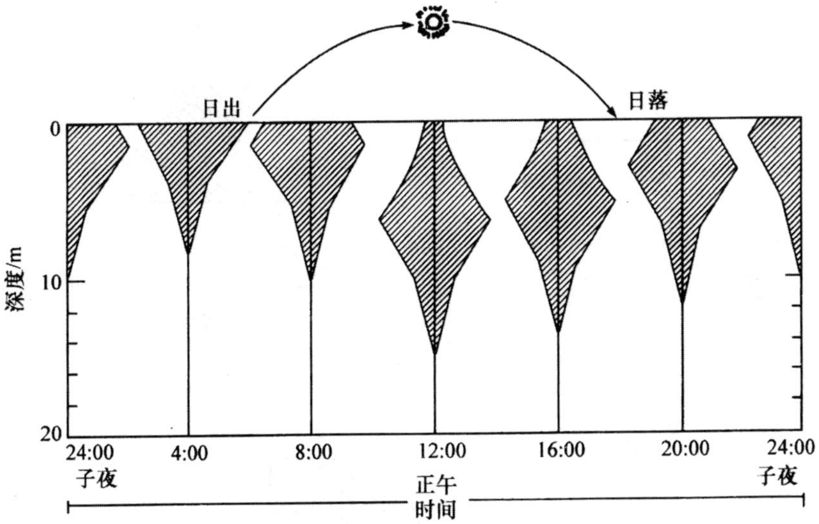

图 2-7 一种淡水浮游动物垂直移栖的格式

(5)群落的交错区和边缘效应

不同群落的交界区域，或两类环境相接触部分，即通常所说的结合部位，称为群落交错区(ecotone)或称生态环境脆弱带。

在日周期中种的个体可上下移动几米，而整个种群在白天则移动到光照最强的水域以下，晚上向上移至水面。多边形的宽为不同深度的个体相对数群落交错区和生态环境脆弱带实际上是一个过渡地带(图 2-8)。

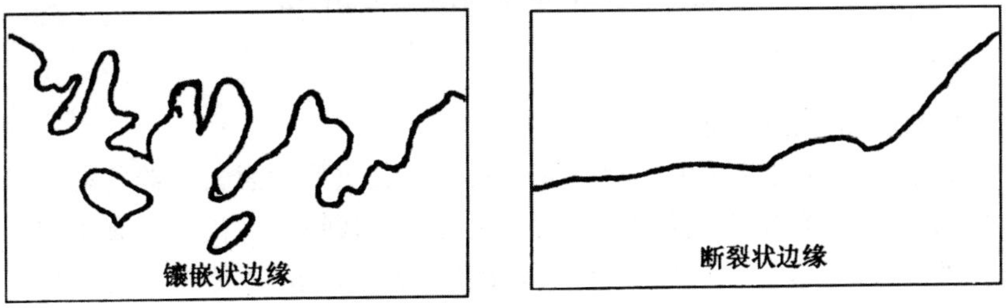

图 2-8 两种种群边缘的类型

3. 群落种的生态位

G. E. Hutchinson 是对现代生态位研究有较大影响的人，下面简单介绍 Hutchinson(1957)提出的关于生态位的概念。

假如我们考察一个单一的环境因子(如温度)，那么一个种即将在一定温度范围内才能生存和繁殖。而这个范围就是这个种在一维上的生态位[图 2-9(a)]；若再将湿度的范围考虑进来，就成了两维的生态位[图 2-9(b)]；假如加上第三个环境因子，就成三维生态位[图 2-9(c)]。

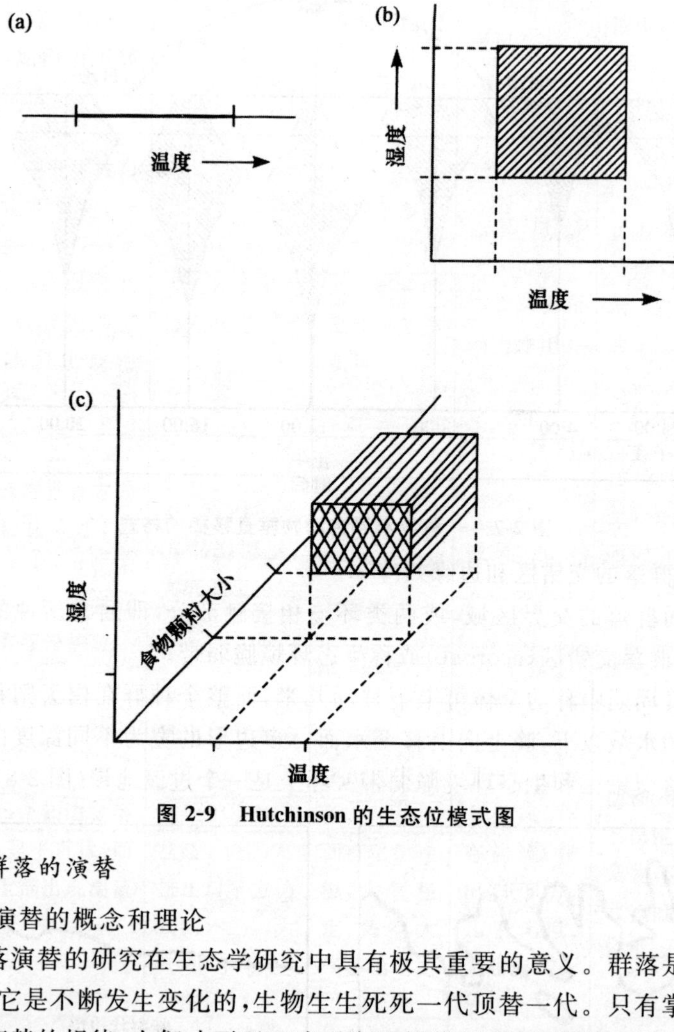

图 2-9 Hutchinson 的生态位模式图

4. 群落的演替

(1)演替的概念和理论

群落演替的研究在生态学研究中具有极其重要的意义。群落是一个动态系统，它是不断发生变化的，生物生生死死一代顶替一代。只有掌握了一个群落演替的规律，人们才不至于违反客观规律行事，才能持久地开拓自然界的潜力。

最早的和最经典的演替理论是由 F. E. Clements(1916，1936)提出来的，他认为群落是一个高度整合的超有机体，通过演替，群落只能发展为一个单一的气候顶极群落(climatic climax)。群落的发育是逐渐的和渐进的，从一个简单的先锋植物群落最终发育为顶极群落，演替的动力仅仅是生物之间的相互作用。演替是一个有序的、有一定方向的和可以预见的过程，该理论又叫做促进作用理论。演替的第二个重要理论是由 F. E. Egler(1954)提出的抑制作用理论。第三个重要理论是由 J. H. Connell 和 R. O. Slatyer(1977)提出的忍耐作用理论。

以上三种理论(图 2-10)都一致预测：在一个演替过程中，先锋物种总是最早出现，因为这些物种有许多适于定居的特性，如生长速度快、种子产量高和具有极大的散布能力等。但这些定居物种通常都是短命的和易消失的，因为它们总是使环境变得对它们自己不利。

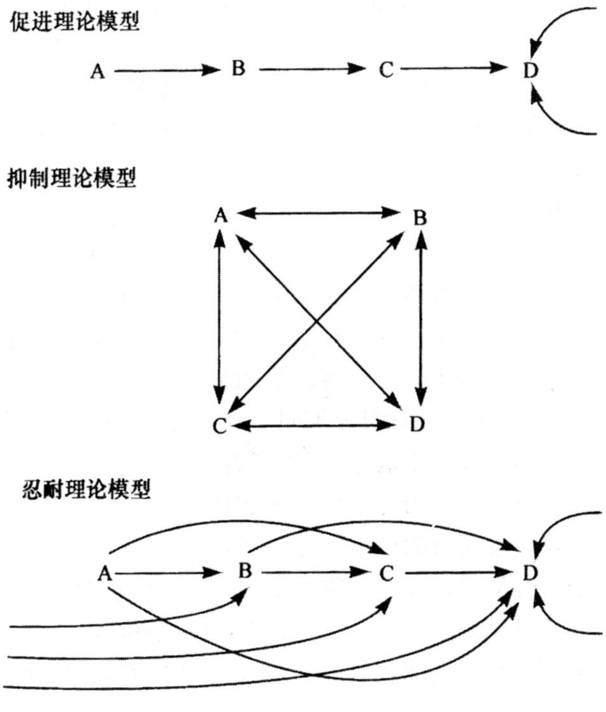

图 2-10　演替的三种理论

A,B,C 和 D 代表 4 种物种，箭头指示被替代。在 Connell 的理论中，后来物种可以取代先来物种，但当后者不存在时，前者也可侵入。在 Egler 的理论中，彼此都有可能取代，主要取决于谁先到达演替地点。

(2)演替的类型

演替通常都可以区分为初生演替和次生演替、自发演替和异发演替。

1)初生演替

初生演替是指生物在裸地(此前从未被生物定居过的地点)的定居并将导致顶极群落对该生境的首次占有。

2)次生演替

次生演替是指演替地点曾被其他生物定居过,原有的植被受到人类或自然力(如野火、暴风和洪水泛滥等)破坏后再次发生的演替。例如森林遭受砍伐或火烧之后或农田弃耕之后所开始的演替过程就是次生演替。由于次生演替的基质条件较好,所以演替所经历的时间较短。

3)自发演替

自发演替是指生态系统内自身变化引发的演替,特别是指由生物群落所引起的生境变化如土壤的形成和营养物质的积累。如果土壤的上述改良可促进下一个群落取而代之,那么,这种类型的演替就叫自发演替。

4)异发演替

异发演替是指由生态学系统外力所引起的演替过程,例如因为溪流流量减少而使沼泽水位逐渐下降,并导致一个适应较干沼泽地的新群落的出现,那么这个变化过程就叫异发演替。

(3)顶极群落

演替是一个漫长的过程,但是演替也并不是一个无休无止、永恒延续的过程。一般说来,当一个群落或一个演替系列演替到同环境处于平衡状态的时候,演替就不再进行了。演替所达到的这个平衡状态叫顶极群落(climax)。顶极群落与非顶极群落的性质有明显不同。首先,顶极群落中,生物的适应特性与非顶极群落有很大不同。处于演替早期阶段的生物必须产生大量的小型种子,以有利于散布;而生活在顶极群落中的生物,只需要产生少量的大型种子就够了,因为生物的散布能力在群落演替的早期阶段是非常重要的,而在群落演替的后期则无关紧要。

其次,处于演替早期阶段的生物体积小、生活史短,但繁殖速度快,以便最大限度地适应新环境和占有空缺生态位。处于顶极群落中的生物由于面临激烈的生存竞争,往往体积大、生活史长并且长寿,这有利于提高竞争能力。

另外,在森林顶极群落中,树木的实生苗(由种子长成的树苗)都具有在阴暗的环境中进行缓慢而正常生长的能力,否则它们就不能自我更新和长期定居下去。

(4)演替的实例

1)沙丘群落的演替

属原生演替类型。沙丘上的先锋群落由一些先锋植物和无脊椎动物构成。随着沙丘裸露时间的延长,在上面的先锋群落依次为桧柏松林、黑栎林、栎-松柏林所取代,最后发展为稳定的山毛榉-槭树林群落(图 2-11)。群落演替开始于极端干燥的沙丘之上,最后形成冷湿的群落环境,形成富有深厚腐殖质的土壤,其中出现了蚯蚓和蜗牛。原生演替的过程进行很缓慢。据奥松(Olson,1958)估计,从裸露的沙丘到稳定的森林群落(山毛榉-槭树林),大约经历 1000 年的历史,但在人为干扰条件下,这种演替过程将会缩短。

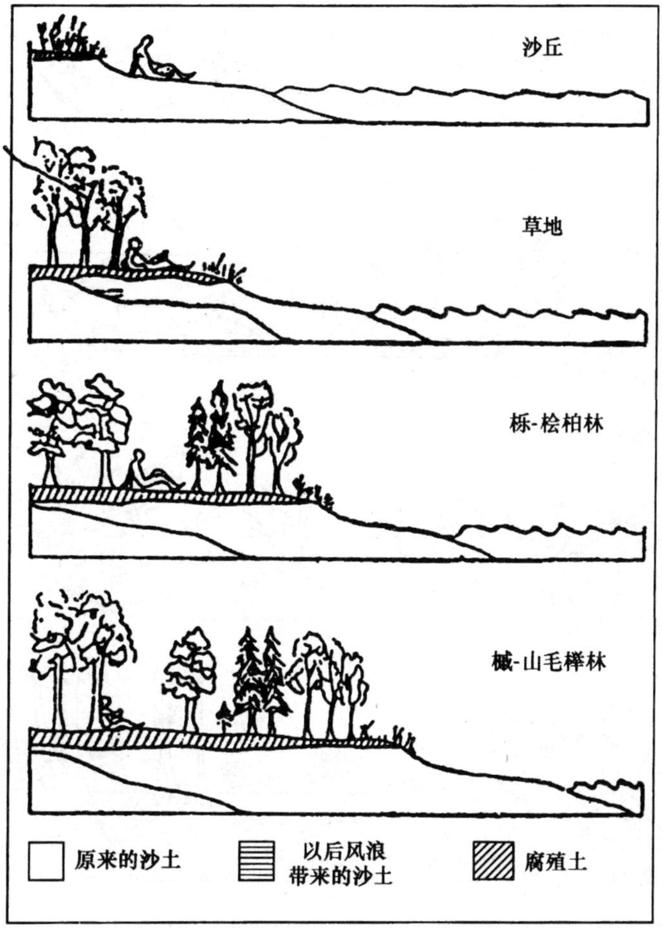

图 2-11　密执安湖湖岸沙丘的群落演替示意图

2)水生群落的演替

从湖底开始的水生群落的演替,属原生演替类型。现以淡水池塘或湖泊演替为例,其演替过程包括以图 2-12 所示的几个阶段。

整个水生演替系列也就是湖泊的填平过程,演替的每一个阶段都为下一阶段创造了条件。

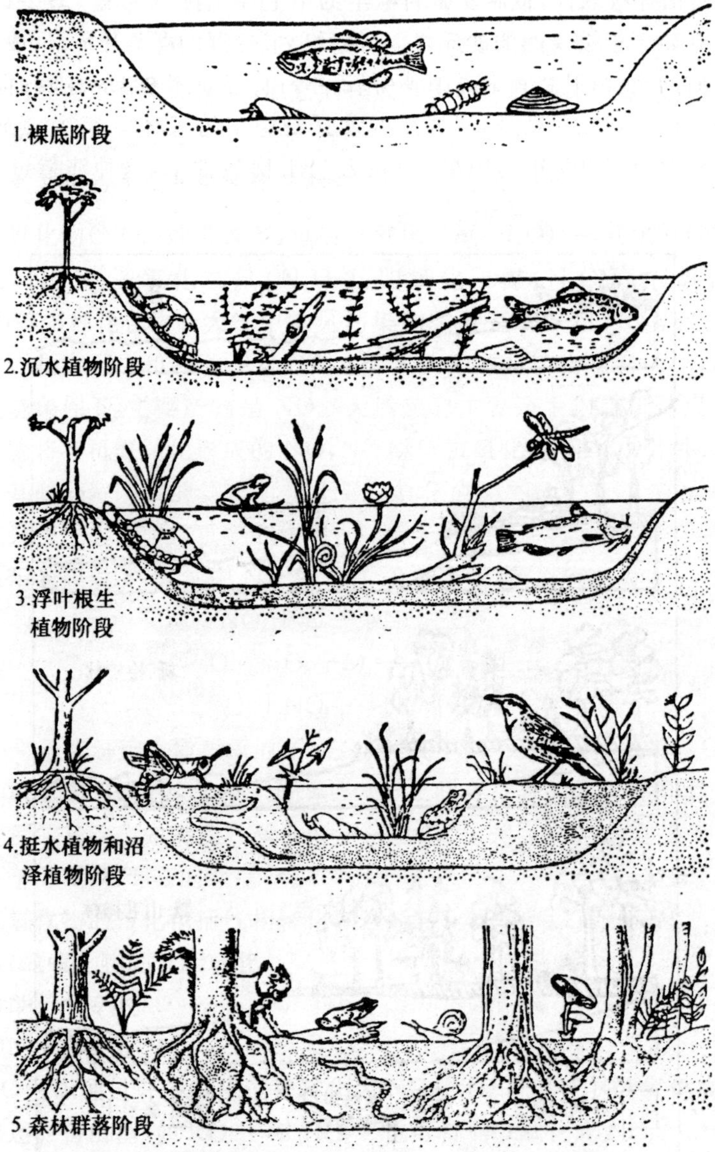

图 2-12　从一个湖泊演替为一个森林群落经历的 5 个演替阶段

3)森林群落的演替

在天然条件下,原生植被受到破坏,就会发生次生演替。它最初发生是外界因素的作用引起的,如森林砍伐、草原放牧、耕地放荒等。

森林受到严重破坏之后,其恢复过程较缓慢。采伐演替的特点,取决于森林群落的性质、采伐方式、采伐强度以及伐后对森林环境的破坏等。现以云杉采伐为例，云杉是我国北方针叶林中优良用材，也是西部和西南部地区亚高山针叶林中的一种主要森林群落类型。在云杉被采伐后，一般要经过几个阶段：采伐迹地阶段，就是森林采伐的消退期；阔叶树种阶段，适合于一些喜光的阔叶树种，如桦树、山杨等；云杉定居阶段，由于桦树、山杨等上层树种缓和了林下小气候条件的剧烈变动，又改善了土壤环境，因此，阔叶林下已能够生长耐阴性的云杉和冷杉幼苗。森林采伐后的复生过程，并不单纯决定于演替各阶段中不同树种的喜光或耐阴性等特性，还决定于综合生境条件变化的特点。

以上三种群落的演替，都显示了演替总是从先锋群落经过一系列的阶段，达到中生性的顶极群落。这样沿着顺序阶段向着顶极的演替过程，称为进展演替(progressive succession)；反之，如果是由顶极群落向着先锋群落演替，则称为逆行演替(retrogressive succession)。后者是在人类活动影响下发生的，其特点是具有大量的特殊适应于不良环境的特有种、群落结构简单化、群落生产力降低等特点，如草原代替森林就有逆行演替性质。

对于次生群落的改造和利用已引起人们的注意，各种次生群落中都有一些可利用的植物，如含油脂的、生物碱的以及含各类芳香油的原料植物或其他用途的植物。在研究次生演替的同时，对于各种次生群落，要按其可利用的价值分别对待。对有一定经济价值的种类，要采用留优去劣的办法加以培育，以提高整个群落的产量和质量。另外，还可采用人工播种或种植的方法，扶植一些有经济价值的种类，对原有群落加以改造。在直接利用次生群落时，首先要了解次生群落只是次生演替系列的一个阶段，除具有生长较快和较大可塑性特点外，还要注意它的不稳定性，否则就达不到利用的目的。

根据美国纽约州的研究，在森林演替过程中，动物的演替也是明显的。田鼠、百灵等是草本植物期的代表动物。随着树木的出现，成层现象趋于明显，前期的代表动物被白足鼠等代替。每一个演替期都有其特有的代表动物。

2.3　生态系统

2.3.1　生态系统的概念和功能

1. 生态系统概念

任何一个生物群落与其周围非生物环境的综合体就是生态系统(ecosystem)。目前人类所生活的生物圈内有无数大小不同的生态系统。图2-13和图2-14分别是简化了的陆地和池塘生态系统。

图 2-13　简化的陆地生态系统

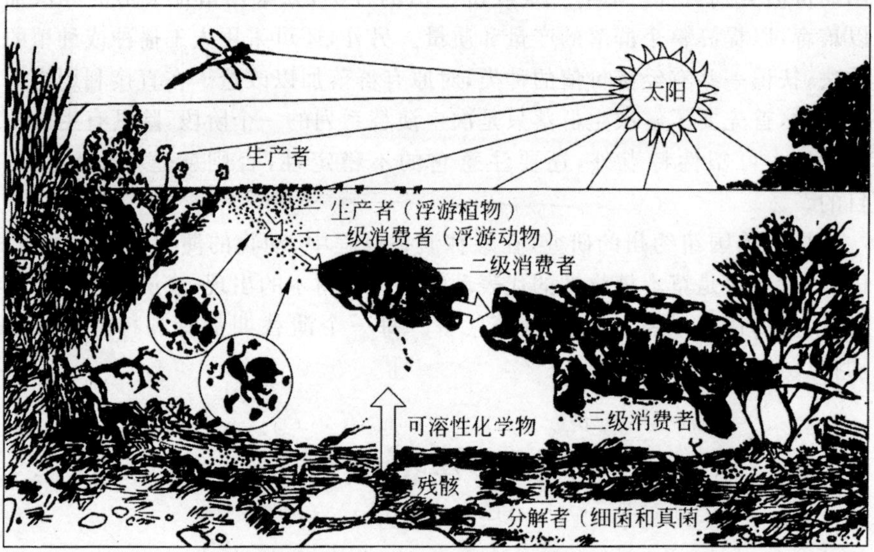

图 2-14　简化的池塘生态系统

2. 生态系统的组成和结构

(1)生态系统的组成

生态系统的组成如图 2-15 所示。

- 生态系统
  - Ⅰ.非生物部分(生命支持系统)
    - 1.非生物环境
      - 能源——太阳能、其他能源
      - 气候——光照、温度、降水、风等
    - 物质代谢原料
      - CO_2、H_2O、O_2、N_2等
      - 无机盐(矿物质原料)
      - 腐殖质、脂肪、蛋白质、碳水化合物等
  - Ⅱ.生物部分
    - 2.生产者——绿色植物、光合细菌、化能细菌等
    - 3.消费者(动物)
      - 食草动物——一级消费者
      - 一级食肉动物——二级消费者
      - 二级食肉动物——三级消费者
      - 杂食动物——杂食消费者
      - 腐食消费者、其他消费者
    - 4.分解者(还原者)——微生物(细菌、真菌等)

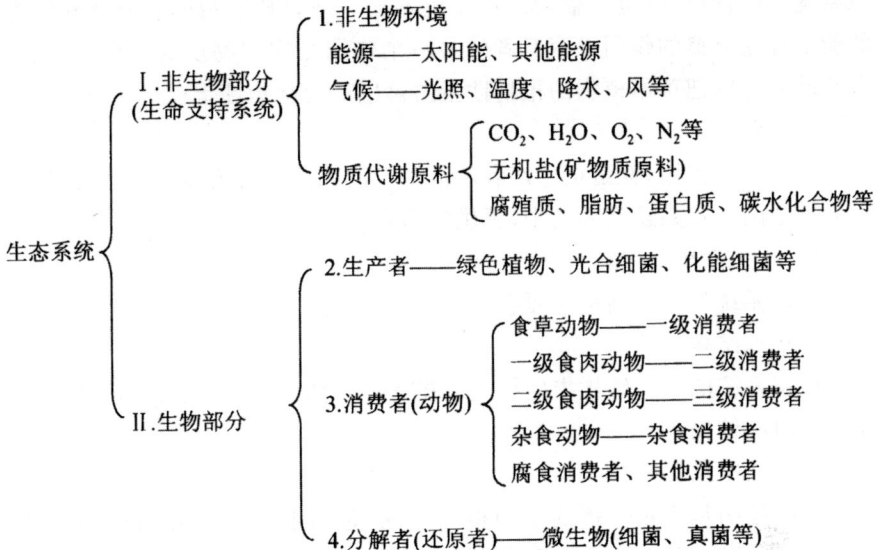

图 2-15　生态系统的组成

1)非生物部分

非生物部分是指生物生活的场所,物质和能量的源泉,也是物质和能量交换的地方。

(2)生物部分

生物部分由生产者、消费者和分解者构成。

1)生产者

生产者主要是绿色植物,这些绿色植物体内含有光合作用色素,可利用太阳能把 CO_2 和水合成有机物,同时放出氧气。自养微生物和化能自养微生物也属于生产者。

2)消费者

消费者由动物组成,它们以其他生物为食,自己不能生产食物,只能直接或间接地依赖于生产者所制造的有机物获得能量。根据不同的取食地位,可分为:一级消费者(亦称初级消费者),直接依赖生产者为生,包括所有的食草动物,如牛、马、兔、池塘中的草鱼以及许多陆生昆虫等;二级消费者(亦称次级消费者),是以食草动物为食的食肉动物,如鸟类、青蛙、蜘蛛、蛇、狐狸等。食肉动物之间又是“弱肉强食”,由此,可以进一步分为三级消费者、四级消费者,这些消费者通常是生物群落中体型较大、性情凶猛的种类。另外,消费者中最常见的是杂食性消费者,是介于草食性动物和肉食性动物之间,既食植物又食动物的杂食性动物,如猪、鲤鱼、大型兽类中的熊等。

消费者在生态系统中的作用之一是实现物质和能量的传递。如草原生

态系统中的青草、野兔和狼，其中，野兔就起着把青草制造的有机物和储存的能量传递给狼的作用。消费者的另一个作用是实现物质的再生产，如草食性动物可以把草本植物的植物性蛋白再生产为动物性蛋白。

3)分解者

分解者的作用，就是把生产者和消费者的残体分解为简单的物质，最终以无机物的形式归还到环境中，再供生产者利用。

(2)生态系统的结构

生态系统的基本结构主要有两种形式:形态结构和营养结构。

1)形态结构

生态系统的形态结构指生物成分在空间、时间上的配置与变化，即空间结构和时间结构。

①空间结构。

空间结构是生物群落的空间格局状况，包括群落的垂直结构(成层现象)和水平结构(种群的水平配置格局)。例如，一个森林生态系统，在空间分布上，自上而下具有明显的成层现象，地上有乔木、灌木、草本植物、苔藓植物，地下有深根系、浅根系及根系微生物和微小动物。在森林中栖息的各种动物，也都有其相对的空间位置，包括在树上筑巢的鸟类、在地面行走的兽类和在地下打洞的鼠类等。在水平分布上，林缘、林内植物和动物的分布也有明显的不同。

②时间结构。

时间结构主要指物种的时间变化关系和发育特征构成一个完整的季相。例如，长白山森林生态系统，冬季满山白雪覆盖，到处是一片林海雪原；春季冰雪融化，绿草如茵；夏季鲜花遍野，五彩缤纷；秋季又是果实累累，气象万千。不仅在不同季节有着不同的季相变化，就是昼夜之间，其形态也会表现出明显的差异。

2)营养结构

生态系统各组成部分之间，通过营养联系构成了生态系统的营养结构，其一般模式如图 2-16 所示。

3. 生态系统的类型

自然界中的生态系统是多种多样的，为了方便研究，人们从不同角度将生态系统分成了若干个类型。

①按照生态系统的生物成分，可分为:植物生态系统、动物生态系统、微生物生态系统和人类生态系统。

②按照环境中的水体状况，可把地球上的生态系统划分为:陆生生态系

统和水域生态系统，见表 2-3。

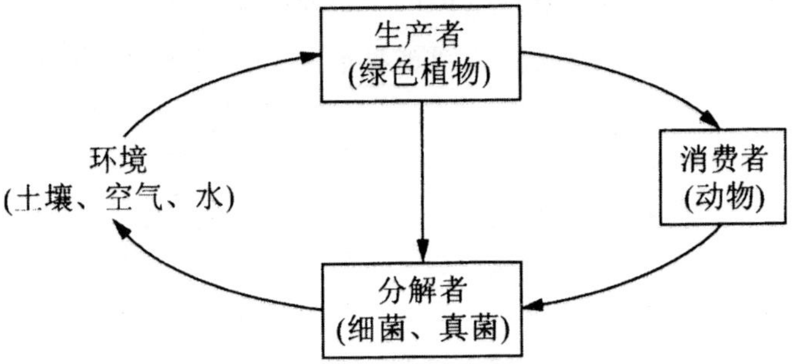

图 2-16　生态系统的营养结构

表 2-3　地球上的生态系统类型

陆生生态系统	水域生态系统
荒漠：干荒漠、冷荒漠	淡水
苔原	静水：湖泊、池塘水库等
极地	流水：河流、溪流等
高山	湿地：沼泽
草地：湿草地、干草原	海洋
稀树干草原	远洋
温带针叶林	珊瑚礁
亚热带常绿阔叶林	浅海(大陆架)
热带雨林：雨林、季雨林	河口
农业生态系统	海峡
城市生态系统	海岸带

③按照人为干预的程度划分，可把生态系统分为自然生态系统、半自然生态系统和人工生态系统。自然生态系统指没有或基本没有受到人为干预的生态系统，如原始森林、未经放牧的草原、自然湖泊等；半自然生态系统指虽然受到人为干预，但其环境仍然保持一定自然状态的生态系统，如人工培育过的森林、经过放牧的草原、养殖的湖泊等；人工生态系统指完全按照人类的意愿，有目的、有计划地建立起来的生态系统。

城市是一个典型的以人为中心的社会—经济—自然复合生态系统。在整个城市生态系统中又可分为3个层次的亚系统，即自然亚系统、经济亚系统和社会亚系统。三个亚系统之间的关系如图2-17所示。

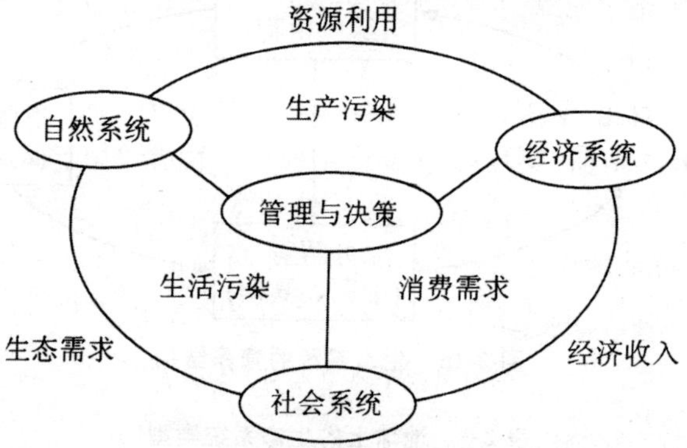

图2-17　生态系统各亚系统之间的关系

上述各个亚系统除内部自身的运转外，各亚系统之间的相互作用、相互制约构成了一个不可分割的整体。各亚系统的运转或系统间的联系如果失调，便会造成整个城市系统的紊乱和失衡，因此，就需要城市的相关部门制定政策，采取措施，发布命令，对整个城市生态系统的运行进行调控。

4.生态系统的食物链和营养级

(1)食物链(网)

生物圈中的各种生物基于生产者和各级消费者之间的营养关系，构成了生态系统中的食物链(food chain)。所谓“食物链”，就是一种生物以另一种生物为食，彼此形成一个以食物连接起来的链锁关系。

在一个生态系统中，食物关系往往很复杂，各种食物链互相交错，形成食物网(图2-18)。能量的流动、物质的迁移和转化，就是通过食物链和食物网进行的。

(2)营养级

食物链上的各个环节叫营养级。由于能量在通过营养级时会急剧地减少，所以食物链就不可能太长。能量通过营养级逐渐减少。生态金字塔可以是能量(生产力)、生物量，也可以是数量，如图2-19所示。

图2-20说明一个小池塘中水生生物之间构成的生态系统和食物链以及其中能量和物质的流动情况。

某些自然界不能降解的重金属元素或其他有毒物质，在环境中的起始浓度并不高，但经过食物链逐渐富集(见图2-21)进入人体后，可能提高到数百倍甚至数百万倍，对机体构成危害。

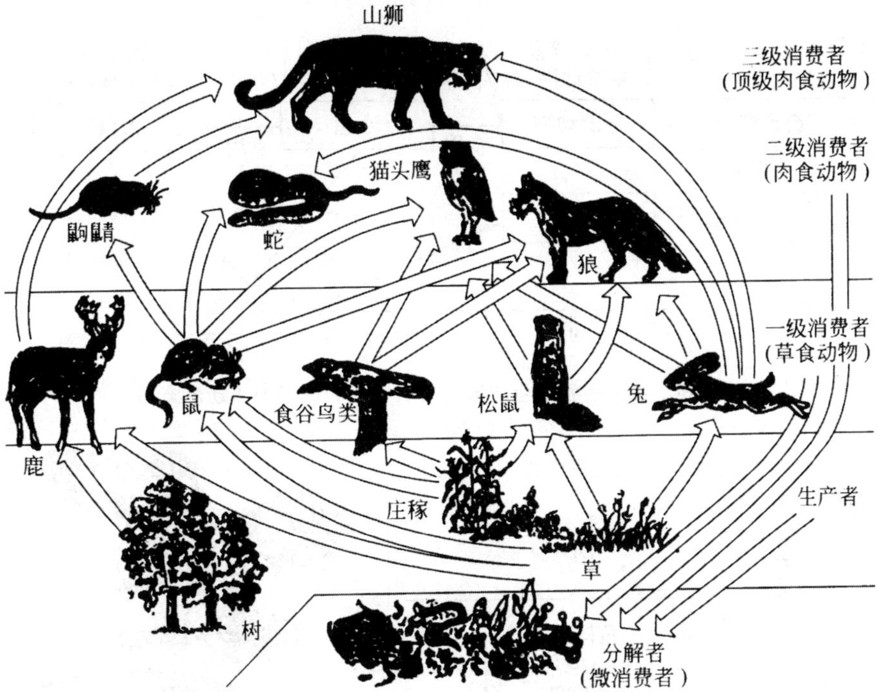

图 2-18　一个简化的陆地食物网

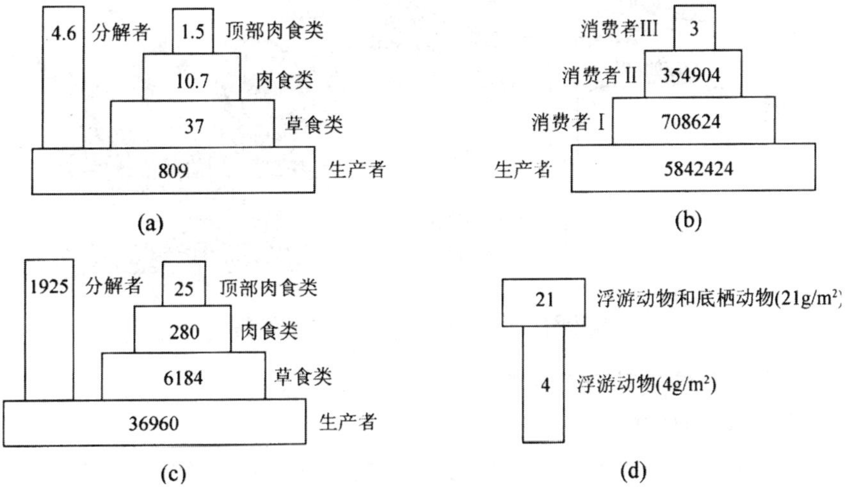

图 2-19　生态金字塔

(a)数量金字塔(个体数/m^2);(b)生物量金字塔(g/m^2);

(c)能量金字塔(kJ/m^2·年);(d)倒置生物量金字塔(g/m^2)

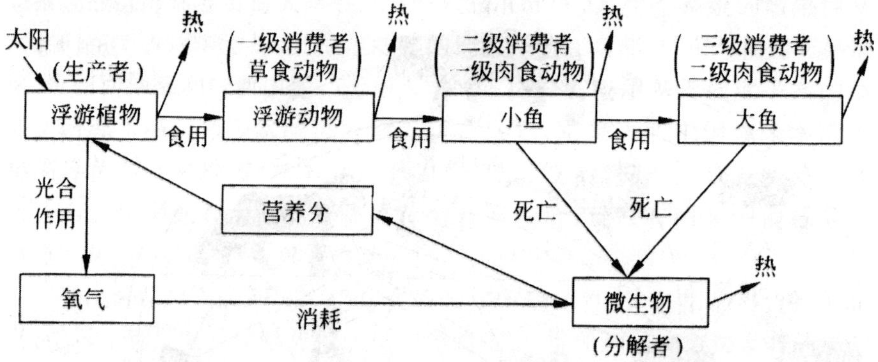

图 2-20　水生生物的生态系统及其物质和能量的流动示意图

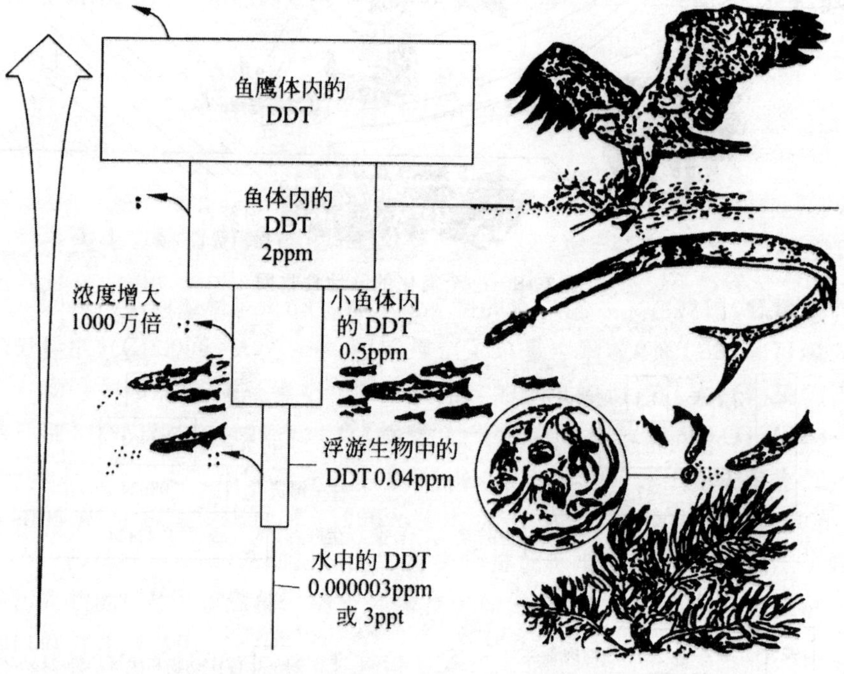

图 2-21　DDT 在水生食物链中的富集

5. 生态系统中的能量流动

(1)照射到地球上的太阳能量

生物圈中所有各种形式的有机体，其生存所需的能量都是由太阳供应的，唯一例外的是少数几种化学合成细菌(chemosynthetic bacteria)，它们能借助无机物质的氧化获得能量。太阳的能量来自其中的热核聚变过程：太阳上的氢原子经过一系列反应，聚变为氦并释放出巨大的能量。这种能量是以电磁波的形式通过宇宙空间输送到地球上来的(见图 2-22)。在单位时间和面积内到达地球外层大气圈的太阳能量称为太阳能通量(solar flux),其值约为 8.4J/(cm^2 · min)。这些能量由于地球大气的相互作用而不能全部到达地表,实际上只有一半左右到达地表,其余的 34%反射和散射到空间中去,19%为大气所吸收(见图 2-23)。这里有下列几点值得注意。

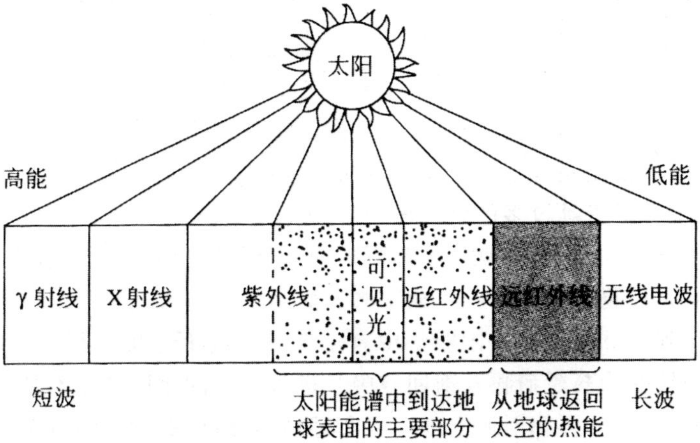

图 2-22　具有各种波长的太阳电磁辐射

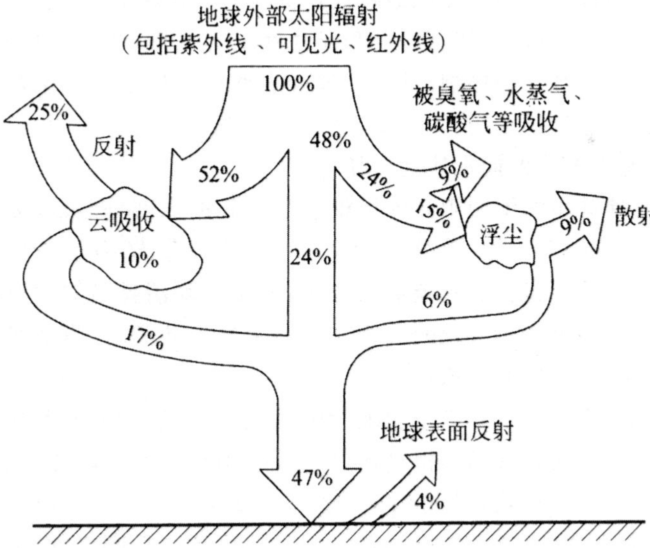

图 2-23　太阳辐射通过大气层到达和离开地球的情况

①投射到地球上的太阳辐射的波长与反射到空间去的能量的波长,二者的光谱发生了位移。入射的太阳能约有 99%波长是在 0.2～40μm 的光谱范围内(由紫外到可见到红外)。被大气和地面所吸收的太阳能转变为热

(红外)后再辐射到空间去,其波长就长得多了。如地面平均温度保持不变,则到达地面的能量必须与从地面反射到空间去的相等。由于大气中二氧化碳浓度增加而发生的“温室效应”(greenhouse effect)将反射出去的红外线吸收,以致使上述平衡受到破坏和地球的温度上升。

②太阳辐射中的紫外线大部分没有到达地表。这部分光谱有足够的能量能使化学键断裂,因此各种生命系统都必须防护免于过分受其照射。上层大气中的氧分子被紫外线分解为氧原子,然后再和分子氧结合成臭氧;臭氧能强烈吸收紫外线从而起到了一种保护性滤层的作用,使紫外线不至过多地照射到地面上来。目前有人反对发展超音速飞机,除了噪音之外,另一重要的原因,便是超音速飞机在大气平流层中飞行时会将这一臭氧保护层破坏,以致人类受到过多的紫外线照射,使皮肤癌急剧增加。通过大气层到达地球表面的那部分太阳能,最重要的功能是借绿色植物的光合作用,成为化学能转入植物体内的有机物质中去。

③达到地球表面的太阳能量中有小部分由地面立即反射回空间,还有一小部分转变为热量后再辐射回空中。进入大气的太阳能也不是完全被吸收,仍然有小部分再辐射回空中。因此,照射到地球的太阳能量至多不过一半经常在生物圈内流动,作为所有生态系统的根本能源。

④地球表面各处的太阳能辐射量是不同的。它除了受到大量等临时性因素影响外,还受到所在纬度即太阳倾角和离地高度、四季的日照时间、向阳坡或背阳坡等因素的影响。因此,地球表面各处植物通过光合作用所固定的太阳能量也极不相同。

(2)生态系统中的能量流动途径

照射到地球生物圈的阳光中被植物所吸收的那部分能量,关系到人类食物的供应问题。人类的食物可取自于自然界食物链中任一级营养层次(见图 2-24)。为了满足生活所需的能量,人类必须消耗足够的食物,因此,就有必要了解各种生态系统的食物链中能量的流动情况,为最经济而合理地选择食物来源提供科学依据。

生态系统完全可以看作是物理学中的能量系统,能量在系统中具有转化、做功、消耗等动态规律。植物通过光合作用吸收太阳能转变成化学能,而将其固定在植物体内;动物吃植物后,能量也随之流入动物体内。就这样,通过生态系统的各级食物链,组成了生态系统的能量流动。这种能量流动也完全服从热力学定律。

换句话说,生态系统中的能量流动与食物链各营养级的数量紧密相关。通常,食物链中各营养层次在单位时间内所合成的有机物质的量称为总产量(gross production)。它可用生物量、能量或生物数目表示,但一般常用能量的单位(J)表示。经过大量的研究工作,看来食物链中生产者(绿色植物)在有利的自然条件下,总产量(生产者的总产量又称初级总产量)很少大于太阳照射能量的 3%,一般为 1%左右;如按整个生物圈的年平均值计算,大约为 1.2%。此外,生物圈中海洋生产者的总产量约为 1.83×10^{21} J/a,陆地生产者约为 2.41×10^{21} J/a,合计约为 4.24×10^{21} J/a。

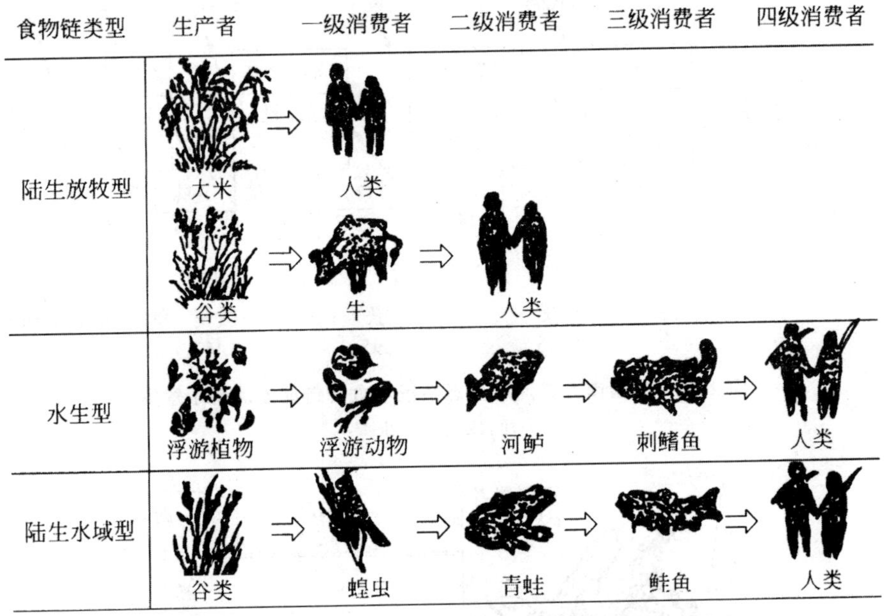

图 2-24　人类可以任一营养层次为食

在总产量中,生物需耗用一部分能量进行呼吸,剩下的则称为净产量(net production)。用生态系统热力学公式可表示如下:

$$P_g = P_n + R$$

式中,P_g 为食物链某营养级的总产量或相当于输入的能量,P_n 为该营养级的净产量或相当于能量储存,R 是呼吸作用所消耗的能量或相当于能量用来做功。净产量中一部分供上一级营养层次食用,其余可供人类收割或捕猎以作为食物。图 2-25 所示为美国南方某河流生态系统中能量流动的情况。

生态学中有一种表示食物链各层次能量递减的方法,称为能塔图(energy pyramid),如图 2-26 所示。

(3)能量流动的特点

能量流动的特点有:①就整个生态系统而言,生物所含能量是逐级减少的;②在自然生态系统中,太阳是唯一的能源;③生态系统中能量的转移受各类生物的驱动,它们可直接影响能流的速度和规模;④生态系统的能量一旦通过呼吸作用转化为热能，散逸到环境中去，就不能再被生物所利用。因此，系统中的能量呈单向流动，不能循环。

在能量流动的过程中，能量的利用效率就称为生态效率。能量的逐级递减基本上是按照“十分之一定律”进行的。

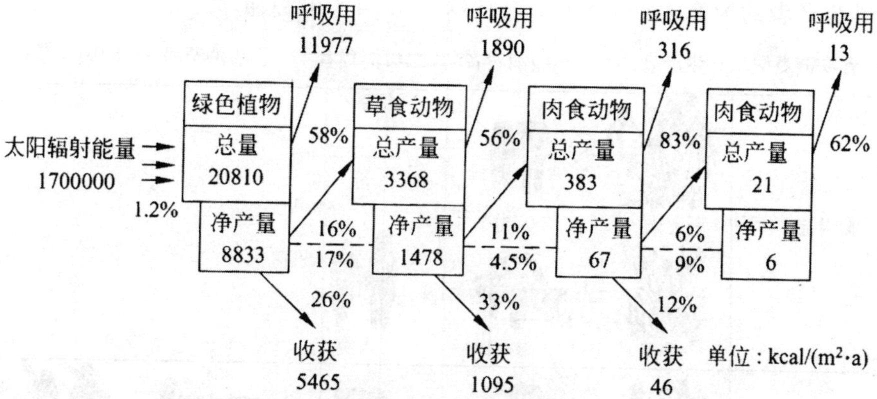

图 2-25　美国南方某河流生态系统中食物链能量流动示意图

注：1kcal＝4.2kJ

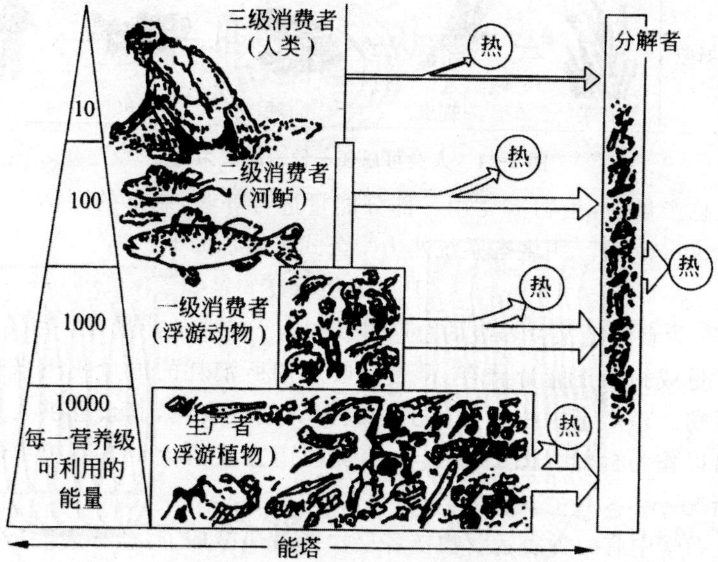

图 2-26　某食物链的能塔图

6. 生态系统中的物质循环

各种生物维持生命所必需的化学元素虽然为数众多，但生物体全部原生质(protoplasm)中约有 97％以上是由氧、碳、氢、氮和磷五种元素组成，此外，还有硫、钙、镁、钾等等。这些主要的化学元素在生物圈中的物质循环过程，包含有生物的、地质的和化学的系统，因而称为生物地质化学循环（biogeochemical cycle）。图 2-27 表示了生物圈中水、氧和二氧化碳的循环。

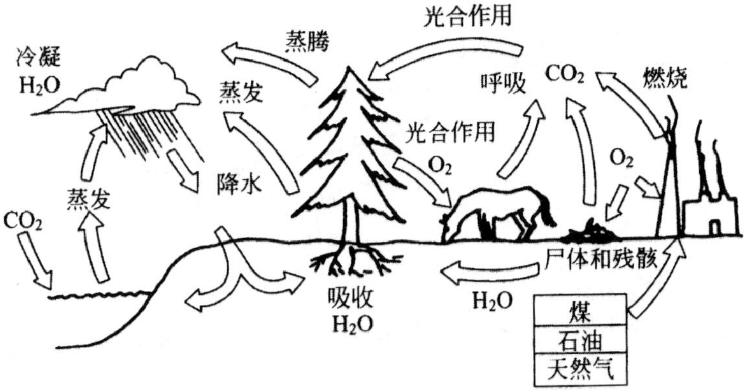

图 2-27　生物圈中水、氧气和二氧化碳的循环

下面将分别简述水、碳、氮和磷四种循环。氧与氢结合成水，又和碳合成二氧化碳，已包括在水和碳的循环中，故不另述。

(1)水循环

图 2-28 为全球水循环示意图。

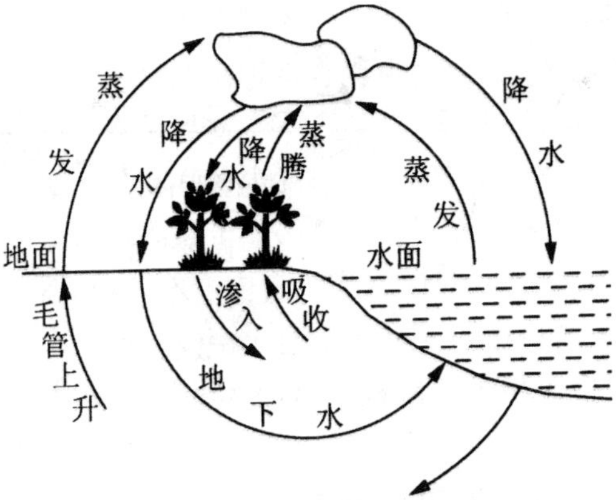

图 2-28　全球水循环

水循环为生态系统中物质和能量的交换提供了基础，一切物体中的有机物质大部分是由水组成的，地面水体又是人类从事生产和生活不可缺少的。

(2)碳循环

碳也是构成生物体的主要元素，是植物光合作用的主要原料。碳的循环见图 2-29。

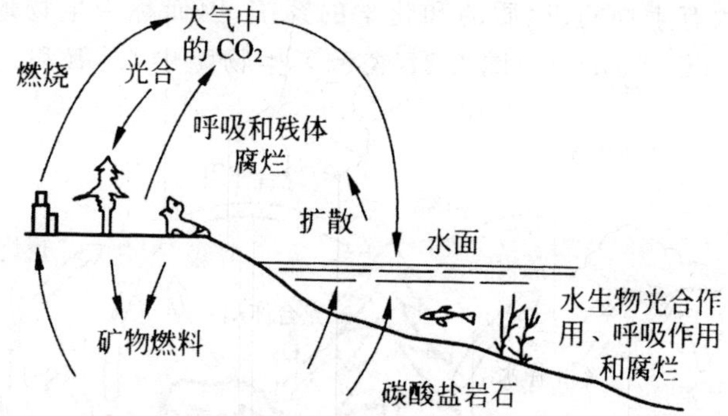

图 2-29 碳循环图

(3)氮循环

氮也是构成生物体有机物质的重要元素之一，而且它在许多环境问题中都有重要的作用。

大气中含有大量的氮(约占 79%)，但不能为植物或动物所直接利用。只有像苜蓿、大豆等豆科植物的根瘤菌这一类固氮细菌或某些蓝绿藻，才能将空气中的氮转变成硝酸盐固定下来。氮循环见图 2-30。

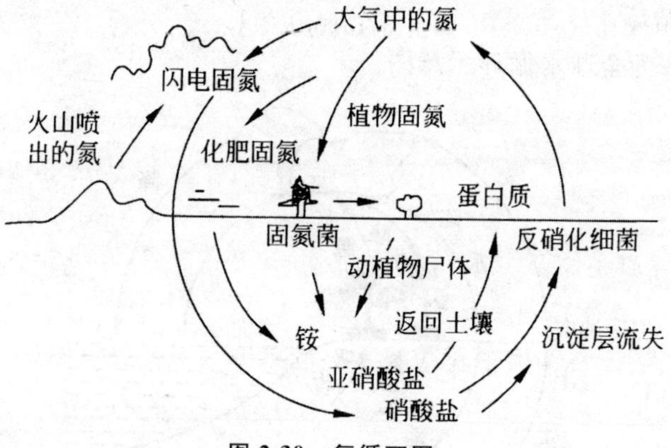

图 2-30 氮循环图

(4)磷循环

磷是维持生命所必需的另一重要元素。生物在新陈代谢过程中都需要磷。磷的循环如图 2-31 所示。

以上简单介绍了有关生态系统的基本概念、结构和功能，现概括如下：

①生态系统是一个主要的生态学单位，它包括生物和非生物成分。

②生态系统的功能与通过生态系统各结构成分的物质循环和能量流动相关。这种功能的单位是种群。

③流经一个自然生态系统的总能量，取决于植物或生产者所固定的能量。当能量在营养级间逐一传递时，有相当大的一部分作为呼吸热而损失掉。这种情况限制了每一营养级所能维持的有机体的数量和质量。

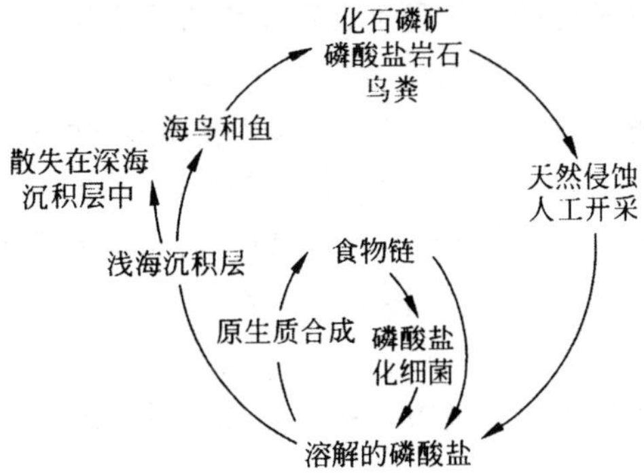

图 2-31　磷循环图

④生态系统有趋于成熟的倾向，在这个过程中，生态系统由简单的状态变为较复杂的状态，这种定向性的变化称为演替。演替早期的特点是，具有过剩的潜能，并且每单位生物量有相当高的能量流动。在成熟的生态系统中，因为能量流经多种通道而没有浪费，但也无积累。

⑤在任何一个生态系统中，环境和能量都是有限的，当一个种群达到生态系统所给予的限制时，种群数量趋于稳定；由于疾病、竞争、饥饿、低繁殖率等原因，会引起种群数量下降。

⑥环境的改变和波动(如环境的开发和种间竞争)，表现为对种群的选择压力，有机体必须调整以适应这种选择压力，不能适应的有机体便会消失，这可能在一定时间内降低生态系统的成熟性。

⑦生态系统有其历史的状况，现在与过去有关，而未来与现在也有关。

2.4　生态学在环境保护中的应用

生态学是环境科学重要的理论基础之一。环境科学在研究人类生产、生活与环境的相互关系时，就常用生态学的基础理论和基本规律。以生态学基本理论为指导建立的生物监测、生物评价是环境监测与环境评价的重要组成部分；以生态学基础理论为指导建立的生物工程净化措施，也是环境治理的重要手段。城市与农村生态规划的制定和建设，也必须以生态学的基础理论为指导。

2.4.1 对环境质量的生物监测与生物评价

生物监测能更真实、更直接地反映环境污染的客观状况。

凡是对污染物敏感的生物种类都可作为监测生物。例如，地衣、苔藓和一些敏感的种子植物可监测大气污染；一些藻类、浮游动物、大型底栖无脊椎动物和一些鱼类可监测水体污染；土壤节肢动物和螨类可监测土壤污染。生物所发出的各种信息，即生物对各种污染物的反应，包括受害症状、生长发育受阻、生理功能改变、形态解剖变化以及种群结构和数量变化等，通过这些反应的具体体现，可以判断污染物的种类，通过反应的受害程度确定污染等级。

生物评价是指用生物学的方法按一定标准对一定范围内的环境质量进行评定和预测。通常采用的方法有指示生物法、生物指数法和种类多样指数法等。利用细胞学、生物化学、生理学和毒理学等手段进行评价的方法，也在逐渐推广和完善。生物评价的范围可以是一个厂区，一座城市，一条河流，或一个更大的区域。

生物监测和生物评价具有的优点是：①综合性和真实性；②长期性；③灵敏性；④简单易行。

2.4.2 对污染环境的生物净化

生物与污染环境之间也存在着相互影响和相互作用的关系。在污染环境作用于生物的同时，生物也同样作用于环境，使污染环境得到一定程度的净化，提高环境对污染物的承载负荷，增加环境容量。人们正是利用这种生物与环境之间的相互关系，来充分发挥生物的净化能力的。

1. 大气污染物的生物净化

大气污染物的生物净化是利用生态学原理，协调生物与污染大气环境之间的关系，通过大量栽植具有净化能力的乔木、灌木和草坪，建立完善的城市防污绿化体系，包括街道、工厂和庭院的防污绿化，以达到净化大气污染的目的。大气污染的生物净化包括利用植物吸收大气中的污染物、滞尘、消减噪声和杀菌等几个方面。

(1)植物对大气中化学污染物的净化作用

据报道，每公顷臭椿每年可分别吸收 SO_2 13.02kg。植物对氟化物也具有极高的吸收能力，桑树树叶片中含氟量可达对照区的512倍。

每公顷臭椿每年可吸收46g与0.105g的Pb与Hg，桧柏则分别为3g与0.021g。

(2)植物对大气物理性污染的净化作用

据估计,地球上每年由于人为活动排放的降尘为 3.7×10^5 t。利用植物吸尘、减尘通常具有满意效果。

由于植物叶片、树枝具有吸收声能与降低声音振动的特点,成片的林带可在很大程度上减少噪声量。经测试,由绿化较好的绿篱、乔灌林及草皮组成的结构,每 10m 可减少 3.5%～4.6%dB,有人试验用 3kg 硝基甲苯炸药,在林区只能传播 400m,而在空旷地带则可传播 4km。

2. 水体污染的生物净化

水体污染的生物净化是利用生态学原理,协调水生生物与污染水体环境之间的关系,充分利用水生生物的净化作用,使污染水体得到净化。

如利用藻菌共生系统建立的氧化塘,可以有效地去除以需氧有机物(BOD_5)为主的生活污水和工业废水,达到净化水质的目的。在耗氧塘中,耗氧微生物可以把污水中的有机物分解成 CO_2、H_2O、NH_4^+、和 PO_4^{3-} 等无机营养元素,供藻类生长繁殖利用,藻类光合作用释放出的氧气提供了耗氧微生物生存的必要条件,而其残体又被耗氧微生物分解利用。

2.4.3　制定区域生态规划

可以认为区域一切环境问题的产生都是这一复合生态系统失调的表现,所以,对区域环境问题的防治,必须从合理规划这一复合生态系统着手。

区域生态规划是按生态学原理,对某一地区的社会、经济、技术和环境所制定的综合规划,其目的就是运用生态学及生态经济学原理,调控区域社会、经济与自然亚系统及其各组分之间的生态关系,使之实现资源合理利用,环境保护与经济增长良性循环,区域社会经济可持续发展。

城市是一个典型的区域人工复合生态系统,城市生态规划可以指导生态型城市的建立。

生态型城市的内涵主要包括技术与自然的融合,人类创造力、生产力的最大发挥,环境清洁、优美、舒适,经济发展、社会进步和环境保护三者高度和谐,综合效益最高,城市复合生态系统稳定、协调和可持续发展。

第3章　大气环境

3.1　大气的结构与组成

3.1.1　大气结构和组成

地球大气(Atmosphere)与太阳系中其他星球的大气很不相同,几乎没有一个天体能像地球一样有适合于生命生存的环境。大气是指包围在地球表面并随着地球旋转的一层气体,也称大气圈或大气层。它是地球上一切生命赖以生存的物质基础,同时也是组成人类生存环境的一个重要的自然环境要素。大气圈的质量约为 6×10^{15} t,虽然只占地球总质量的0.0001%左右,但是其成分却极为复杂,除了氧、氮等气体外,还悬浮着水滴(如云滴、雾滴)、冰晶和固体微粒(如尘埃、孢子、花粉等)。受地球引力和太阳辐射的影响,在垂直方向上,大气的组成、温度、密度等物理性质不同。为了更好地理解大气的有关性质,常将大气划分为不同的层次。目前常用的划分方法是根据大气层在垂直方向上的温度、成分和荷电等物理性质的差异,同时考虑大气的垂直运动状况,将大气分为对流层、平流层、中间层、热成层和逸散层五层(图3-1)。

1. 对流层

对流层是大气圈的最底层,虽然很薄但其质量却占了整个大气圈的75%。上界随纬度和季节而异:由于对流程度在热带要比寒带强烈,故自下垫面算起对流层的厚度随纬度增加而降低:热带约为16～17km,温带约为10～12km,两极附近只有8～9km;对流层厚度一般随纬度增大而减小,夏季比冬季厚。同时,由于太阳辐射主要加热地面,地面的热量通过传导、对流、湍流、辐射等方式再传递给大气,因而接近地面的大气温度较高,远离地面的大气温度较低,每升高100m平均降温约0.65℃。对流层是与人类和其他生物关系最为密切的一个大气分层,它对人类生活和生产的影响最大。大气污染现象主要出现在对流层,特别是在近地面1～2km范围内。

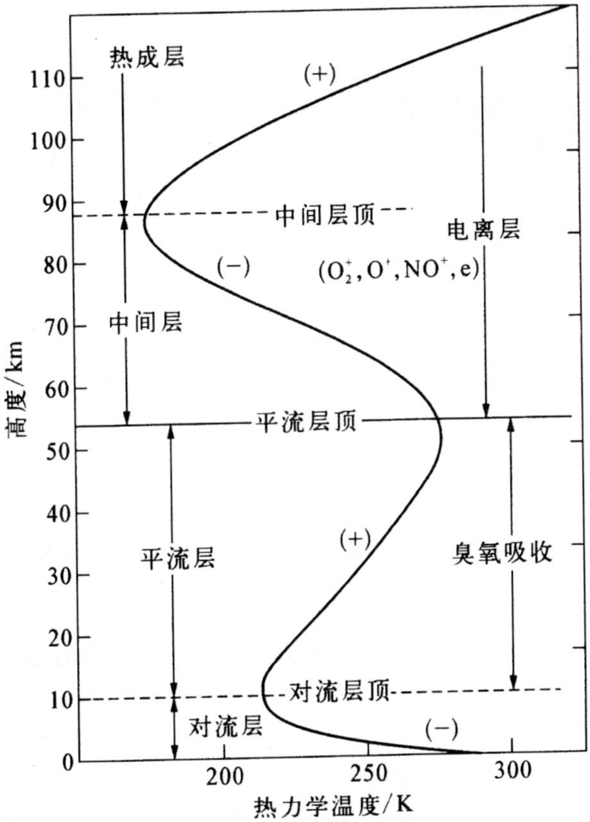

图 3-1　大气圈的垂直层状结构

2. 平流层

平流层在对流层顶至 55km 左右。在平流层下层，即 30～35km 以下，温度随高度降低变化较小，气温趋于稳定，又称同温层；在 30～35km 以上，温度随高度升高而升高。这是因为有厚约 20km 的一层臭氧层的存在。臭氧吸收太阳紫外线，被分解为原子氧和分子氧，当它们重新化合生成臭氧时，以热的形式释放出大量的能量，使臭氧层温度升高。

在平流层中空气大多作水平运动，对流十分微弱，而且空气稀薄干燥，水汽、尘埃含量甚微，大气透明度好，因而对流层中极少出现云、雨、雪等天气现象，是现代超音速飞机飞行的理想场所。同样，大气污染物进入平流层后由于大气扩散速度慢，污染物停留时间长，有时可达数十年之久，甚至会长期滞留其中。进入平流层的氮氧化物、氯化氢及氟利昂有机制冷剂等能与臭氧发生光化学反应，致使臭氧浓度降低，出现臭氧“空洞”。如果臭氧层遭到破坏，太阳辐射到地球表面的紫外线将增强，地球上的生命系统将会受到极大威胁。

3. 中间层

从平流层顶到距离地面 85km 高度的大气层称为中间层，由于该层的臭氧稀少，而且氮、氧等气体所能直接吸收的太阳短波辐射大部分已被上层大气吸收，温度随高度的增加迅速递减，在这一层中空气具有强烈的对流运动，垂直混合明显。

4. 热成层

从中间层顶部至距地表 250km（太阳宁静期）或 500km（太阳活动期）的大气层称为热成层。该层下部基本上由分子氮组成，上部由原子氧组成，电离后的原子氧能够强烈吸收太阳紫外光的能量，温度随高度上升而迅速升高，最高可升至 1200℃。由于来自太阳和其他星球的各种射线作用，该层大部分空气分子发生电离而具有高密度的带电粒子，因此也称为电离层。电离层能将电磁波反射回地球，对全球的无线电通信具有重大意义。

5. 散逸层

热成层以上的大气层统称为散逸层，它是大气圈的最外层，距地表 500km 以上到 2000～3000km，该层大气十分稀薄，是从大气圈逐步过渡到星际空间的大气层。该层空气在太阳光和宇宙射线作用下大部分发生电离，气温也随高度而上升。散逸层的大气粒子很少互相碰撞，中性粒子基本上按抛物线轨迹运动，有些速度较大的中性粒子能够克服地球的引力而逸入宇宙空间。

大气是一种混合物，除含有各种气体元素及其化合物外，还有水滴、冰晶、尘埃和花粉等杂质。大气中除去水汽和杂质的空气，称为干洁空气，其组成如表 3-1 所示。干洁空气的主要成分是氮、氧、氩、二氧化碳气体，其含量占全部干洁空气体积的 99.996%。在距地表 85km 以下，除二氧化碳和臭氧外，其他组分的含量基本是不变的。在距地表 85km 以上，大气的主要成分仍然是氮和氧。但是由于太阳紫外辐射，氮和氧产生不同程度的离解。

表 3-1　干洁空气的组成

成分	体积百分比/%	相对分子质量
氮（N_2）	78.09	28.016
氧（O_2）	20.95	32.000
氩（Ar）	0.93	39.944

续表

成分	体积百分比/%	相对分子质量
二氧化碳(CO_2)	0.03	44.010
氖(Ne)	0.0018	20.183
氦(He)	0.0005	4.003
氪(Kr)	0.0001	83.700
氢(H_2)	0.00005	2.016
氙(Xe)	0.000008	131.300
臭氧(O_3)	0.000001	48.000

大气中不定组分的来源有二：

①自然界的火山爆发、森林火灾、海啸、地震等暂时性的灾难所引起的，由此形成的污染物有尘埃、硫、硫化氢、硫氧化物、氮氧化物、盐类及恶臭气体，一般说来，这些不定组分进入大气中，可造成局部和暂时性的污染。

②由于人类社会生产的发展，城市增多与扩大，人口密集，或由于城市工业布局不合理，环境管理不善等人为因素，使得大气中增加或增多了某些不定组分，如煤烟、尘、硫氧化物、氮氧化物等，这是空气中不定组分的最主要来源，也是造成空气污染的主要根源。

大气压力的垂直分布，总是随着高度的增高而降低的，并可以用静力学方程来描述。大气密度随高度的变化遵循和压力相同的变化规律。大气成分的垂直分布，主要取决于分子扩散和湍流扩散程度的强弱。在100km以下的气层中，以湍流扩散为主，气体成分均匀，称为匀和层；在100km以上的气层中，以分子扩散为主，气体成分不均匀，称为非匀和层。在散逸层中较轻的气体成分明显增加。

3.2　大气污染和污染源

3.2.1　大气污染

大气中存在着十分复杂的物质循环过程，它一直在缓慢地变化着。然而，数百年来，随着人口剧增和工业生产规模的不断扩大，煤和石油等矿物燃料的大规模使用加剧了这种变化，使得大气环境质量急剧恶化，污染事故频频发生。

大气污染是指由于自然或人为的过程，使得大气中的一些物质的含量达到有害的程度，以至影响到生态系统的平衡，严重威胁着人类健康和经济发展，这种现象称为大气污染。

3.2.2 污染源

根据大气污染的定义，大气污染物主要来源于自然过程和人类活动。大气污染物的排放源及排放量的情况见表 3-2。

表 3-2 地球上自然过程及人类活动的排放源及排放量

污染物名称	自然排放		人类活动排放		大气中背景浓度
	排放源	排放量/(t/年)	排放源	排放量/(t/年)	
SO_2	火山活动	未估计	煤和油的燃烧	146×10^6	0.2×10^{-9}
H_2S	火山活动、沼泽中的生物作用	100×10^6	化学过程污水处理	3×10^6	0.2×10^{-9}
CO	森林火灾、萜烯反应	33×10^6	机动车和其他燃烧过程排气	304×10^6	0.1×10^{-9}
NO-NO_2	土壤中的细菌作用	NO：430×10^6 NO_2：658×10^6	燃烧过程	53×10^6	NO：$0.2\sim4\times10^{-9}$ NO_2：$0.5\sim4\times10^{-9}$
NH_3	生物腐烂	1160×10^6	废物处理	4×10^6	$6\times10^{-9}\sim20\times10^{-9}$
N_2O	土壤中的生物作用	590×10^6	无	千/L	0.25×10^{-6}
C_mH_n	生物作用	CH_4：1.6×10^9 萜烯：200×10^6	燃烧和化学过程	88×10^6	CH_4：1.5×10^{-6} 非 $CH_4<1\times10^{-9}$
CO_2	生物腐烂、海洋释放	10^{12}	燃烧过程	1.4×10^{19}	320×10^{-9}

在环境科学中，概括不同的研究目的以及污染源的特点、污染源的类型有以下划分方法。

1.按污染源存在的形式划分

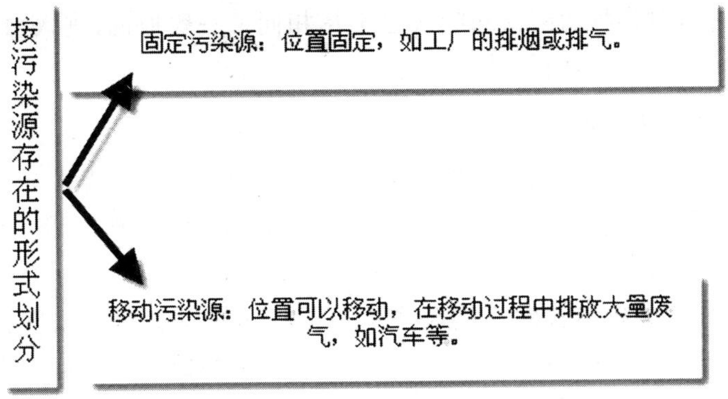

按污染源存在的形式划分
固定污染源：位置固定，如工厂的排烟或排气。
移动污染源：位置可以移动，在移动过程中排放大量废气，如汽车等。

这种分类方法适用于进行大气质量评价时满足绘制污染源分析图的需要。

2.按污染物排放的方式分

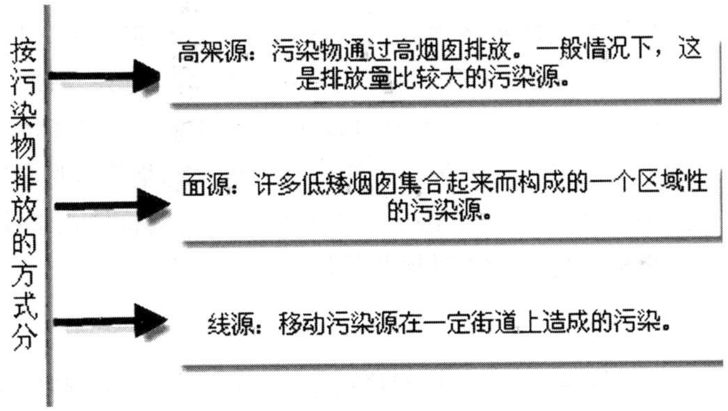

按污染物排放的方式分
高架源：污染物通过高烟囱排放。一般情况下，这是排放量比较大的污染源。
面源：许多低矮烟囱集合起来而构成的一个区域性的污染源。
线源：移动污染源在一定街道上造成的污染。

这种分类方法适用于大气扩散计算。

世界上汽车最多的国家美国，它的汽车产量约占世界总产量的 50%左右。每年由汽车排出的一氧化碳 6600 万 t，硫氧化合物 1200 万 t；日本仅次于美国，拥有汽车 2100 万辆，每年由汽车排放的一氧化碳 1000 万 t，碳氢化合物 200 万 t。如此多的污染物排入大气，造成的影响是可想而知的。

3.2.4　大气污染的危害

大气污染物的种类很多，毒性也各不相同，其主要危害和影响如下。

1.对人体健康的危害

大气污染直接或间接地影响人体健康，发生临床和病理的改变，发生急、慢性中毒或死亡等。大气污染对健康的影响，取决于大气中有害物质的种类、性质、浓度和持续时间，也取决于人体的敏感性。另外，呼吸道各部分的结构不同，对毒物的阻留和吸收也不尽相同。一般地说，进入愈深，面积愈大，停留时间愈长，吸收量也愈大。

2. 对动植物的危害

大气受到严重污染时，动物会由于吸入有害物质而中毒或死亡。但大气污染对动物的危害，往往是由于动物食用或饮用积累了大气污染物的植物和水。对植物的危害是由于污染物使植物机体发生生理和生物化学的变化。急性伤害导致细胞死亡，常在短时间内显示出来。慢性伤害影响植物正常的细胞活动或植物的遗传系统，最终引起植物数量和群落的变化。植物受到慢性伤害通常不具有受到某一种污染物伤害的特征，因而与病虫害的症状相混淆。有时植物吸收有害物质在体内积累，本身并未出现症状，却能使摄食的动物受害。

3. 对材料的损害

大气污染是城市地区经济损失的一大原因。这种损害有不同的形式，如使橡胶制品脆裂、损坏艺术品、使有色材料褪色等。此外，颗粒物沉积在高压输电线绝缘器件上，在高湿度时可成为导体而造成短路事故。大气污染物还能在电子器件接触器上生成绝缘膜层。大气污染物对材料的损害机制有：磨损，直接的化学冲击（如酸雾对材料的腐蚀），间接的化学冲击（如皮革吸收的二氧化硫转化为硫酸对皮革的腐蚀），电化学侵蚀。

3.3 污染物在大气中的迁移、扩散与化学转化

3.3.1 污染物在大气中的迁移、扩散

1. 影响大气污染的气象因子

污染物进入大气后，必然会受到大气物理性质的变化和大气运动的影响。世界上一些著名的大气污染事件都是由于特殊的气象条件造成的，气象条件的研究对于研究污染物在大气中的迁移扩散规律具有重要意义。大气边界层的风、湍流、大气稳定度、大气温度层结等都是影响大气污染的重要气象因素。

(1)气象的动力因子

污染物在大气中的扩散主要取决于三个因素:风、湍流和浓度梯度。风可使污染物向下风向扩散,湍流可使污染物向各方向扩散,浓度梯度可使污染物发生质量扩散,其中风和湍流起主导作用。湍流具有很强的扩散能力,它比分子扩散快 $10^5 \sim 10^6$ 倍。风速越大,湍流越强,大气污染物的扩散速度就越快,其浓度就越低。

1)风的影响

风对空气污染的影响包括风向和风速的大小两个方面。

为了表示风向、风速对空气污染物的输送扩散影响,往往需要用到风向频率和污染系数。风向频率是指一常时间内(年或月),某风向出现次数占各风向出现总次数的百分率。

$$风向频率=\frac{某风向出现次数}{各风向出现总次数}\times 100\%$$

在实际工作中,往往将风向频率用风向频率玫瑰图表示。风向频率玫瑰图是指从一个原点出发,画许多条辐射线,每一条辐射线的方向就代表一种风向,而线段的长短则表示该方向风的出现频率,将这些线段的末端顺序连接起来所形成的图形。图 3-2 是上海市郊区某气象站 1994 年的风向频率玫瑰图。

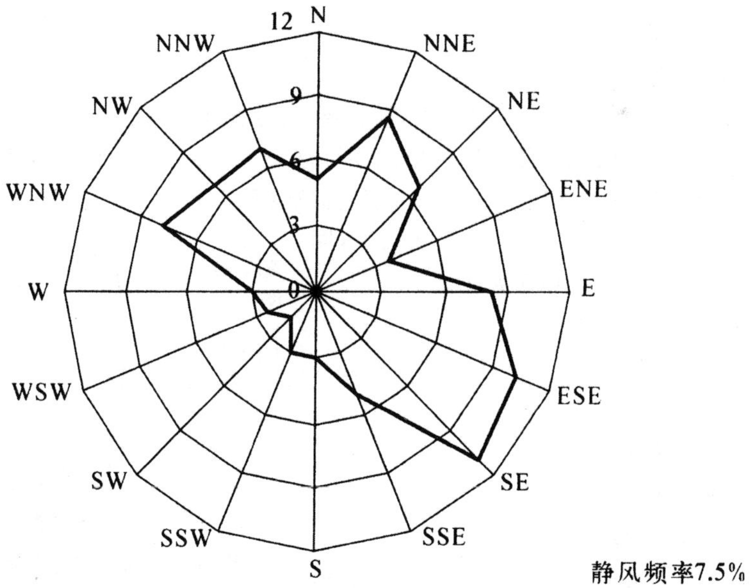

图 3-2　上海市郊区某气象站的风向频率玫瑰图(1994 年)

污染系数表示风向、风速综合作用对空气污染物扩散的影响程度,其表达式为：

$$污染系数=\frac{风向频率}{该风向的平均风速}$$

由于地面对风有摩擦阻力作用，所以风速随高度的下降而减小（表3-3）。100m 高处的风速，约为 1m 高处的 3 倍。

表 3-3　风速随高度的变化

高度(cm)	0.5	1	2	16	32	100
风速(m/s)	2.4	2.8	3.3	4.7	5.5	8.2

2)大气湍流

风的方向和速度常常变化，这种无规则的阵发性摆动叫大气的湍流。湍流对大气污染物扩散、稀释起着决定性的作用。

湍流尺度的大小与污染物的扩散、稀释有很大的关系，如图 3-3 所示。

图 3-3　不同尺寸旋涡时烟流扩散状态

(2)气象的热力因子

1)温度层结与逆温

由于地面吸收太阳辐射能比大气显著，故地表是大气的主要增温热源，从而导致对流层内气温随高度的增加而逐渐降低（图 3-4）。根据逆温层出现的高度不同，分为接地逆温层和上层逆温层（图 3-5）。

导致逆温发生的原因很多，根据不同的原因可分为以下几种逆温：

①辐射性逆温。

②沉降性逆温。

③湍流性逆温。

④锋面逆温。

⑤地形逆温。

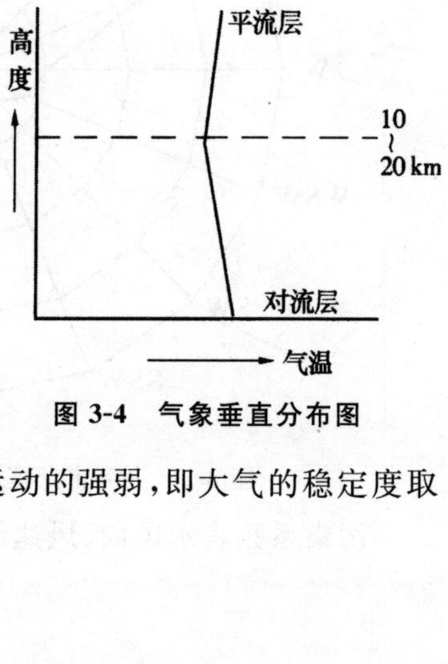

图 3-4　气象垂直分布图

2)大气的稳定度

大气的稳定度与气温垂直递减率 γ 和干绝热递减率 γ_d 有密切的关系。大气垂直运动的强弱，即大气的稳定度取决于 γ 与 γ_d 之比。

当大气处于稳定状态时，湍流受到抑制，大气对污染物的扩散、稀释能力弱；当大气处于不稳定状态时，湍流得到充分发展，扩散、稀释能力增强。

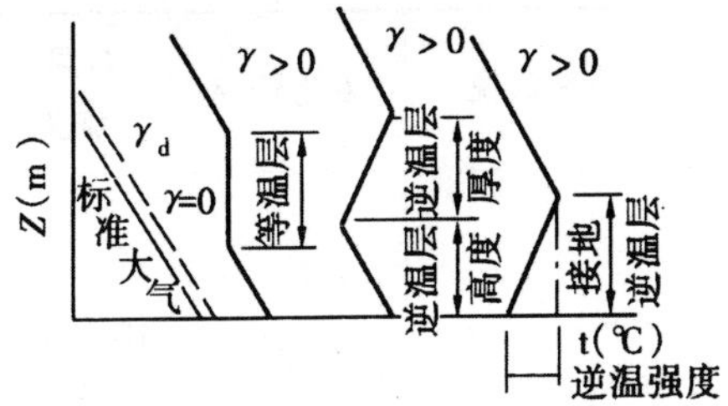

图 3-5　典型的温度层结情况

大气的污染状况与大气的稳定有密切的关系，现举例说明(图 3-6)。

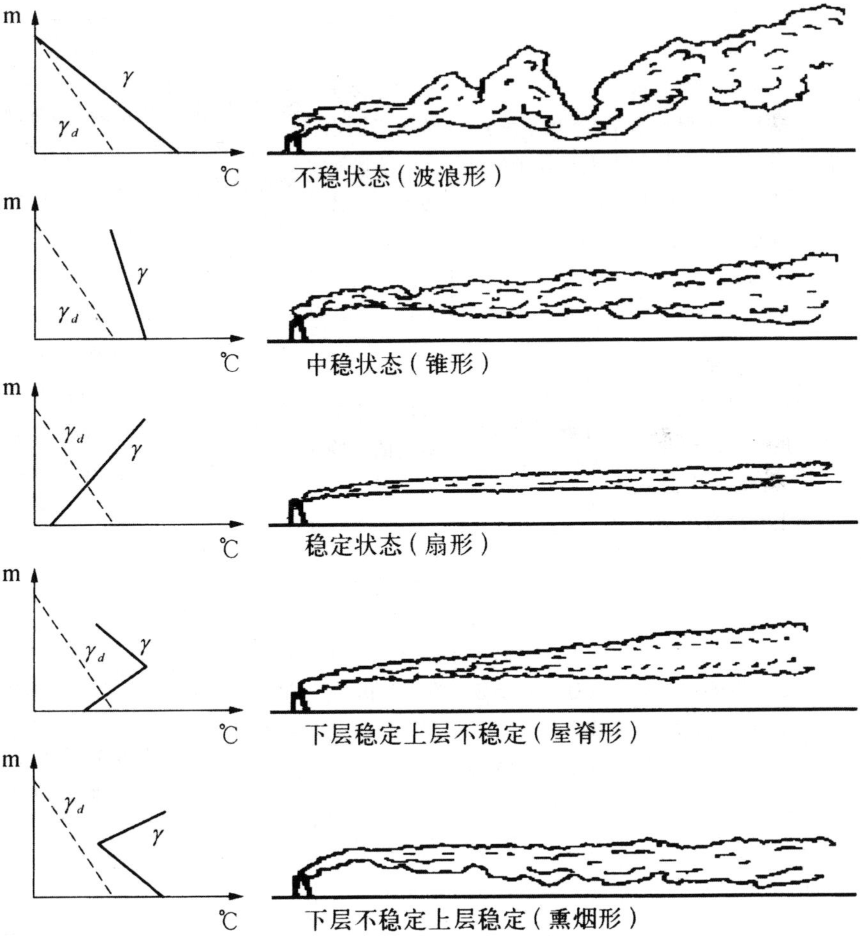

图 3-6　几处典型的烟流情况

上述五种烟流发生他点与大气温度层的关系如表 3-4 所示。

表 3-4　不同温度层结下的烟形及其特点

烟形	性状	大气状况	发生情况	与风、湍流关系	地面污染状况
波浪形	烟云在上下左右方向摆动很大，扩散速度快，烟云呈剧烈翻卷状，烟团向下风向输送	$\gamma>0,\gamma>\gamma_d$，大气不稳定，对流强烈	出现于阳光较强的白天	伴随有较强的热扩散，微风	由于扩散速度快，近污染源地区污染物落地浓度高，一般不会形成烟雾事件
锥形	烟云离开排放口一定距离后，云轴基本上保持水平，外形似椭圆锥，烟云规则扩散能力比波浪形弱	$\gamma>0,\gamma=\gamma_d$，大气处于中性稳定状态	出现于多云或阴天的白天，强风的夜晚或冬季夜间	高空风较大，扩散主要靠热力和动力作用	扩散速度、落地浓度较前者低，污染物输送较远
扇形	烟云在垂直方向扩散速度小，厚度在纵向变化不大，在水平方向上有缓慢扩散	$\gamma<0,\gamma<\gamma_d$，出现逆温层，大气处于稳定状态	多出现于弱晴朗的夜晚和早晨	微风，几乎无湍流发生	污染物可传送至较远地方，遇阻时不易扩散稀释，在逆温层下污染物浓度大
屋脊形	烟云下侧边缘清晰，呈平直状，而其上部出现湍流扩散	排出口上方：$\gamma>0,\gamma>\gamma_d$，大气处于不稳定状态；排出口下方：$\gamma<0,\gamma<\gamma_d$，大气处于稳定状态	多出现于日落后，因地面有辐射逆温，大气稳定，高空大气不稳定	排出口上方有微风，伴有湍流；排出口下方，几乎无风，无湍流	烟囱高度处于不稳定层时，污染物不向下扩散，对地面污染较小

续表

烟形	性状	大气状况	发生情况	与风、湍流关系	地面污染状况
熏烟形	烟云上侧边缘清晰，呈平直状，下部有较强的湍流扩散，烟云上方有逆温层	排出口上方：$\gamma<0$，$\gamma<\gamma_d$，大气稳定；排出口下方：$\gamma>0$，$\gamma>\gamma_d$，大气不稳定	日出后地面低层空气增温，使逆温自下而上逐渐破坏但上部仍保持逆温	烟云下部有明显热扩散，上部热扩散很弱，风在烟云之间流动	烟囱低于稳定层时，烟云就像被盖子盖住似的，烟云只向下扩散，地面污染严重

另外，各种形式的降水，特别是降雨，能有效地吸收、淋洗空气中的各种污染物，所以大雨之后，空气格外新鲜。雾则像一顶盖子，它会使大气污染状况加剧。

2. 地理因素

大气污染物从污染源排出后，因地理环境不同，受地形地物的影响，危害的程度也不同，如图 3-7 所示。

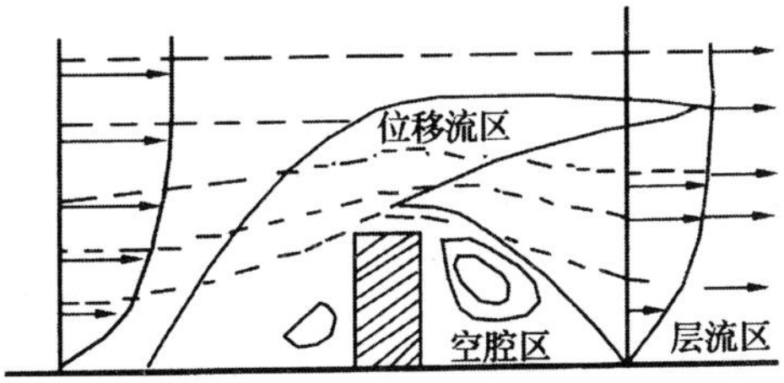

图 3-7 建筑物对气流的影响

典型的局部空气环流有海陆风(图 3-8)、山谷风(图 3-9)、城市热岛效应(图 3-10)等。

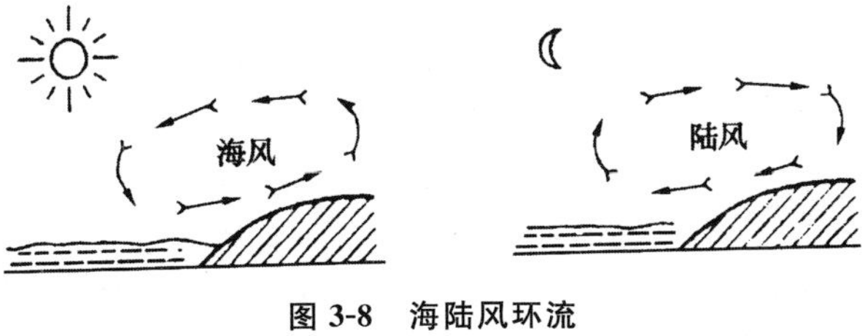

图 3-8 海陆风环流

另外，在山峰迎风面和背风面所受的污染也不相同(图 3-11)。

处于四周高，中间低的地区，如果周围没有明显的出口，则在静风而有逆温时,很容易造成高浓度的污染(图 3-12)。

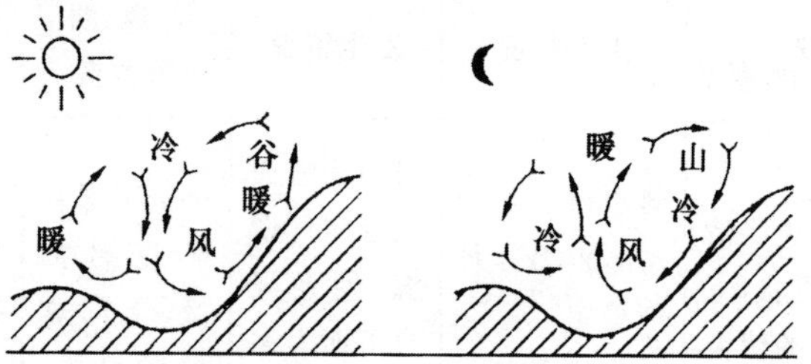

图 3-9 山谷风环流

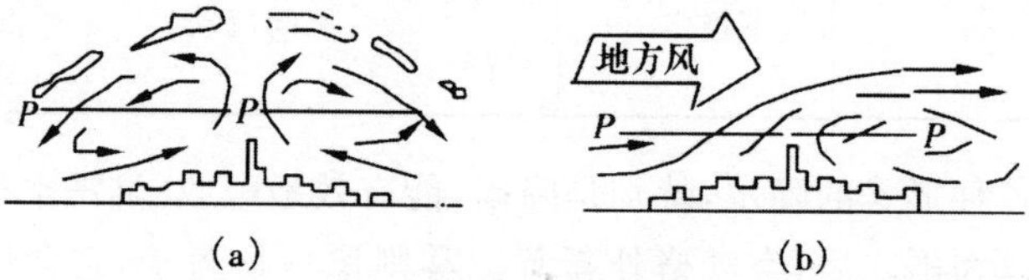

图 3-10 “热岛效应”引起的城乡空气环流

(a)静风时;(b)有地方风时

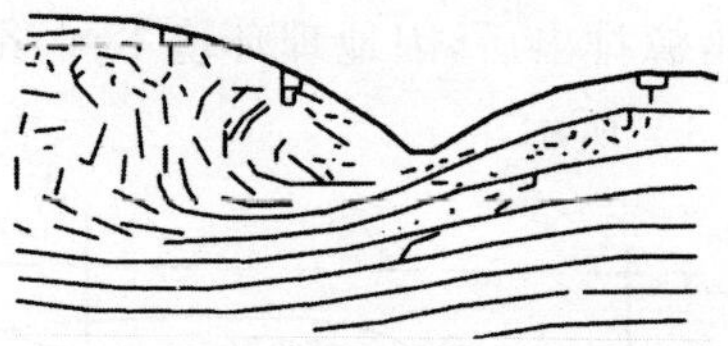

图 3-11 过山风气流的影响

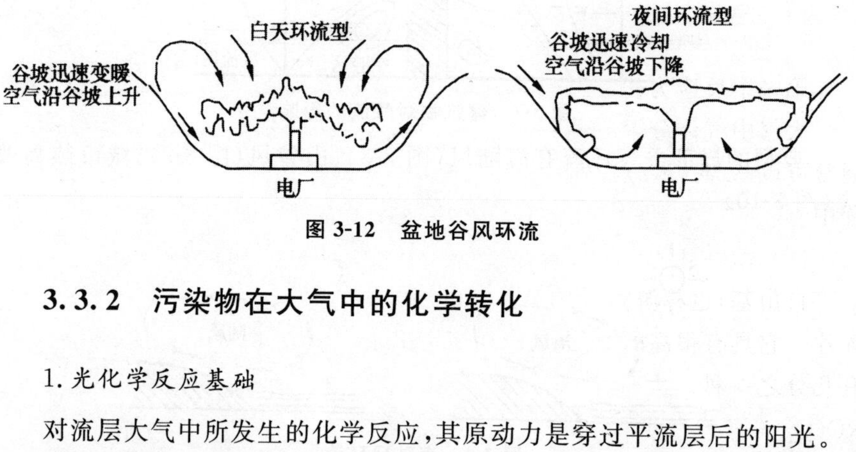

图 3-12 盆地谷风环流

3.3.2 污染物在大气中的化学转化

1. 光化学反应基础

对流层大气中所发生的化学反应,其原动力是穿过平流层后的阳光。

(1)光化学反应过程

分子、原子、自由基或离子吸收光子而发生的化学反应,称为光化学反应。化学物质吸收光量子后可产生光化学反应的初级过程和次级过程。

初级过程包括化学物质吸收光量子形成激发态，可写为

$$A + h\nu \longrightarrow A^*$$

式中，A^* 为 A 的激发态；$h\nu$ 为光量子；ν 为光子的频率，频率越高，光的波长越短，能量就越高。

随后，激发态可能发生以下几种反应。

通过辐射荧光或磷光而失活，反应式为

$$A^* \longrightarrow A + h\nu$$

通过与其他分子(M)碰撞，将能量传递给 M，本身又回到基态，反应式为

$$A^* + M \longrightarrow A + M$$

继续与其他分子反应生成新物质，反应式为

$$A^* + B \longrightarrow C + D + \cdots$$

离解成为两个或两个以上的新物质，反应式为

$$A^* \longrightarrow B_1 + B_2 + \cdots$$

最后这两种过程都属于光化学过程。受激发的物质在什么情况下离解产生新物质，以及与什么物质发生反应生成新物质，对于描述大气污染物在光作用下的转化规律很有意义。

次级过程是指在初级过程中反应物、生成物之间进一步发生的反应，如大气中氯化氢的光化学反应过程为

$$HCl + h\nu \longrightarrow H + Cl$$

$$H + HCl \longrightarrow H_2 + Cl$$

$$Cl + Cl \xrightarrow{M} Cl_2$$

第一个反应为初级过程，而后两个反应均为次级过程。

大气中气体分子的光解往往可以引起许多大气化学反应，气态污染物通常可以参与这些反应而发生转化，因而光解反应在大气污染物的转化过程中起着非常重要的作用。

(2)大气中的重要自由基

自由基，也称游离基，是指由于共价键均裂而生成的带有未成对电子的碎片。它具有很高的活性和强氧化作用，在大气中的存在时间很短，一般只有几分之一秒。大气中常见的自由基有 $HO\cdot$、$HO_2\cdot$、$RO\cdot$、$RO_2\cdot$、$RC(O)O_2\cdot$ 等，其中以 $HO\cdot$ 和 $HO_2\cdot$ 最为重要。

产生自由基的途径较多，在大气中，有机化合物的光解是产生自由基的最常见途径。如大气中 $HO_2\cdot$ 主要来源于醛的光解，尤其是甲醛的光解，反应式为

$$HCO + h\nu \longrightarrow H\cdot + HCO\cdot$$

$$H\cdot + O_2 + M \longrightarrow HO_2\cdot + M$$

$$HCO\cdot + O_2 + M \longrightarrow HO_2\cdot + CO$$

其他醛类也有类似反应，但它们在大气中的浓度远比甲醛低，因而不如甲醛重要。

2.氮氧化物在大气中的化学转化

氮氧化物(NO_x)种类很多，包括一氧化二氮(N_2O)、一氧化氮(NO)、二氧化氮(NO_2)、三氧化二氮(N_2O_3)、四氧化二氮(N_2O_4)、五氧化二氮(N_2O_5)等多种化合物。大气中常见污染物主要是NO和NO_2，因此，NO_x通常主要是指NO和NO_2。它们的主要人为来源是矿物燃料的燃烧，但在一般燃烧条件下，主要产物是NO。天然来源主要是生物有机体腐败过程中微生物将有机氮转化形成的NO，NO继续被氧化为NO_2。另外，有机体中的氨基酸分解产生的氨也可被HO·氧化成为NO_x。NO_x在大气光化学反应过程中起着非常重要的作用。

在阳光照射下，大气中NO和NO_2有如下反应，反应式为

$$NO_2 + h\nu \longrightarrow NO + O\cdot$$

$$O\cdot + O_2 + M \longrightarrow O_3 + M$$

$$O_3 + NO \longrightarrow NO_2 + O_2$$

NO_2经光解产生活泼氧原子，它与大气中的O_2结合生成O_3，O_3又可把NO氧化成NO_2，因而NO、NO_2与O_3之间存在着的化学循环是大气光化学过程的基础。如果没有其他物质的参与，上述反应将达到平衡，O_3浓度取决于NO_2和NO的浓度比。

氮氧化物的转化包括气相转化和液相转化。

(1)氮氧化物的气相转化

1)NO的转化

①NO的氧化。

NO可以通过许多氧化过程转化为NO_2。O_3可以把NO氧化成NO_2，前面已述。自由基，如RO_2·和HO_2·也可将NO氧化成NO_2。

在HO·与烃反应时，HO·可从烃分子中夺取一个H而形成烷基自由基，该自由基与大气中的O_2结合生成过氧烷基，反应式为

$$RH + HO\cdot \longrightarrow R\cdot + H_2O$$

$$R\cdot + O_2 \longrightarrow RO_2\cdot$$

$$NO + RO_2\cdot \longrightarrow NO_2 + RO\cdot$$

产物RO·可进一步与O_2反应，O_2从RO·中靠近的次甲基中摘除一

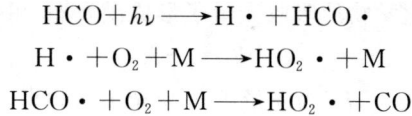

个 H 生成 HO_2・和相应的醛，反应式为

$$RO\cdot + O_2 \longrightarrow R'CHO + HO_2\cdot$$

$$HO_2\cdot + NO \longrightarrow HO\cdot + NO_2$$

第一个反应中 R′比 R 少一个碳原子。在一个烃被 HO・氧化的链循环中，往往有两个 NO 被氧化成 NO_2，同时 HO・还得到了复原，因而此反应非常重要。这类反应速度很快，能与 O_3 氧化反应竞争。

②NO 的其他转化形式。

HO・与 RO・也可与 NO 直接反应生成亚硝酸或亚硝酸酯，反应式为

$$HO\cdot + NO \longrightarrow HNO_2$$

$$RO\cdot + NO \longrightarrow RONO$$

亚硝酸或亚硝酸酯都极易光解。

2)NO 的转化

如前所述，NO_2 的光解可以引发 O_3 的形成。此外，NO_2 还能与一系列自由基，如 HO・、O・、HO_2・、NO_3、RO_2・和 RO・等反应，也能与 O_3 反应。其中比较重要的是与 HO・、NO_3 以及 O_3 的反应。

NO_2 与 HO・反应可生成 HNO_3，反应式为

$$NO_2 + HO\cdot \longrightarrow HNO_3$$

NO_2 也可与 O_3 反应，反应式为

$$NO_2 + O_3 \longrightarrow NO_3 + O_2$$

该反应在对流层中很重要，是大气中 NO_3 的主要来源。

$$NO_2 + NO_3 \xrightarrow{M} N_2O_5$$

这是一个可逆反应。当夜间 HO・与 NO 浓度不高，而 O_3 有一定浓度时，NO_2 会被 O_3 氧化生成 NO_3，然后生成的 NO_3 进一步与 NO_2 反应生成 N_2O_5。

NO_2 还可与过氧乙酰基反应生成过氧乙酰硝酸酯(PAN)，反应式为

$$CH_3C(O)OO\cdot + NO_2 \longrightarrow CH_3C(O)OONO_2$$

PAN 具有热不稳定性，遇热会分解而回到过氧乙酰基和 NO_2。

(2)氮氧化物的液相转化

NO_x 可溶于大气的水中，并构成一个液相平衡体系。在这一体系中 NO_x 有其特定的转化过程。通过非均相反应可形成 HNO_3 与 HNO_2，主要反应式为

$$NO_2(g) + H_2O \longrightarrow 2H^+ + NO_2^- + NO_3^-$$

$$NO_2(g) + NO(g) + H_2O \longrightarrow 2H^+ + 2NO_2^-$$

NO_2 也可能经过在湿颗粒物或云雾液滴中的非均相反应而形成硝

酸盐。

3.硫氧化物的转化

SO_2 进入大气后会发生氧化反应，形成硫酸、硫酸铵和有机硫化合物。这一反应可以在气相、液相和固体颗粒表面上进行，也可在三相或三相间同时进行。

(1)二氧化硫的气相氧化

1)SO_2 的直接光氧化

在低层大气中，SO_2 吸收太阳辐射只能被激发，而不能发生直接解离。它吸收来自太阳的紫外光后进行两种电子的允许跃迁，产生强弱吸收带。

能量较高的单重态分子不稳定，可通过电子跃迁回到基态或者转变为能量较低的三重态。在环境大气条件下，激发态的二氧化硫主要以三重态的形式存在。

大气中 SO_2 直接氧化成 SO_3 的机制为

$$SO_2 + O_2 \longrightarrow SO_3 + O\cdot$$

或

$$SO_4 + SO_2 \longrightarrow 2SO_3$$

2)SO_2 被自由基氧化

在污染大气中，由于各类有机污染物的光解及化学反应可生成各种自由基，如 $HO\cdot$、$HO_2\cdot$、$RO\cdot$、$RO_2\cdot$ 和 $RC(O)O_2\cdot$ 等。SO_2 进入这样的污染大气中很容易被这些自由基氧化。

与 $HO\cdot$ 的反应是大气中 SO_2 转化的重要反应，反应式为

$$HO\cdot + SO_2 \longrightarrow HOSO_2\cdot$$

$$HOSO_2\cdot + O_2 \longrightarrow HO_2 + SO_3$$

$$SO_3 + H_2O\cdot \longrightarrow H_2SO_4$$

$HO_2\cdot$、$CH_3O_2\cdot$、$CH_3CHOO\cdot$ 和 $CH_3C(O)O_2\cdot$ 也易与 SO_2 反应，反应式为

$$HO_2\cdot + SO_2 \longrightarrow HO\cdot + SO_3$$

$$CH_3O_2\cdot + SO_2 \longrightarrow CH_3O\cdot + SO_3$$

$$CH_3CHOO\cdot + SO_2 \longrightarrow CH_3CHO\cdot + SO_3$$

$$CH_3C(O)O_2\cdot + SO_2 \longrightarrow CH_3C(O)O\cdot + SO_3$$

(2)SO_2 的液相氧化

大气中存在着少量的水和颗粒物质。SO_2 可溶于大气中的水，也可被大气中的颗粒物所吸附，并溶解于颗粒物表面所吸附的水中。

SO_2 被水吸收后，可被溶于水中的 O_3 和 H_2O_2 等物质所氧化。

$$O_3 + SO_2 \cdot H_2O_2 \longrightarrow 2H^+ + SO_4^{2-} + O_2$$

$$O_3 + HSO_3^- \longrightarrow HSO_4^- + O_2$$

$$O_3 + SO_3^{2-} \longrightarrow SO_4^{2-} + O_2$$

$$H_2O_2 + HSO_3^- \longrightarrow SO_2OOH + H_2O$$

$$SO_2OOH + H^+ \longrightarrow H_2SO_4$$

当存在某些过渡金属离子(Fe^{3+}、Mn^{2+})时,SO_2 的液相氧化反应速率可能会增大。同时,SO_2 的液相氧化反应速率还受到酸碱度和温度的影响。当液滴的 pH 降低时,由于 SO_2 的溶解度减小,其氧化作用显著减慢。若有充足的氨存在,则生成硫酸铵,氧化作用就不受液滴酸度的影响。

4.光化学烟雾的形成

(1)光化学烟雾现象

含有氮氧化物(NO_x)和碳氢化物(HC)等一次污染物的大气,在阳光照射下发生光化学反应而产生二次污染物,这种由一次污染物和二次污染物的混合物所形成的烟雾污染现象,称为光化学烟雾。光化学烟雾是一种有刺激性的、浅蓝色的混合型烟雾,其组成比较复杂,主要是臭氧,此外,还有二氧化氮、过氧乙酰硝酸酯(PAN)、各种游离基和某些醛类和酮类等物质。这种强氧化性烟雾对人眼和呼吸系统有强烈刺激,导致呼吸道疾病发病率和死亡率增加;并且使大气能见度降低,使植物受到严重损害,并能使橡胶老化、龟裂,建筑物损坏变旧。

(2)光化学烟雾形成的机制

从 20 世纪 50 年代初人们对光化学烟雾就开始研究研究,并取得了许多研究成果。

光化学烟雾通常在白天形成,傍晚消失。图 3-13 展示了污染地区大气中某些污染物从早到晚的实测含量变化情况。

为了弄清光化学烟雾中各物质的含量随时间变化的机制,一些学者进行了烟雾箱实验研究。即在一个大的封闭容器中,通入反应气体丙烯、NO_x 和空气,在模拟太阳光的人工光源照射下模拟大气光化学反应,研究结果如图 3-14 所示。从图 3-14 中可以看出:随实验时间延长,NO 转化为 NO_2,丙烯等初始反应物被氧化而被消耗,O_3、甲醛(HCHO)、乙醛和过氧乙酰硝酸酯(PAN)的量在逐渐增加。因此,无论是实测还是实验模拟均表明,NO 被氧化,碳氢化合物的氧化,NO_2 的分解,O_3 和 PAN 等的生成,是光化学烟雾形成过程的基本化学特征。

光化学烟雾形成过程中的关键性反应类别是:

①NO_2 的光解导致了 O_3 的生成。

②碳氢化合物的氧化生成了活性自由基,尤其是 HO_2 和 RO_2 等。

③HO_2 和 RO_2 引起了 NO 向 NO_2 转化,进一步提供了生成 O_3 的 NO_2 源,同时形成了含氮的二次污染物,如过氧乙酰硝酸酯(PAN)和 HNO_3。

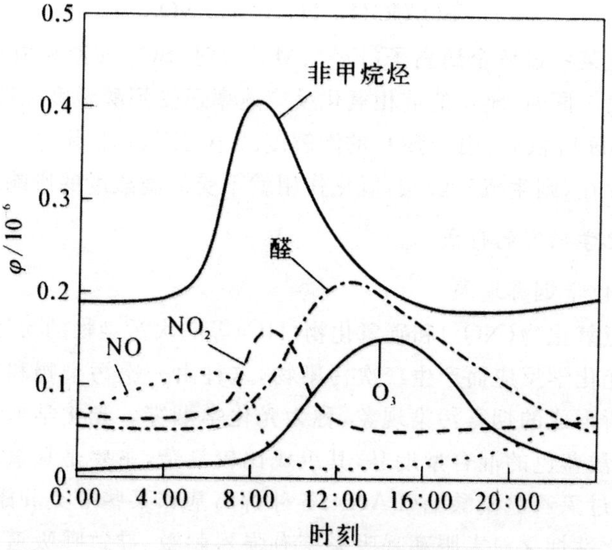

图 3-13　光化学烟雾日变化曲线

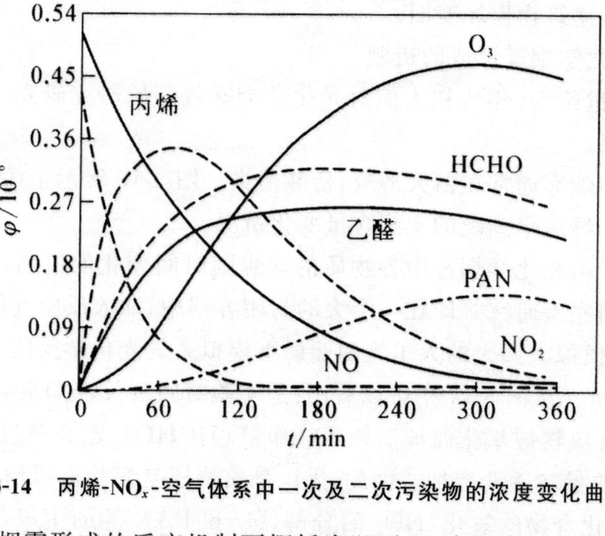

图 3-14　丙烯-NO_x-空气体系中一次及二次污染物的浓度变化曲线

光化学烟雾形成的反应机制可概括为以下 12 个反应。

引发反应的反应式为

$$NO_2 + h\nu \longrightarrow NO + O\cdot$$

$$O\cdot + O_2 + M \longrightarrow O_3 + M$$

$$O_3 + NO \longrightarrow NO_2 + O_2$$

低层大气中 O_3 主要是由 NO_2 光解产生。如果大气中仅仅发生氮氧化物的光化学反应，尚不至于产生光化学烟雾。

自由基传递反应的反应式为

$$RH + HO\cdot \xrightarrow{O_2} RO_2\cdot + H_2O$$

$$RCHO + HO\cdot \longrightarrow RC(O)O_2\cdot + H_2O$$

$$RCHO + h\nu \xrightarrow{2O_2} RO_2\cdot + HO_2\cdot + CO$$

$$HO_2\cdot + NO \longrightarrow NO_2 + HO\cdot$$

$$RO_2\cdot + NO \longrightarrow NO_2 + RO\cdot$$

$$RC(O)O_2\cdot + NO \xrightarrow{O_2} NO_2 + RO_2\cdot + CO$$

碳氢化合物的存在是自由基转化和增殖的根本原因，它在光化学烟雾的形成过程中起着非常重要的作用。

终反应的反应式为

$$HO\cdot + NO_2 \longrightarrow HNO_3$$

$$RC(O)O_2\cdot + NO_2 \longrightarrow RC(O)O_2NO_2$$

$$RC(O)O_2NO_2 \longrightarrow RC(O)O_2 + NO_2$$

NO_2 既起链引发作用，又起链终止作用，最终生成 PAN、HNO_3 和硝酸酯等稳定产物。

5. 酸性降水

自 20 世纪 50 年代英国的 Smith 首次提出“酸雨”概念后，随着工业化的发展，降水酸性有增强的趋势。目前，酸雨同全球变暖和臭氧层破坏一样，已成为当今世饵重大的大气环境问题之一。世界各国相继大力开展酸雨的研究工作，纷纷建立酸雨监测网站，开展国际合作。

(1)酸雨化学组成

多年来，国际上一直把 pH 为 5.6 作为判断酸雨的界限。这是由于在未被污染的大气中，可溶于水且含量较大的酸性气体是二氧化碳，然后只把二氧化碳作为影响天然降水酸碱度的因素而计算得到的结果。因此，酸雨就是指 pH 小于 5.6 的降雨。

研究酸雨的组成，必须对雨水样品进行化学分析。通常分析测定以下几种离子。

阳离子：H^+、Ca^{2+}、NH_4^+、Na^+、K^+、Mg^{2+}

阴离子：SO_4^{2-}、NO_3^-、Cl^-、HCO_3^-

上述这些离子在酸雨中并非都起着同样重要的作用。对于我国降水化学数据而言，其中的 Cl^- 和 Na^+ 浓度相近，主要来自海洋，对降水酸度不产生影响。在阴离子总量中，SO_4^{2-} 占绝对优势，在阳离子总量中，H^+、Ca^{2+}、NH_4^+ 占 80%以上，这表明降水酸度主要由 SO_4^{2-}、Ca^{2+}、NH_4^+ 三种离子相互作用而决定的。通过对酸雨区和非酸雨区降水中离子的比较（表 3-5），发现一般在酸雨区和非酸雨区阳离子总量相差不大，而阴离子总量相差较大，这表明我国酸雨中关键性离子组分是 SO_4^{2-}、Ca^{2+} 和 NH_4^+。其中 SO_4^{2-} 为酸指标，主要来自燃煤排入的 SO_2；Ca^{2+} 和 NH 才为碱指标，其主要来源可能是天然来源，尤其与本地土壤性质有很大关系。

表 3-5　降水中离子浓度比较

地点	$\sum(Ca^{2+}+NH_4^++K^+)$	$\sum(SO_4^{2-}+NO_3^-)$
非酸雨（1981 年）*	419.6	335.2
酸雨（1980 年）**	209.6	329.5
非酸雨（瑞典）	8.74	3.32
酸雨（瑞典）	4.39	3.26

* 北京和天津城区数据平均值；** 重庆铜元局和贵阳喷水池数据平均值。

（2）酸雨的形成

进入大气中的 NO_x 通常是指 NO 和 NO_2，而 NO 是矿物燃料燃烧排放的主要污染物。NO 可以通过许多氧化过程被大气中的强氧化剂（如 O_3、$HO_2\cdot$、$RO_2\cdot$ 和 $HO\cdot$ 等）氧化成 NO_2 和 HNO_2。NO_2 可以与大气中的重要自由基 $HO\cdot$ 结合生成 HNO_3，也可溶于水生成 HNO_3。NO 也可协同 NO_2 溶于水生成酸性物质 HNO_2。相应的化学反应为

$$NO \xrightarrow{O_3,HO\cdot,RO_2\cdot} NO_2$$

$$NO+HO\cdot \longrightarrow HNO_2$$

$$NO_2+HO\cdot \longrightarrow HNO_3$$

$$NO+NO_2+H_2O \longrightarrow 2HNO_3$$

$$2NO_2+H_2O \longrightarrow HNO_3+HNO_2$$

大多数情况下，酸雨中酸性物质主要是硫酸，尤其是在我国，酸雨中硫酸一般比硝酸多。硫酸的前体物 SO_2 主要来自煤炭的燃烧。中国是燃煤大国，目前其排放量已超过美国，成为世界上最大的 SO_2 排放国。随烟尘一同排放的 SO_2 进入大气后，会在大气中发生光氧化反应，其反应为

$$SO_2+[O] \longrightarrow SO_3$$

$$SO_2 + H_2O \longrightarrow H_2SO_3$$
$$H_2SO_3 + [O] \longrightarrow H_2SO_4$$
$$SO_3 + H_2O \longrightarrow H_2SO_4$$

式中，[O]表示各种氧化剂。

大气中 NO_x 和 SO_2 经氧化后溶于水生成硫酸、硝酸和亚硝酸。在碱性土壤地区，如大气颗粒物浓度高时，即使大气中酸性气体浓度比较高，降水也不会有很高的酸性，甚至可能呈碱性。

(3)酸沉降临界负荷研究

酸沉降的临界负荷是是一种或多种污染物暴露的定量估计值。近年来，这一概念在联合国欧洲经济委员会、北欧、英国等得到了研究和推广，在我国也得到了一定的应用。欧洲酸雨谈判中就涉及了酸沉降的临界负荷，亚洲酸雨模型也采用临界负荷来分析酸雨的影响。

酸沉降临界负荷的估算通常是在收集降水、地面水和土壤等基础数据上应用酸化模型，根据模拟计算的结果考察生态系统的性质，通过与确定的一组生态指标的临界值（如 pH）比较，寻找生态系统能承受的最高酸沉降负荷。酸化模型广泛应用于酸沉降临界负荷的估算，是定量研究生态系统受酸沉降影响的重要手段，它分为稳态模型和动态模型。稳态模型回避了土壤化学参数从酸化前到酸化后状态的整个变化途径，而直接计算最终稳定状态。动态模型广泛应用于预测酸沉降对生态系统的长期影响，计算生态系统随时间演变的整个酸化过程的途径、探索依赖于时间的排放方案和研究对生态系统的某一特殊事件的影响、估算响应酸沉降和恢复生态系统的时间。在诸多酸化模型中，稳态质量平衡模式（steady-state mass balance，SMB）和流域内地下水酸化模型（model of acidification of groundwater in catchments，MAGIC）是确定生态系统酸沉降临界负荷方面用得最广泛的模型。

20 世纪 90 年代以来，欧洲及亚洲科学家进行了大量有关酸沉降临界负荷的研究。欧洲的酸沉降临界负荷是针对森林土壤和地表水进行计算的；在亚洲，区分了森林、草地、农田、沙漠等 31 种植被类型进行临界负荷计算。清华大学段雷等人利用稳态法在地理信息系统支持下确定了中国土壤的硫沉降临界负荷和氮沉降临界负荷，结果表明我国土壤中对酸沉降最敏感的是东北的灰壤，其次是砖红壤、黑褐森林土、黑土，南方的铁铝土居中，对酸沉降最不敏感的土壤是青藏高原的高山土壤以及西北的干旱土壤。中国科学院的陶福禄和冯宗炜运用流域内地下水酸化模型和一种适用于亚热带生态系统的敏感性指标，对中国南方生态系统的酸沉降敏感性进行了研究，编制了中国南方生态系统的酸沉降临界负荷图。结果表明：中国南方生态系统酸沉降临界负荷大多在 2.3～5.2g/(m^2·a)，生态系统的敏感性从西北向东南方逐渐增加，其中最敏感的地区是浙江南部、广东与福建交界地区、贵州西南部和广西中部。清华大学叶雪梅等人应用基于酸度平衡的稳态法研究了中国地表水酸沉降临界负荷区划，结果表明中国地表水硫沉降临界负荷普遍较高，基本上大于 2keq/(hm^2·a)，同时呈现较明显的地带分布。中国地表水氮沉降临界负荷普遍较低，且没有明显的地域分布特点。

酸沉降临界负荷研究中仍存在着很多不确定性，这包括临界负荷的定义、指示生物及其化学临界值的选取与确定、目前所用研究方法本身的局限性和对重要过程的忽略、资料的缺乏等。另外，用于酸沉降临界负荷研究方面的酸化模型的模拟能力还有待进一步完善。

3.4 大气污染物综合防治与管理

3.4.1 颗粒污染物防治技术

颗粒污染物控制是我国大气污染控制的重点之一。在我国《环境空气质量标准》(GB3095—1996)中，明确规定了总悬浮颗粒物(TSP)和可吸入颗粒物(PM10)在三类环境空气质量功能区的浓度限值；在《大气污染物排放标准》(GB16297—1996)以及《锅炉大气污染物排放标准》(GWPB3—1996)、《火电厂大气污染物排放标准》(GB13223—1996)、《工业炉窑大气污染物排放标准》(GB9078—1996)、《水泥厂大气污染物排放标准》(GB4915—1996)等一系列国家大气污染物排放标准中也都明确规定了颗粒污染物的排放浓度限值。随着环保技术的发展，各种限期标准也会逐步加以修订并严格化。

颗粒污染物控制技术就是气体与粉尘微粒的多相混合物的分离操作技术，即除尘技术。微粒不一定局限于固体，也可以是液体微粒。从气体中去除或捕集固体或液体微粒的设备称为除尘装置或除尘器。根据除尘机理的不同，除尘装置一般可分机械式除尘器、洗涤式除尘器、过滤式除尘器和电除尘器等几种类型。

1.机械式除尘器

(1)重力沉降室

重力沉降室(图 3-15)是通过重力作用使尘粒从气流中沉降分离的除

尘装置，它的结构如图所示。含尘气流通过横断面比管道大得多的沉降室时，流速大大降低，使大而重的尘粒以其沉降速度 u_s 缓慢落至沉降室底部。

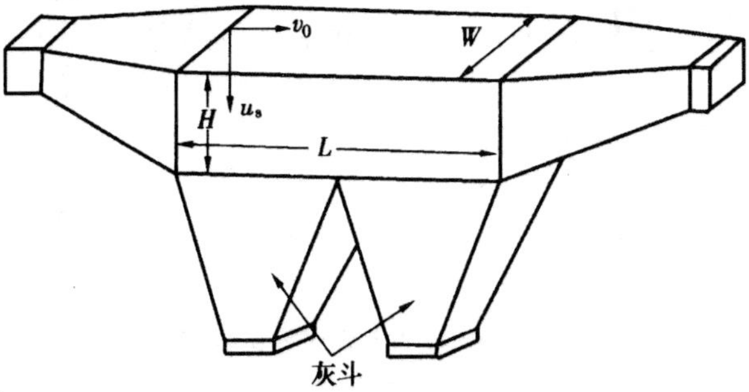

图 3-15　简单的重力沉降室

设计重力沉降室的模式有层流式和湍流式两种。一般重力沉降室的主要优点是：结构简单，投资少，压力损失小（一般为 50～130Pa），维修管理容易。但它的体积大，效率低（40%～60%），因此只能作为高效除尘的预除尘装置，除去较大和较重的粒子。

（2）惯性除尘器

在沉降室内设置各种形式的挡板，使含尘气流冲击在挡板上，气流方向发生急剧转变，借助尘粒本身的惯性力作用，使其与气流分离。回旋气流的曲率半径愈小，愈能分离捕集细小的粒子。这种惯性除尘器，除借助惯性力作用外，还利用了离心力和重力的作用。

惯性除尘器结构型式多样，可分为以气流中粒子冲击挡板捕集较粗粒子的冲击式和通过改变气流流动方向而捕集较细粒子的反转式。冲击式设备（图 3-16）中，沿气流方向设置一级或多极挡板，使气体中的尘粒冲撞挡板而被分离。弯管型和百叶窗型反转式除尘装置和冲击式惯性除尘装置一样都适于烟道除尘，多层隔板型的塔式除尘装置主要用于烟雾的分离。惯性除尘器用于净化密度和粒径较大的金属或矿物性粉尘的除尘效率较高；对于粘结性和纤维性粉尘，则因易堵塞而不宜采用。由于惯性除尘器的净化效率不高，故一般只用于多级除尘中的第一级除尘，捕集 10～20μm 以上的粗尘粒。压力损失依型式而定，一般 100～1000Pa。

（3）旋风除尘器

旋风除尘器（图 3-17）是利用旋转气流产生的离心力使尘粒从气流中分离的装置。净化后的气体最后经排出管由顶部排出。

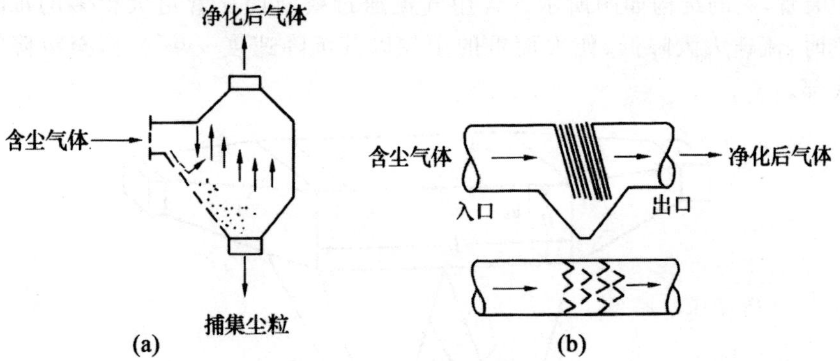

图 3-16 冲击式惯性除尘装置

(a)单级型;(b)多级型

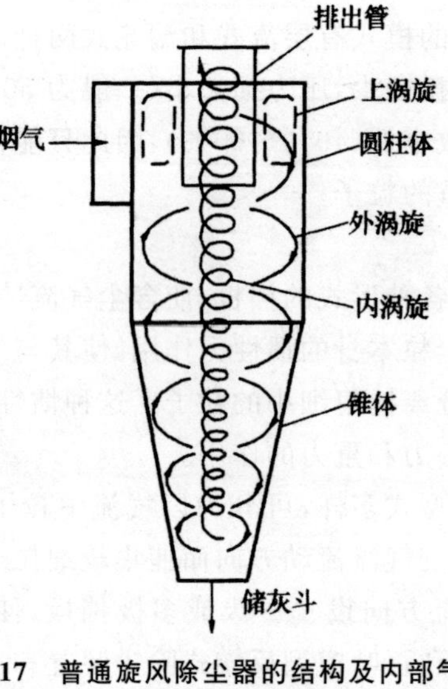

图 3-17 普通旋风除尘器的结构及内部气流

旋风除尘器有 100 多种,其结构型式按进气方式分切向进入式和轴向进入式:切向进入式分为直入式和蜗壳式,前者的进气管外壁与筒体相切,后者进气管内壁与筒体相切;轴向进入式是利用固定的导流叶片促进气流旋转,在相同的压力损失下,能够处理的气体量大,且气流分布较均匀,主要用于多管旋风除尘器和处理气体量大的场合。按气流组织分回流式、直流式、平流式和旋流式等多种。

2.湿式除尘器

湿式除尘器是使含尘气体与液体(一般为水)相互接触,利用水滴和颗粒的惯性碰撞及拦截、扩散、静电等作用捕集颗粒的装置。

根据湿式除尘器的净化机理，可将其分成七类：

①重力喷雾洗涤器。

②旋风洗涤器。

③自激喷雾洗涤器。

④板式洗涤器。

⑤填料洗涤器。

⑥文丘里洗涤器。

⑦机械诱导喷雾洗涤器。

湿式除尘器往往与有害气体净化相结合，在除尘的同时也能吸收有害成分，因此应用极为广泛。最常见的设备有文丘里管除尘器（图 3-18）、旋风水膜除尘器（图 3-19）等。文丘里除尘器是一种高效湿式除尘洗涤器，常用在高温烟气降温和除尘上，由收缩管、喉管和扩散管组成。

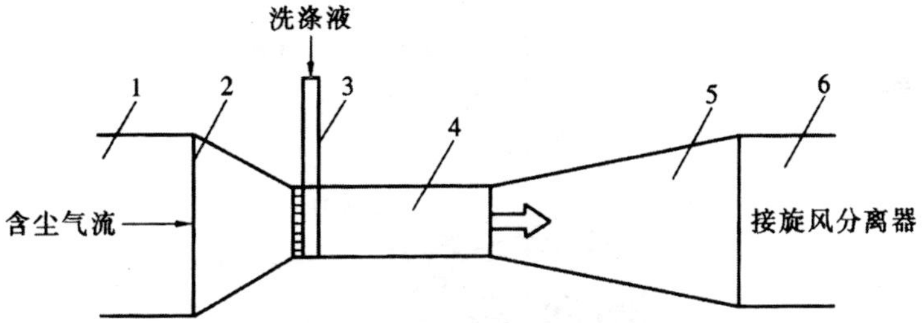

图 3-18　文丘里洗涤器示意图

1—进气管；2—收缩管；3—喷嘴；4—喉管；5—扩散管；6—连接管

在如图 3-19 所示的旋风水膜除尘器中，喷雾沿切向喷向筒壁，使壁面形成一层很薄的不断下流的水膜。

为了提高湿式除尘器的除尘效率，可采取如下一些措施，如增大气体和液体的湍流，减小液滴的直径从而加大液滴的表面积。这些措施有利于粉尘颗粒透过液膜进入液相。但液滴直径不宜过小，否则液滴容易随气流飘出除尘器。

3.过滤式除尘器

过滤式除尘器，是使含尘气流通过过滤材料，利用过滤材料的筛分、惯性碰撞、扩散、黏附、静电和重力等作用而将粉尘分离捕集的装置。

清灰是袋式除尘器运行中十分重要的一环，常用的清灰方式有三种，最早的方法是机械振动式（图 3-20）。

颗粒层除尘器是利用颗粒状物料（如硅石、砾石、焦炭等）作填料层的一种内部过滤式除尘装置。由于能耐高温、耐腐蚀、耐磨损、除尘效率高、维修费用低，已引起人们注意。颗粒层除尘器的除尘机理与袋式除尘器类似，主要靠惯性碰撞、截留及扩散作用等。过滤效率随颗粒层厚度及其沉积的粉尘层厚度的增加而提高，压力损失也随之增大。该类型除尘器也存在着体积大、反吹机构复杂、过滤效率不稳定等弊端，与袋式除尘器相比应用较少。

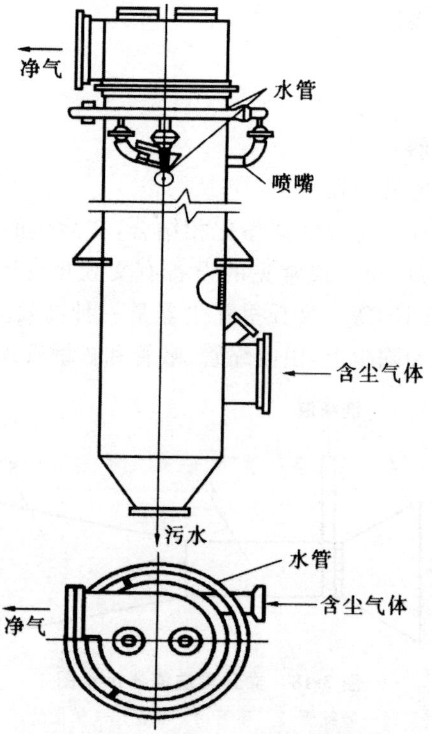

图 3-19 旋风水膜除尘器

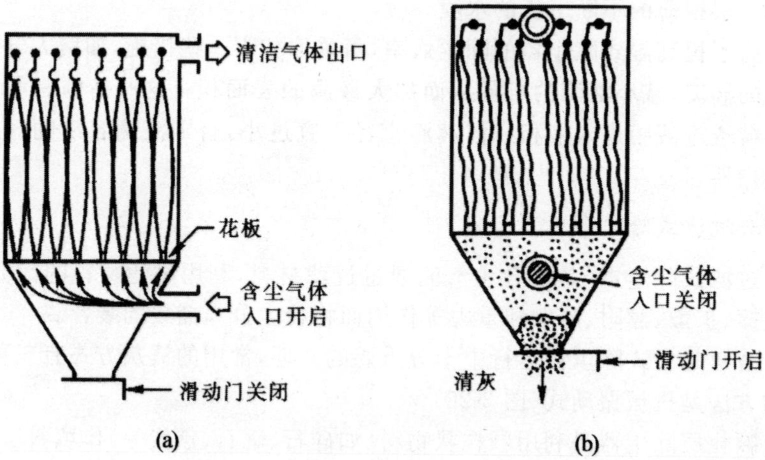

图 3-20 机械振动袋式除尘器工作过程

(a)过滤;(b)清灰

4. 电除尘器

电除尘器(图 3-21)是利用静电力从气流中分离悬浮粒子(尘粒或液滴)的装置电除尘器的主要缺点是设备庞大,一次性投资费用高,需要高压变电及整流设备。

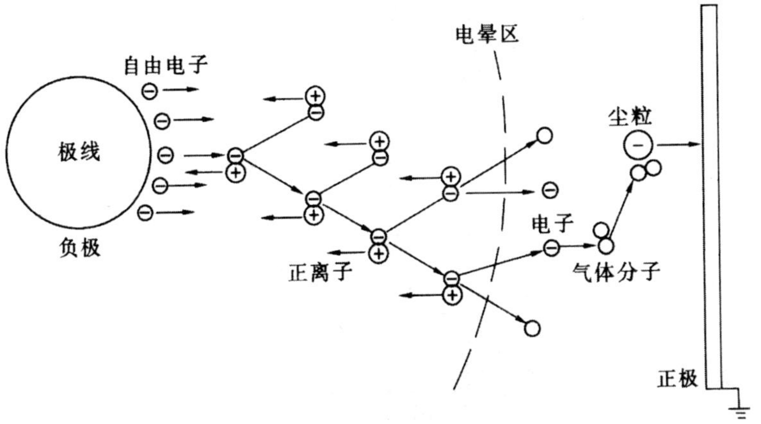

图 3-21　气体的电离

(1)管式电除尘器

单管电除尘器结构如图 3-22 所示。常用于处理含尘气体量小或含雾滴的气体。

(2)板式电除尘器

集尘极由多块一定形状的钢板组合而成。版式电除尘器电场强度变化不均匀,清灰方便,制作安装容易。

电晕极和集尘极上都会有粉尘沉积,对电晕极一般采用震打清灰方式,使电晕极上的粉尘很快被震打干净。集尘极清灰方法有湿法和干法。

使用静电除尘器时,在操作中应特别注意粉尘的电阻率。粘在收集板上的粉尘会阻碍电流通过,对电流的阻碍程度可用电阻率描述,其单位为 Ω · cm。电阻率太低(小于 10^4Ω · cm),则没有足够的电荷以维持强静电力,颗粒无法“粘附”于收集板上。若电阻率太高(大于 10^{10}Ω · cm),则会产生绝缘效应,粉尘聚结的薄层会局部破损,正电极发生局部放电(称为反电晕放电)。这种放电现象会使电压下降,产生正离子并使颗粒所带的负电荷减少,进而降低收集效率。

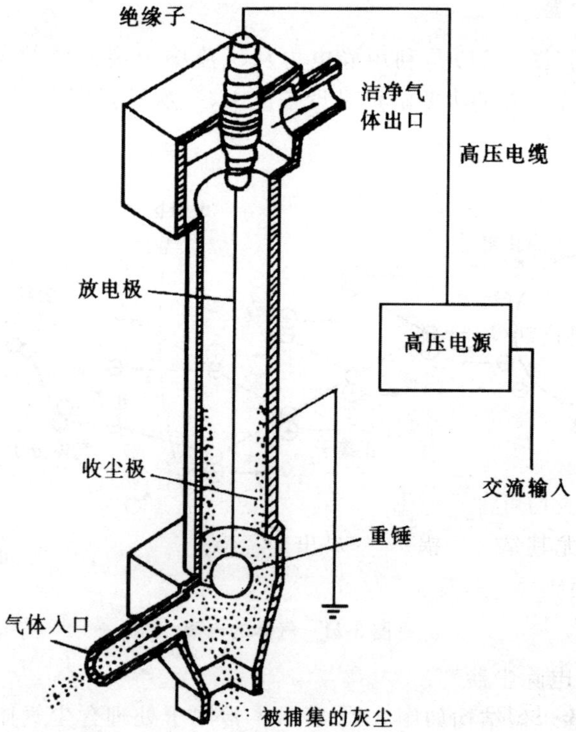

图 3-22　管式电除尘器示意图

3.4.2　气态污染物防治技术

除颗粒污染物外，还存在气态的污染物，通常气态污染物看不见，摸不着，往往具有一定毒性，其危害是不容忽视的。常见的气态污染物如：SO_2、NO_x、HF、挥发性有机物等。在控制技术规模上较大的有 SO_2、NO_x 等，下面将对这两类气态污染物的控制技术做一简要介绍。

1. NO_x 控制技术

我国是以燃煤为主的国家，目前，国内外应用的 SO_2 的控制途径有三种：燃烧前脱硫；燃烧中脱硫；燃烧后脱硫，即烟气脱硫(Flue Gas Desulfurization，简称 FGD)。

(1)燃烧前脱硫

燃烧前脱硫主要是物理选煤法、化学选煤法和生物脱硫技术。

(2)燃烧中脱硫

燃烧中脱硫技术主要有：

1)型煤固硫技术

将不同种类的原煤筛分后按一定比例配煤,破碎后按比例与水、粘接剂、固硫剂混合均匀,经机械加压设备挤压成型,风干后成为型煤。固硫剂主要有石灰石、大理石和电石渣等,其主要成分为$CaCO_3$、CaO等,在高温燃烧时,SO_2被这些成分吸收。从目前各种脱硫技术成本及运行费用分析来看,使用添加固硫剂的型煤是最为经济的烟气脱硫方法之一,可使中低含硫量的煤炭燃烧后达标排放。

2)循环流化床燃烧

煤炭与固硫剂(石灰石、白云石等)一同送入循环流化床锅炉中,煤炭进行悬浮燃烧,炉中的石灰石等固硫剂与烟气中的SO_2发生反应,形成相对稳定的固态硫酸钙物质,最后同炉渣排出。循环流化床锅炉具有如下优点:固硫效率高,一般大于80%;NO_x排放量较少;锅炉适应能力强,各种高硫煤、低热值煤炭均可混合燃烧;脱硫费用较低。但目前锅炉加工制造技术还不完全成熟,尤其是大型锅炉,容易出现故障。

3)炉内喷钙尾气增湿固硫技术

该技术第一阶段将磨细到325目左右的石灰石喷射到炉膛上部,炉膛温度为900℃~1250℃之间,石灰石中$CaCO_3$分解成CaO和CO_2,烟气中的SO_2与CaO反应生成$CaSO_4$,该段反应条件较差,固硫率为20%~40%。在第二阶段,在炉后烟道上设置一个增湿活化反应器,烟气进入活化器中喷水增湿,烟气中为反应的CaO与水反应生成较高活性的$Ca(OH)_2$,再与烟气中剩余的SO_2发生反应。该工艺流程简单,易于在老锅炉上安装喷钙、活化设备;脱硫效率可达70%以上,投资少,不造成二次污染。但存在的主要问题是炉内温度对脱硫效率影响较大。

(3)烟气脱硫

烟气脱硫技术主要利用各种碱性的吸收剂或吸附剂捕集烟气中的SO_2。

1)湿法脱硫工艺

湿法脱硫是世界上应用最多的工艺,占脱硫总装机容量的86%左右。重庆珞璜电厂已引进这种烟气脱硫设备。但该工艺流程较复杂,投资与运行费用高,占地面积大。深圳西部电厂的海水脱硫效果良好,得到了国家环保总局的认可。此外,佛山南海电厂的奥里油湿法脱硫技术也达到了国际先进水平。图3-23所示即为典型的石灰石/石灰-石膏法脱硫工艺。

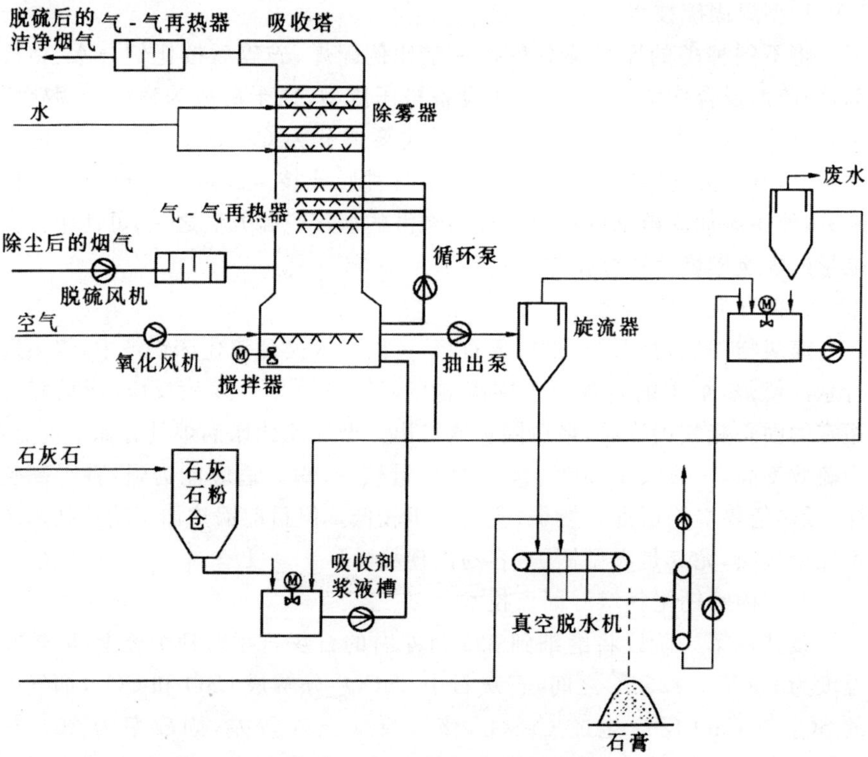

图 3-23　石灰石/石灰-石膏法脱硫工艺

2)半干法脱硫工艺

半干法工艺的特点是反应在气、固、液三相中进行,利用烟气显热蒸发吸收液中的水分,使最终产物为干粉状。主要脱硫工艺有:

①喷雾干燥法(SDA)。沈阳黎明发动机制造公司热电厂采用此工艺,脱硫效率可达 91%。

②烟气循环流化床脱硫(CFB)。图 3-24 所示为典型的循环流化床脱硫工艺。

③增湿灰循环脱硫(NID)。我国衢州化工厂 280t/h 锅炉尾气脱硫采用此法,以电石渣作为脱硫剂,脱硫效率为 80%。

3)干法脱硫工艺

干法脱硫工艺的特点是反应在无液相介入的完全干燥的状态下进行,反应产物亦为干粉状态,不存在腐蚀、结露等问题。

2. NO_x 控制技术

NO_x 包括 N_2O、NO、NO_2、N_2O_3、N_2O_4、N_2O_5 等,其中对大气造成污染的主要是 NO、NO_2 和 N_2O。在火电机组排放的多种大气污染物中,NO 占

NO_x 总量的 90%以上，其余为 NO_2。

烟气脱硝技术有：电子束照射法和脉冲电晕等离子体法；选择性催化还原法（SCR）、选择性非催化还原法（SNCR）；液体吸收法；固体吸附法等。

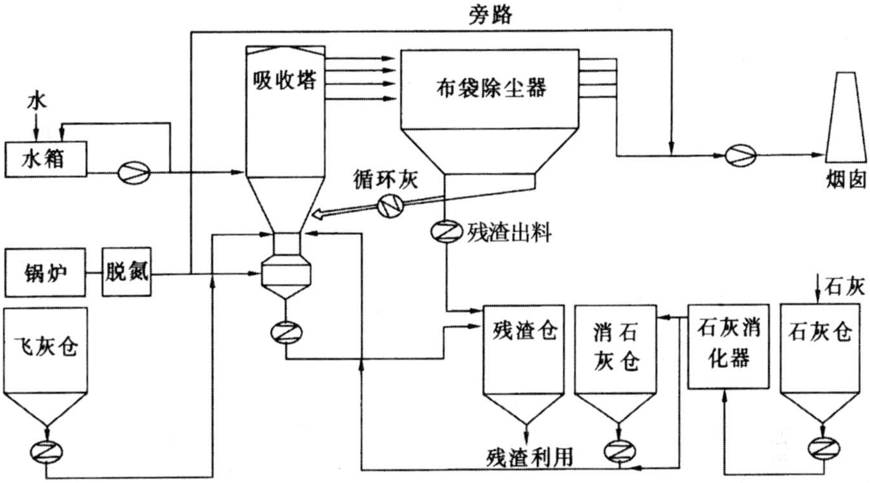

图 3-24 循环流化床烟气脱硫工艺

3.4.3 大气污染综合管理

大气污染具有明显的区域性特征，其污染程度受到区域自然条件、能源构成、工业结构和布局、交通状况及人口密度等的影响，只有纳入区域环境综合防治之中，才能解决大气环境的污染问题。大气污染综合防治，是指把一个区域的大气环境看作一个整体，统一规划能源消耗、工业发展、交通运输和城市建设等，综合运用社会、经济、技术等多种手段对大气污染从源头到末端进行防治，充分利用环境的自净作用，以消除或减轻大气污染。

1. 合理利用环境自净作用

污染物进入环境后由于物理作用（如扩散、稀释）、化学作用（如氧化、还原、降水洗涤等）和生物作用，浓度逐渐降低甚至彻底被清除掉，从而达到环境自然净化的目的。环境的这种作用称为环境自净。实践证明，合理利用环境自净作用不但保护环境，还可节约环境污染治理的费用。因此，合理利用环境的自净作用是大气污染防治技术的一项重要内容，尤其是对于经济和技术都相对比较落后的发展中国家有着十分重要的意义。

（1）合理工业布局，调整工业结构

工业布局与大气污染具有密切的相关关系。以环境科学理论为指导，综合考虑经济效益、社会效益和环境效益，合理的工业布局，充分利用大气环境容量，可减少工业废气对大气环境的污染危害。

调整工业结构就是保证实现本地区经济目标的前提下，优选出经济效益、社会效益和环境效益相统一的工业结构，淘汰那些严重污染环境的落后工艺和设备。同时本着节能降耗、综合利用和污染治理的目的加快相关技术改造，采用清洁生产，控制工业污染。

（2）选择有利于污染物扩散的排放方式

污染物排放方式是其在大气中扩散的影响因素之一。一般而言，地面污染浓度与烟囱高度的平方成反比。提高烟囱的有效高度有利于充分利用大气环境的自净作用而使烟气得以稀释扩散，减少大气污染的危害。然而，提高烟囱高度不能从根本上解决大气污染问题，而且随着烟囱高度增加，投资成本就越高。

（3）发展绿色植物

绿色植物在大气环境自净作用中具有重要地位。它能美化环境、调节气候，还能吸附粉尘、吸收大气中有害气体，可以在大面积范围内，长时间、连续地净化大气。尤其是在大气中的污染物影响范围比较大、浓度比较低的情况下，植物净化是行之有效的大气污染防治方法。在城市和工业区，根据当地大气污染物排放特点，合理选择植物种类，有计划、有选择地扩大绿化面积是大气污染防治的一项重要措施。

2.控制或减少污染物排放的技术途径

控制或减少污染物排放的技术途径很多，在此主要介绍改变燃料组成和能源结构、改革工艺设备和改善燃烧过程和集中供热。

（1）改变燃料组成和能源结构

大气环境污染主要是燃料燃烧造成的。因此，要解决大气环境污染问题，必须研究燃料燃烧与大气污染的关系，尽可能减少燃烧产生的大气污染物，节约能源，开发清洁能源。在我国能源构成中，煤炭约占70％，石油和天然气等约占30％，核电比例很小。今后相当长时间内，煤炭仍是主要能源。因此，提高煤炭等能源利用率和开发新能源是减轻大气污染、改善大气环境质量的一个重要举措。

洁净燃烧技术是指为减少燃烧过程污染物排放与提高燃料利用效率的加工、燃烧、转化和排放污染控制等所有技术的总称。主要是指洁净煤技术和低氮氧化物生成燃烧技术。

煤炭是我国的主要能源之一。将原煤进行洗选、筛分、成型及添加脱硫剂等加工处理，不仅可以大大减少二氧化硫的排放量，而且能节约能源。洁净煤技术包括以下几个方面：

①燃煤脱硫、脱氮技术，如先进的煤炭洗选技术、煤固硫技术、烟气处理技术、先进的焦炭生产技术等。

②煤炭加工成洁净能源技术，包括洗选、温和气化、煤炭直接液化、煤气化联合燃料电池和煤的热解等。

③先进的燃煤技术，包括整体煤气化联合循环发电、循环流化床燃烧、煤和生物质及废弃物联合气化或燃烧、低氮氧化物燃烧技术、改进燃烧方式和直接燃煤热机等，提高煤炭及粉煤灰的利用率。

燃油汽车引起的尾气污染（占污染总量的 70%）正随着汽车拥有量的增加而越来越严重地影响着大气环境，解决汽车尾气污染已变得越来越紧迫。

发展清洁能源，开发利用太阳能、风能、水能、地热能、生物质能、核能、氢能等可再生能源和新能源是解决大气污染的一个根本途径。这些能源与传统能源相比，对环境不产生或很少产生污染，是未来能源系统的重要组成部分。

(2)改革工艺设备、改善燃烧过程

燃烧不完全排出的污染物，无论数量还是种类，都比完全燃烧排出的多。通过改进运转条件（如调节燃烧空气比，控制燃烧温度），改进燃烧方式和燃烧装置等，可以减少烟尘和气态污染物的生成量。如通过改进机动车的内燃机、尾部排气系统和开发新式引擎等办法可减少 CO、NO_x 和碳氢化合物等大气污染物的排放量。

(3)集中供热

居民分散供热与集中供热相比，使用相同数量的煤所产生的烟尘多 1～2 倍，飘尘多 3～4 倍。发展集中供热是综合防治大气污染的有效途径，它对发展生产、节约能源、改善大气环境质量、方便人民生活等方面都具有重要意义。

3. 加强大气环境质量管理

编制区域大气污染防治规划，由环境保护部门和地方政府共同努力来实施。区域大气污染防治规划是区域总体规划的重要组成部分，这是从协调经济发展和保护环境之间的关系出发，对已造成的大气污染问题提出改善和控制污染的优化方案。因此，做好区域大气环境规划，采取区域性综合防治措施，是控制大气污染的重要途径。我国已经颁布的《大气污染防治法》规定，大气污染以城市为中心进行污染防治。根据对北京市的空气污染分析，当地产生的污染物占 70%，通过大气环流输送进来的占 30%。由此可见，必须进行区域联防。

提高大气环境监测及大气污染源监督监测的技术水平，加强大气环境质量评价。大气环境质量评价，是指在大气污染状况调查的基础上，应用大气质量评价方法，揭示大气质量变化的规律和影响。提高大气环境监测及大气污染源监督监测的技术水平，改善监测装备条件。加强对除尘器等环保设备的制造、安装和使用的监督管理。完善机动车排气污染监督管理体系，建立环保部门统一监督管理、部门协调分工的管理体系和运行机制。实施排污许可证制度，使排污单位明确各自的污染物排放总量控制目标，对污染源排放总量实施有效的控制。建设城市烟尘控制区，加强城市烟尘控制区的监督管理，是大气污染综合防治的有效措施。

4.加强环境意识教育，促进全球合作

环境与人类生活密切相关，环境保护问题已越来越受到世界各国的重视，环境意识已成为当代人类文化素质的重要组成部分，并成为衡量一个国家、一个民族乃至一个人的文明程度的重要标准。应通过各种渠道和宣传工具，进行危机感、紧迫感和责任感的环境保护教育，使越来越多的人意识到保护环境的重要性。

由于大气圈的连续性和气体的流动活跃性，大气环境成为全人类共有的必不可少的资源，任何区域或国家的不利行为，都将迟早殃及每个人的生存。因此，必须联合世界各国共同行动，实行有意义的国际合作，共同保护大气环境。

第 4 章　水体环境

4.1　水资源

水是地球上分布最广的物质，是人类环境的一个重要组成部分，它以固态水、液态水、气态水的形式广泛分布于海洋、陆地与大气之中，并构成一个大体连续、相互作用，又相互不断交换的圈层，即水圈。地球上的水分布如图 4-1 所示。

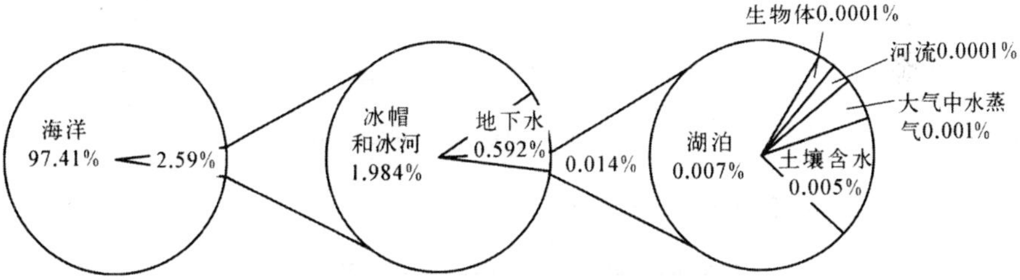

图 4-1　地球上水的分布

据水文地理学家的估算，全球总储水量约为 $13.86\times10^8\text{km}^3$，主要由海洋水、陆地水和大气水三部分构成。其中，海洋水量为 $13.5\times10^8\text{km}^3$，占地球总水量的 97.41%；陆地上湖泊、河流、冰川与地下水等水体的总量约 $0.36\times10^5\text{km}^3$，占地球总水量的 2.59%。在这"2.59%"中，人类可利用的淡水总量只有 101700km^3，不足世界总水量的 1%。此外，大气水量约 $1.3\times10^4\text{km}^3$，占地球总水量的 0.001%。地球上水的分布如图 4-1 所示，各种水的蓄积量如表 4-1 所示。

表 4-1　地球上水的分布　（单位：km^3）

总水量	海洋水	陆地水							大气水
		河水	湖泊淡水	内陆湖咸水	土壤水	地下水	冰盖/冰川中的水	生物体内的水	
		1700	100000	105000	70000	8200000	27500000	1100	
1385990800	1350000000	35977800							13000

地球上水的总储量是有限的，是不能新生的，但却能通过水的循环而再

生。根据水循环的驱动原因、过程及其特征差异，水循环可以分为自然循环(图 4-2)和社会循环(图 4-3)两种类型。

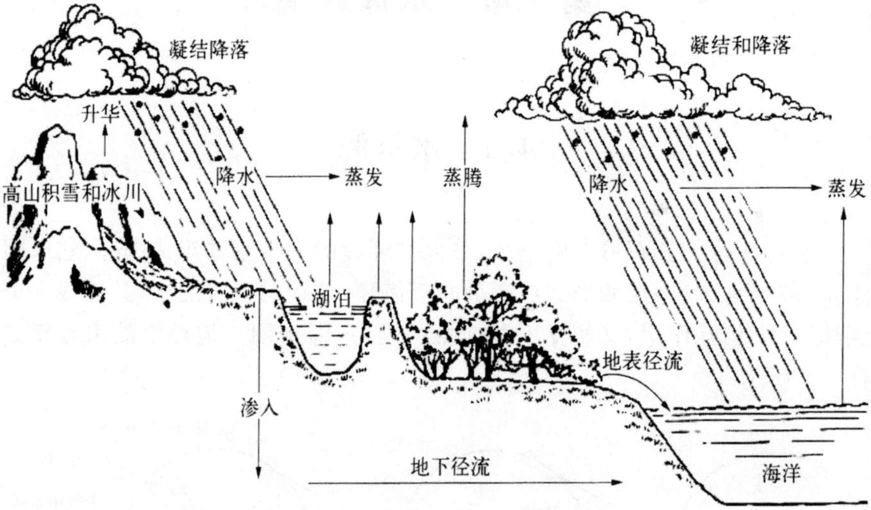

图 4-2　水的自然循环过程示意图

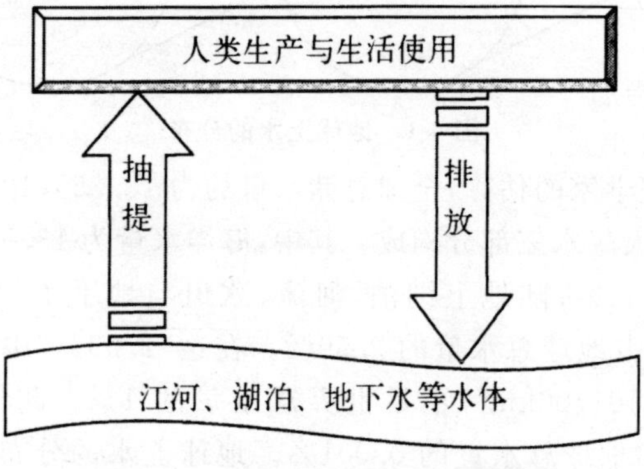

图 4-3　水的社会循环过程示意图

4.2　水体污染源与污染物

污染源的类型很多，从环境保护角度可将水体污染源分为天然污染源和人为污染源。水体天然污染源是指自然界自行向水体释放有害物质或造成有害影响的场所。水体人为污染源是指人类活动形成的污染源，按污染物进入水体的途径，可以分为点源和非点源(或面源)。

在当前的条件下，工业、农业和交通运输业高度发展，人口日益增多并大量集中于城市，水体污染主要是人类的生产和生活活动造成的，因此，水体人为污染是环境保护研究和水污染防治的主要对象。

1. 点源

点源，污染物由排水沟、渠、管道进入水体，主要指工业废水和生活污水，其变化规律服从工业生产废水和城镇生活污水的排放规律，即季节性和随机性。

(1)工业废水

工业废水是水体最重要的污染源。它量大、面广，含污染物多，成分复杂，在水中不易净化，处理也比较困难。不经处理的水具有下列特性：

①悬浮物质含量高，最高可达3000mg/L。

②需氧量高，有机物一般难以降解。对微生物起毒害作用。COD为400～10000mg/L，BOD为200～5000mg/L。

③pH变化幅度大，pH为2～13。

④温度较高，排入水体可引起热污染。

⑤易燃，常含有低燃点的挥发性液体，如汽油、苯、甲醇、酒精、石油等。

⑥含有多种多样的有害成分，如硫化物、氟化物、Hg、Cd、Cr、As等。

(2)生活污水

生活污水是指居民在日常生活活动中所产生的废水，它包括由厨房、浴室、厕所等场所排出的污水和污物。其中，99%以上是水，固体物质不到1%，多为无毒的无机盐类(如氯化物、硫酸盐、磷酸和Na、K、Ca、Mg等重碳酸盐)、需氧有机物(如纤维素、淀粉、糖类、脂肪、蛋白质和尿素等)、各种微量金属(如Zn、Cu、Cr、Mn、Ni、Pb等)、病原微生物及各种洗涤剂。城市和人口密集的居住区是生活污水的主要来源。

生活污水的水质成分呈较规律的日变化，其水量则呈较规律的季节变化。不经处理的生活污水一般具有以下性质：

①悬浮物质较低，一般为200～500mg/L。资料表明，每人每日所排悬浮固体平均约为30～50g。

②属于低浓度有机废水，一般其生化需氧量BOD约为210～600mg/L。资料表明，平均每人每日所排BOD大约为20～35g。

③呈弱碱性，一般pH大约为7.2～7.6。

④含N、P等营养物质较多。

⑤含有多种微生物，含有大量细菌，包括病原菌。

2. 非点源

水污染非点源，在我国多称为水污染面源。污染物无固定出口，是以较大范围形式通过降水、地面径流的途径进入水体。面源污染主要指农田径流排水，具有面广、分散、难于收集、难于治理的特点。据统计，农业灌溉用水量约占全球总用水量的70%左右。随着农药和化肥的大量使用，农田径流排水已成为天然水体的主要污染来源之一。

施用于农田的农药和化肥除一部分被农作物吸收外，其余都残留在土壤中和飘浮于大气中，经过降水的淋洗和冲刷，尤其是农田灌溉的排水，这些残留的农药（杀虫剂、除草剂、植物生长调节剂等）和化肥（N、P 等）会随着降水和灌溉排水的径流和渗流汇入地面水和地下水中。

4.3 污染物在水体中的扩散与化学转化

4.3.1 污染物在水体中的扩散

1. 污染物在水体中的运动特性

污染物进入水体之后，随着水的迁移运动、污染物的分散运动以及污染物质的衰减转化运动，使污染物在水体中得到稀释和扩散，从而降低了污染物在水体中的浓度，它起着一种重要的“自净作用”。根据自然界水体运动的不同特点，可形成不同形式的扩散类型，如河流、河口、湖泊以及海湾中的污染物扩散类型。这里重点介绍河流中污染物扩散。

(1)推流迁移

推流迁移是指污染物在水流作用下产生的迁移作用。推流作用只改变水流中污染物的位置，并不能降低污染物的浓度。

在推流的作用下污染物迁移通量的计算公式为

$$f_x = u_x c$$

$$f_y = u_y c$$

$$f_z = u_z c$$

式中，f_x、f_y、f_z 分别表示 x、y、z 方向上的污染物推流迁移通量；u_x、u_y、u_z 分别表示在 x、y、z 方向上的水流速度分量；c 为污染物在河流水体中的浓度。

(2)扩散运动

污染物在水体中的扩散运动包括分子扩散、湍流扩散和弥散。分子扩散是由分子的随机运动引起的质点扩散现象，是各向同性的。湍流扩散是水体湍流场中质点的各种状态的瞬时值相对于其平均值的随机脉动而导致的扩散现象，湍流扩散系数是各向异性的。弥散运动是由于横断面上实际的流速不均匀引起的，由空间各点湍流流速的时均值与流速时均值的系统差别所产生的扩散现象。在用断面平均流速描述实际运动时，必须考虑一个附加的、由流速不均匀引起的弥散作用。

2. 河流水体中污染物扩散的稳态解

(1)一维模型

假定只在 x 方向存在污染物的浓度梯度，则稳态一维模型为

$$D_x \frac{\partial^2 c}{\partial x^2} - u_x \frac{\partial c}{\partial x} - Kc = 0$$

这是二阶线性偏微分方程，其特征方程为

$$D_x\lambda^2 - u_x\lambda - K = 0$$

由此可以求出特征根为

$$\lambda_{1,2} = \frac{u_x}{2D_x}(1 \pm m)$$

式中，

$$m = \sqrt{1 + \frac{4KD_x}{u_x}}$$

对于保守或衰减的污染物，λ 不应取正值，若给定初始条件为：$x=0$ 时，$c=c_0$。上式的解为

$$c = c_0 \exp\left[\frac{u_x x}{2D_x}\left(1 - \sqrt{1 + \frac{4KD_x}{u_x}}\right)\right]$$

对于一般条件下的河流，推流形成的污染物迁移作用要比弥散作用大得多，在稳态条件下，弥散作用可以忽略，则有

$$c = c_0 \exp\left(-\frac{K_x}{u_x}\right)$$

$$c_0 = \frac{Qc_1 + qc_2}{Q + q}$$

式中，Q 为河流的流量；c_1 为河流中污染物的本底浓度；q 为排入河流的污水的浓度；c_2 为污水中某污染物浓度；c 为污染物的浓度，它是时间 t 和空间位置 z 的函数；u_x 为断面平均流速；K_x 为污染物的衰减速度常数。

(2)二维模型

如果一个坐标方向上的浓度梯度可以忽略，假定$\frac{\partial c}{\partial z}=0$，则有

$$D_x \frac{\partial^2 c}{\partial x^2} + D_y \frac{\partial^2 c}{\partial y^2} + D_z \frac{\partial^2 c}{\partial z^2} - Kc = 0$$

在均匀流场中可以得到解析解

$$c(x,y)=\frac{Q}{4\pi h(x/u_x)^2\sqrt{D_xD_y}}\exp\left[-\frac{(y-u_yx/u_x)^2}{4D_yx/u_x}\right]\exp\left(-\frac{K_x}{u_x}\right)$$

式中，Q 为单位时间内排放的污染物量，即源强；其余符号同前。

如果忽略 D_x 和 u_x，则解为

$$c(x,y)=\frac{Q}{u_xh\sqrt{4\pi D_yx/u_x}}\exp\left(-\frac{u_xy^2}{4D_yx}\right)\exp\left(-\frac{K_x}{u_x}\right)$$

在河流右边界的情况下，河水中污染物的扩散会受到岸边的反射，这时的反射就会成为连锁式的。如果污染源处在岸边，河宽为 B 时，同样可以通过假设对应的虚源来模拟边界的反射作用，则

$$c(x,y)=\frac{Q}{u_xh\sqrt{4\pi D_yx/u_x}}\left[\exp\left(-\frac{u_xy^2}{4D_yx}\right)+\sum_{n=1}^{\infty}\exp\left(-\frac{u_x(2nB-y)^2}{4D_yx}\right)\right.$$
$$\left.+\sum_{n=1}^{\infty}\exp\left(-\frac{u_x(2nB+y)^2}{4D_yx}\right)\right]\exp\left(-\frac{K_x}{u_x}\right)$$

3. 河流水质模型

水质模型是一个用于描述污染物质在水环境中的混合、迁移过程的数学方程或方程组。

(1)生物化学分解

河流中的有机物由于生物降解所产生的浓度变化可以用一级反应式表达

$$L=L_0\mathrm{e}^{-Kt}$$

式中，L 为 t 时刻有机物的剩余生物化学需氧量；L_0 为初始时刻有机物的总生物化学需氧量；K 为有机物降解速度常数。

K 的数值是温度的函数，它和温度之间的关系可以表示为

$$\frac{K_T}{K_{T_1}}=\theta^{T-T_1}$$

若取 $T_1=20$℃，以 K_{20} 为基准，则任意温度 T 的 K 值为

$$K_T=K_{20}\theta^{T-20}$$

式中，θ 称为 K 的温度系数，θ 的数值在 1.047 左右（$T=10$℃～35℃）。

在试验室中通过测定生化需氧量和时间的关系，可以估算 K 值。

河流中的生化需氧量(BOD)衰减速度常数 K_t 的值可以由下式确定

$$K_t=\frac{1}{t}\ln\left(\frac{L_A}{L_B}\right)$$

式中，L_A、L_B 为河流上游断面 A 和下游断面 B 的 BOD 浓度；t 为 A、B 断面间的流行时间。

如果有机物在河流中的变化符合一级反应规律，在河流流态稳定时，河

流中的 BOD 的变化规律可以表示为

$$L=L_0\left[\exp\left(K_r\frac{x}{u_x}\right)\right]$$

式中，L 为河流中任意断面处的有机物剩余 BOD 量；L_0 为河流中起始断面处的有机物 BOD 量；x 为自起始断面(排放点)的下游距离。

(2)大气复氧

水中溶解氧的主要来源是大气。氧由大气进入水中的质量传递速度可以表示为

$$\frac{\mathrm{d}c}{\mathrm{d}t}=\frac{K_L A}{V}(c_s-c)$$

式中，c 为河流水中溶解氧的浓度；c_s 为河流水中饱和溶解氧的浓度；K_L 为质量传递系数；A 为气体扩散的表面积；V 为水的体积。

对于河流，$1/V=1/H$，H 是平均水深，c_s-c 表示河水中的溶解氧不足量，称为氧亏，用 D 表示，则上式可写作

$$\frac{\mathrm{d}D}{\mathrm{d}t}=-\frac{K_L}{H}D=-K_a D$$

式中，K_a 为大气复氧速度常数。

K_a 是河流流态及温度等的函数。如果以 20℃ 作为基准，则任意温度时的大气复氧速度的常数可以写为

$$K_{a\cdot r}=K_{a\cdot 20}\theta_r^{T-20}$$

式中，$K_{a\cdot 20}$ 为 20℃ 条件下的大气复氧速度常数；θ_r 为大气复氧速度常数的温度系数，通常 $\theta_r\approx 1.024$。

饱和溶解氧浓度 c_s 是温度、盐度和大气压力的函数，在 101.32kPa 压力下，淡水中的饱和溶解氧浓度可以用下式计算

$$c_s=\frac{468}{31.6+T}$$

式中，c_s 为饱和溶解氧浓度，mg/L；T 为温度，℃。

(3)简单河段水质模型

描述河流水质的第一个模型是 S-P 模型。S-P 模型描述一维稳态河流中的 BOD-DO 的变化规律。

S-P 模型是关于 BOD 和 DO 的耦合模型，可以写作

$$\frac{\mathrm{d}L}{\mathrm{d}t}=-K_d L$$

$$\frac{\mathrm{d}D}{\mathrm{d}t}=K_d L-K_a L$$

式中，L 为河水中 BOD 值；D 为河水中的氧亏值；K_d 为河水中 BOD 衰减

（耗氧）速度常数；K_a 为河水中复氧速度常数；t 为河段内河水的流行时间。

上式的解析式为

$$L=L_0 e^{-K_a t}$$

$$D=\frac{K_d L_0}{K_a-K_d}(e^{-K_d t}-e^{-K_a t})+D_0 e^{-K_a t}$$

式中，L_0 为河流起始点的BOD值；D_0 为河水中起始点的氧亏值。

上式表示河流水中的氧亏变化规律。如果以河流的溶解氧来表示，则为

$$O=O_s-D=O_s-\frac{K_d L_0}{K_a-K_d}(e^{-K_d t}-e^{-K_a t})-D_0 e^{-K_a t}$$

式中，O 为河水中的溶解氧值；O_s 为饱和溶解氧值。

上式称为S-P氧垂公式，根据上式绘制的溶解氧沿程变化曲线称为氧垂曲线（见图4-4）。

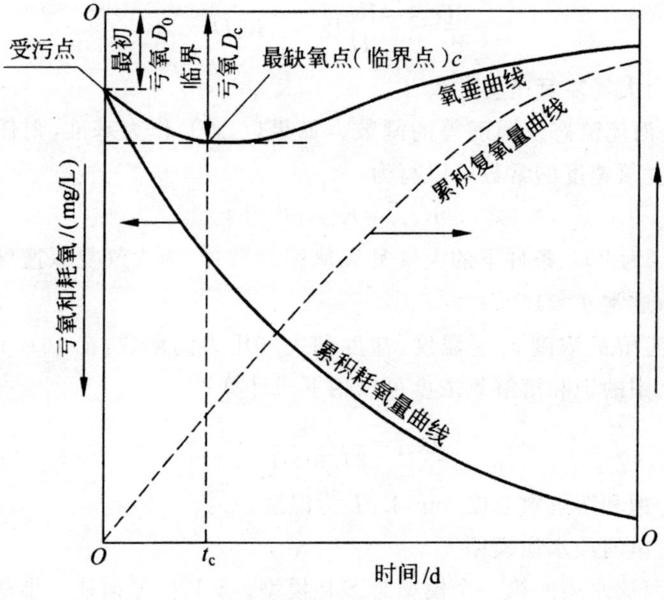

图4-4 氧垂曲线

在很多情况下，人们希望能找到溶解氧浓度最低的点——临界点。在临界点河水的氧亏值很大，且变化速度为零，则由此得

$$D_c=\frac{K_d}{K_a}L_0 e^{-K_d t_c}$$

式中，D_c 为临界点的氧亏值；t_c 为由起始点到达临界点的流行时间。

临界氧亏发生的时间 t_c 可以由下式计算：

$$t_c=\frac{1}{K_a-K_d}\ln\frac{K_d}{K_a}\left[1-\frac{D_0(K_a-K_d)}{L_0K_d}\right]$$

S-P 模型广泛地应用于河流水质的模拟预测中，也用于计算允许的最大排污量。

4.3.2　污染物在水体中的化学转化

总的来看，污染物进入水体后的转化可分为三种情况：

①有机物在水中经微生物的转化作用可逐步降解为无机物，从而消耗水中溶解氧。

②难降解的人工合成的有机物形成特殊污染。

③重金属污染物发生形态或状态的迁移转化。

1. 水体中耗氧有机物降解

有机物在水体中的降解是通过化学氧化、光化学氧化和生物化学氧化来实现的。其中，生物化学氧化具有重要意义，下面主要介绍有机物的生物化学分解。

(1)有机物生物化学分解

进入水体的天然有机化合物，如碳水化合物(糖类)、纤维素、脂肪、蛋白质等，一般较易通过生化降解，其降解通过两大基本反应来完成。

1)水解反应

水体中耗氧有机物的水解反应主要指复杂的有机物分子遇水后，在水解酶参与作用下，分解为简单的化合物的反应。其中一些反应可发生在细菌体外，如蔗糖本身包含葡萄糖和果糖两部分，水解后分为葡萄糖与果糖两个分子。

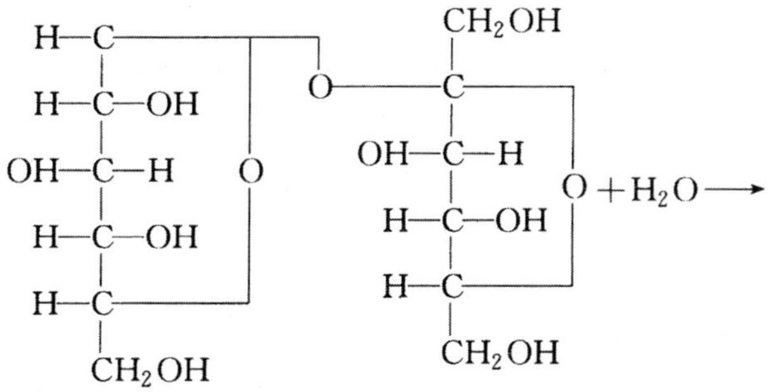

蔗糖($C_{12}H_{22}O_{11}$)

$$
\begin{array}{c}
H \\
H-C \\
H-C-OH \\
OH-C-H\ \ O \\
H-C-OH \\
H-C \\
CH_2OH
\end{array}
\quad + \quad
\begin{array}{c}
CH_2OH \\
OH-C \\
OH-C-H \\
H-C-OH\ \ O \\
H-C \\
CH_2OH
\end{array}
$$

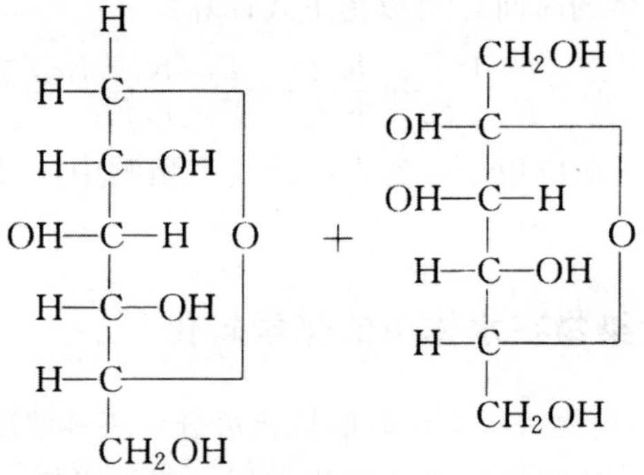

葡萄糖$(C_5H_{11}O_5CHO)$　　果糖$(C_5H_{12}O_6CO)$

　　另一类水解反应可在微生物细胞内进行,如化合物的碳链双键在加水后转化成单键,反应式为

$$
\begin{array}{c}
-C=C- \\
|\ \ \ | \\
H\ \ H
\end{array}
\ + H_2O \xrightarrow{\text{烯水解酶}}
\begin{array}{c}
H\ \ OH \\
|\ \ \ | \\
-C-C- \\
|\ \ \ | \\
H\ \ H
\end{array}
$$

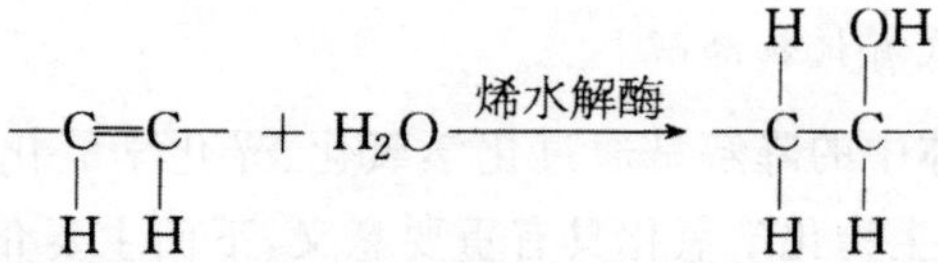

2)氧化反应

生物氧化作用主要有脱氢作用与脱羧作用两类。

①脱氢作用。

脱氢作用有两种类型,一种是从—CHOH—基团脱氢,如乳酸形成丙酮酸的反应,反应式为

$$CH_3CHOHCOO \Longrightarrow CH_3COCOO+2H^++2e$$
$$\quad\ \ 乳酸\qquad\qquad\quad 丙酮酸$$

另一种是从—CH₂CH₂—基团脱氢,如由琥珀酸脱氢形成延胡索酸的反应,反应式为

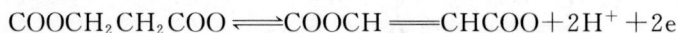

$$COOCH_2CH_2COO \Longrightarrow COOCH=CHCOO+2H^++2e$$

②脱羧作用。

脱羧作用是生物氧化中产生 CO_2 的主要过程,其反应式为

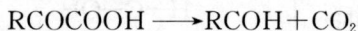

$$RCOCOOH \longrightarrow RCOH+CO_2$$

(2)代表性耗氧有机物的生物降解

1)碳水化合物的生化降解

碳水化合物也叫糖,是自然界存在的最多的一类有机化合物,是一切生命体维持生命活动所需能量的主要来源。糖也是由碳、氢、氧组成的不含氮的有机物,通式为 $C_n(H_2O)_m$,根据分子构造的特点它通常可分为单糖、二

糖和多糖。

碳水化合物的生化降解首先是微生物在细胞膜外通过水解使其从多糖转化为二糖,其反应式为

$$(C_6H_{10}O_5)_n + H_2O \longrightarrow \frac{n}{2}C_{12}H_{22}O_{11}$$

$$C_{12}H_{22}O_{11} + H_2O \longrightarrow 2C_6H_{12}O_6$$

进一步的变化:

$$C_6H_{12}O_6 \xrightarrow[\text{酶}]{\text{细菌}} 2CH_3\overset{\overset{\displaystyle O}{\|}}{C}COOH + 4H$$

此过程统称为糖解过程。

$$2CH_3\overset{\overset{\displaystyle O}{\|}}{C}COOH + 4H + 6O_2 \xrightarrow[\text{酶}]{\text{细菌}} 6CO_2 + 6H_2O$$

2)含氮有机物的降解

含氮有机物是指除碳、氢、氧外,还含有氮、硫、磷等元素的有机化合物。一般来说,含氮有机物的生物降解难于不含氮有机物,其产物污染性强。

蛋白质是由多种氨基酸分子组成的复杂有机物,含有羧基($-COOH$)和氨基($-NH_2$),由肽键($R-CONH-R'$)连接起来。它的降解首先包括肽键的断开和羧基、氨基的脱除,然后是逐步的氧化。蛋白质分子量很大,不能直接进入细胞,所以细菌利用蛋白质的第一步,也是先在细胞体外发生水解,由细菌分泌的水解酶起催化作用,蛋白质在水解中断开肽键,分解成具较小分子量的各部分,其反应通式为

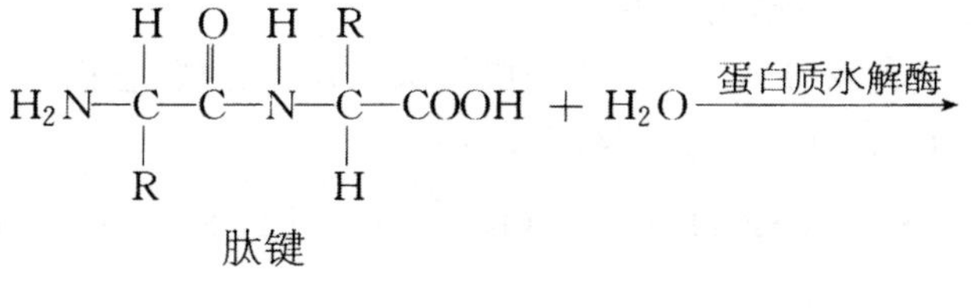

$$H_2N-\overset{\overset{\displaystyle H}{|}}{\underset{\underset{\displaystyle R}{|}}{C}}-\overset{\overset{\displaystyle O}{\|}}{C}-\overset{\overset{\displaystyle H}{|}}{N}-\overset{\overset{\displaystyle R}{|}}{\underset{\underset{\displaystyle H}{|}}{C}}-COOH + H_2O \xrightarrow{\text{蛋白质水解酶}}$$

肽键

$$H_2N-\overset{\overset{\displaystyle H}{|}}{\underset{\underset{\displaystyle R}{|}}{C}}-\overset{\overset{\displaystyle O}{\|}}{\underset{\underset{\displaystyle OH}{}}{C}} + \overset{\overset{\displaystyle H}{|}}{\underset{\underset{\displaystyle H}{|}}{N}}-\overset{\overset{\displaystyle R}{|}}{\underset{\underset{\displaystyle H}{|}}{C}}-COOH$$

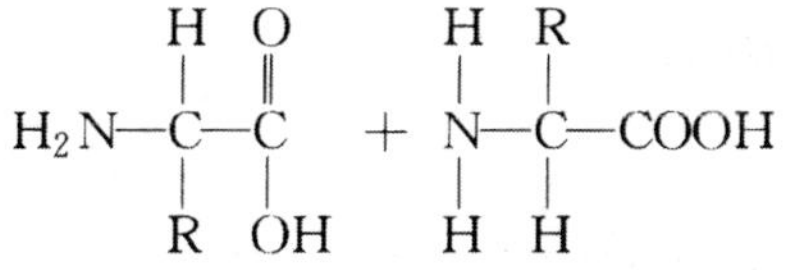

氨基酸 氨基酸

蛋白质水解到达二肽阶段可以进入细胞膜内。氨基酸在细胞内的进一步分解可在有氧或无氧条件下进行。其反应形式有多种,主要是通过氧化

还原反应脱除氨基。

氨基酸在有氧条件下脱氨生成含有不少于一个碳原子的饱和酸，反应式为

$$\underset{\text{丙氨酸}}{\underset{\displaystyle NH_2}{CH_3\underset{|}{C}HCOOH}} + O \longrightarrow \underset{\text{丙酮酸}}{CH_3COCOOH} + NH_3$$

有氧脱氨、脱碳反应式为

$$\underset{\displaystyle NH_2}{CH_3\underset{|}{C}HCOOH} + O_2 \longrightarrow CH_3COOH + CO_2 + NH_3$$

水解脱氨反应式为

$$\underset{\displaystyle NH_2}{CH_3\underset{|}{C}HCOOH} + H_2O \longrightarrow \underset{\text{乳酸}}{\underset{\displaystyle OH}{CH_3\underset{|}{C}HCOOH}} + NH_3$$

无氧时，加氢还原脱氨反应式为

$$\underset{\displaystyle NH_2}{CH_3\underset{|}{C}HCOOH} + 2H \longrightarrow \underset{\text{丙酸}}{CH_3CH_2COOH} + NH_3$$

氨基酸分解生成的有机酸，同碳水化合物一样，在有氧条件下可经过三羧酸循环，完全氧化为 CO_2 和 H_2O，在无氧条件下就要发生发酵过程。脱氨基的结果生成 NH_3，这种过程称为蛋白质的氨化作用。NH_3 在水中水解生成氢氧化铵，会提高水的 pH，在促成甲烷发酵中起作用。在有氧条件下，NH_3 进一步发生硝化作用。

蛋白质中含硫的氨基酸主要是胱氨酸以及蛋氨酸，它们的分解会生成硫化氢。例如，在有氧条件下反应式为

$$\underset{\text{半胱氨酸}}{\underset{\displaystyle NH_2}{HOOC—\underset{|}{C}HCH_2SH}} + O_2 \longrightarrow NH_3 + H_2S + \text{其他产物}$$

在无氧条件下反应式为

$$\underset{\displaystyle NH_2}{HOOC—\underset{|}{C}HCH_2SH} + 2H_2O \longrightarrow CH_3COOH + HCOOH + NH_3 + H_2S$$

硫化氢在有氧条件下可以继续氧化，与水中重金属反应生成黑色硫

化物。

尿素这种含氮化合物并不是细菌分解蛋白质的产物，而是人和动物的排泄物。它在尿素细菌作用下，在有氧条件下氨化，这也是污染水中氨的来源之一。其反应公式为

$$O{=}C\langle^{NH_2}_{NH_2} + 2H_2O \longrightarrow (NH_4)_2CO_3$$

$$(NH_4)_2CO_3 \longrightarrow 2NH_3 + CO_2 + H_2O$$

硝化和硫化：含氮有机物的降解产物，如 NH_3 和 H_2S 都会造成水污染，如果在有氧条件下，可以由细菌作用继续发生硝化和硫化过程。

硝化细菌是一类无机营养型细菌即自由菌，也可以把 NH_3 分解为 NO_2^- 和 NO_3^-。硝化过程也是不断脱氢氧化过程。例如，第一阶段，先转化为亚硝酸，公式为

$$NH_3 \xrightarrow{+H_2O} NH_4OH \xrightarrow[-2H]{} NH_2OH \xrightarrow[-2H]{}$$

$$HNO \xrightarrow{+H_2O} NH(OH)_2 \xrightarrow[-2H]{} HNO_2$$

总反应为

$$2NH_3 + 3O_2 \longrightarrow 2HNO_2 + 2H_2O + 6\times10^5\,J$$

第二阶段再转化为硝酸，公式为

$$HO{-}N{=}O \xrightarrow{+H_2O} HO{-}N{=}(OH)_2 \xrightarrow[-2H]{} HO{-}\overset{\overset{\displaystyle O}{\|}}{N}{=}O$$

总反应为

$$2HNO_2 + O_2 \longrightarrow 2HNO_3 + 2\times10^5\,J$$

在缺氧的水体中，硝化过程就不能进行，反而可以进行所谓反硝化过程，是硝酸盐又还原成为 NH_3，其反应式为

$$2HNO_3 \xrightarrow[-2H_2O]{+4H} 2HNO_2 \xrightarrow[-2H_2O]{+4H} (NOH)_2 \xrightarrow[-H_2O]{} N_2O \xrightarrow[-H_2O]{+2H} N_2$$

有机氮在水体中的逐级转化过程一般要持续若干日，才能转化为硝酸态氮。从需氧污染物在水体中的转化过程来看，有机氮—NH_3—N—NO_2—N—NO_3，可作为耗氧有机物自净过程的判断标志。

硫化细菌和硫磺细菌也是自养菌，可以把硫化氢氧化为硫及硫酸盐，反应式为

$$2H_2S+O_2 \longrightarrow 2H_2O+2S+能量$$

$$2S+3O_2+2H_2O \longrightarrow 2H_2SO_4+能量$$

3)甲烷发酵

碳水化合物、脂肪和蛋白质在降解后期都生成低级有机酸类物质，在无氧条件下进行酸性发酵，这时最终产物未能完全氧化而停留在酸、醇、酮等化合物状态，如果 pH 降低甚多，可能使细菌中断生命活动而使生物降解无法继续进行。但是，如果条件适宜，就可以发生另一种发酵过程，使有机物继续进行无氧条件下的氧化，最终产物为甲烷，称为甲烷发酵。

甲烷发酵是在专门的产甲烷菌参与下进行的，其反应式为

$$2CH_3CH_2OH+CO_2 \longrightarrow 2CH_3COOH+CH_4$$

$$2CH_3(CH_2)_2COOH+CO_2+2H_2O \longrightarrow 4CH_3COOH+CH_4$$

$$CH_3COOH \longrightarrow CO_2+CH_4$$

这些反应的实质，是以 CO_2 作为受氢体的无氧氧化过程，可表示为

$$8H+CO_2 \longrightarrow 2H_2O+CH_4$$

甲烷在有氧条件下可发生氧化降解，直到完全生成 CO_2 或 H_2O 为止。

2. 水体富营养化过程

(1)水体富营养化的类型及危害

“营养化”是一种氮、磷等植物营养物含量过多所引起的水质污染现象，根据成因差异可分为天然富营养化与人为富营养化两种类型。

水体出现富营养化时，危害是多方面的：

①破坏水产资源。藻类繁殖过快，占空间，使鱼类活动受限。溶解氧降低，使鱼类难以生存。

②造成藻类种类减少。

③危害水源。硝酸盐和亚硝酸盐对人、畜都有害。一方面亚硝酸盐将血红蛋白的二价铁氧化为三价铁，使血红蛋白成为高铁血红蛋白，丧失输氧能力，造成机体缺氧；另一方面亚硝酸盐是致癌物亚硝胺的前体物。

④加快湖泊老化的进程。

(2)氮、磷污染与水体富营养化

水体富营养化过程主要是水体中自养型生物(浮游植物)在水中形成优势的过程，因此，影响生物生长的营养成分就成为这些生物的限制因素。因为自养型生物通过进行光合作用，以太阳光能和无机物合成自身的原生质，所以，藻类(自养型生物)繁殖的程度取决于水体中某些成分的含量。

斯塔姆(Stumm)用化学计量关系式表征了淡水水体中藻类新陈代谢的过程。即光合生产 P(有机物生产速度，自养型生物生长速度)与异养呼

吸 R(有机物分解速度,异养生物生长速度)应为静止状态,P≈R,关系式为

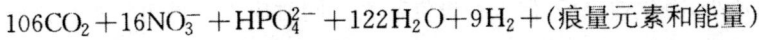

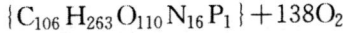

$$106CO_2+16NO_3^-+HPO_4^{2-}+122H_2O+9H_2+(\text{痕量元素和能量}) \underset{R}{\overset{P}{\rightleftharpoons}} \{C_{106}H_{263}O_{110}N_{16}P_1\}+138O_2$$

研究表明水体富营养化与氮、磷的富集有关,水体中氮、磷浓度的比值与藻类增殖有密切的关系。日本学者提出,湖水总氮和总磷浓度的比值在 10∶1～25∶1 的范围内时有直线关系。其中,比值为 12∶1～13∶1 时,最适宜于藻类的繁殖。我国学者提出湖水中氮与磷的比值范围在各湖泊中有所不同:武汉东湖为 11.8∶1～15.5∶1,杭州西湖为 72∶1,长春南湖为 20.4∶1,云南滇池为 15.1∶1。

4.4　水体污染防治与管理

4.4.1　水体污染控制模式

按水污染控制的工作程序、污水处理的实际程度,水污染控制可概括为系统整合全过程的"三级控制"模式(图 4-5)。

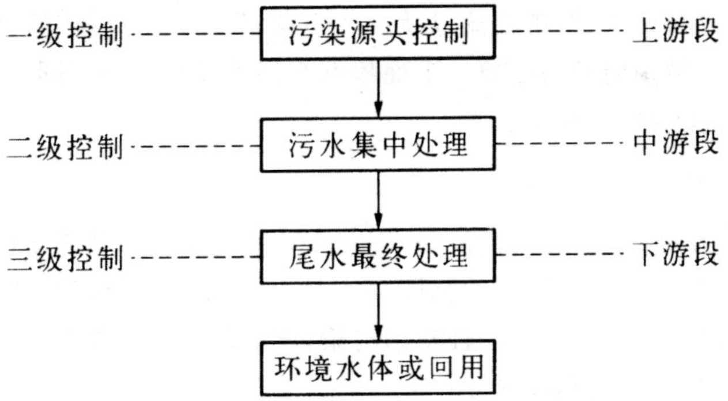

图 4-5　水污染"三级控制"模式

第一级,污染源头控制(上游段)。源头控制主要是利用法律、管理、经济、技术、宣传教育等手段,对生活污水、工业废水、农村面源和城市径流等进行综合控制,防止污染发生,削减污染排放。控源的重点是工业污染源和农村面源,进入城市污水截流管网的工业废水水质应满足规定的接管标准。

第二级,污水集中处理(中游段)。对于人类活动高度密集的城市区域,除了必要的分散控源外,应有计划、有步骤地重点建设城市污水处理厂,进

行污水的大规模集中处理。污水处理厂的建设较为普遍，其特点是技术成熟，占地少，净化效果好，但工程投资甚大。同时应重视城市污水截流管网的规划及配套建设，适当改造已有的雨水/污水合流系统，努力实现雨污分流。

第三级，尾水最终处理(下游段)。尾水并不等于清水(如尾水中氮、磷负荷一般占原污水的60%～80%)，直接排入与人类关系密切的清水水域，仍然存在极大的危险性，在发达国家日益受到重视的微量有毒污染问题，就是例证。此外，城市污水处理厂基建投资和运行成本甚高，在经济较为落后的发展中国家，大规模地普建污水处理厂存在困难，城市尾水中实际上含有大量未经任何处理的污水(如我国目前城市污水集中处理率仅13.65%)。因此，在排入清水环境前，加强对污水处理厂出水为主的城市尾水的处置，无论是对削减常规有机污染或是微量有毒污染而言，都尤为重要。三级深度处理可进一步解决城市尾水的处置问题，但因费用高昂，一般难以推广。

“三级控制”是一个从污染发生源头到污染最终消除的完整的水污染控制链，在控制过程中，实行清污分流，污水禁排入清水水域，以保障区域水环境的长治久安。

4.4.2 水体污染的源头控制

污染源头控制的实质是污染预防。事实证明，水污染预防要比通过“末端治理”试图消除水污染更加经济、有效。对于并非来自单一、可确定的水污染源，如农村面源、城市径流以及大气沉降等，“末端治理”的办法并不适用，加强水污染预防尤为必要。下面根据水污染发生源的不同，分别介绍不同的污染源头的控制对策。

1.工业水污染

工业废水排放量大，成分复杂，因此工业水污染的预防是水污染源头控制的重要任务。工业水污染的预防应当从合理布局、就地处理以及管理性控制等多方面着手，采取综合性整治对策，才能取得良好的效果。

(1)优化结构、合理布局

在产业规划和工业发展中，应从可持续发展的原则出发制定产业政策，优化产业结构，明确产业导向，限制发展能耗物耗高、水污染重的工业，降低单位工业产品的污染物排放负荷。工业的布局应充分考虑对环境的影响，通过规划引导工业企业向工业区相对集中，为工业水污染的集中控制创造条件。

(2)就地处理

城市污水处理厂一般仅能去除常规有机污染，工业废水成分复杂，含有大量难降解有毒有害物质，对污水处理厂的正常运行构成威胁，因此必须加强对工业企业污染源的就地处理或工业小区废水联合预处理，达到污水处理厂的接管标准。工业废水中的许多污染物往往可以通过处理、回收，获得一定的经济效益。

（3）管理措施

进一步完善工业废水的排放标准和相关控制法规，依法处理工业企业的环境违法行为。建立积极的刺激和激励机制，促使工业企业提高资源的利用效率。

2. 生活水污染

随着生活水平的提高，城镇生活用水量日益增长，生活污水问题逐渐突出。在世界发达国家及我国发达地区，生活污水已逐步取代工业废水成为水环境主要的有机污染来源。

（1）合理规划

由于生活污水具有源头分散、发生不均匀的特点，很难从源头上对城市生活污水进行逐个治理，因此从规划入手实现居民入小区，引导人口的适度集中，既符合社会经济的发展需要，又有利用生活污水的集中控制。

（2）公众教育

现代水输系统使公众逐渐对废物产生一种“冲了就忘”的态度，所以应将加强“绿色生活”教育、提高公众环保意识，作为减少家庭水污染物排放、降低城市污水处理负担的重要内容。例如，节约用水，鼓励选用无磷洗衣粉，避免将危险废物如涂料、石油等产品随意冲入下水道等。

3. 城市径流

在城市地区，暴雨径流所携带的大量污染物质，是加剧水体污染的一个重要原因。工程技术人员和城市规划者们提出了许多减少和延缓暴雨径流的措施。

（1）充分收集利用雨水

通过设立雨水收集桶、收集池等装置，将雨水收集用于城市的道路浇洒或绿化，既有利于减轻城市供水系统的压力，而且由于雨水不含自来水中常有的氯，也有利于植物的生长。此外，在平坦的屋顶上建造屋顶花园，不仅能减少暴雨径流，还可在冬季减少楼房的热损失，在夏季保持建筑物凉爽，提高城市环境的舒适度。

（2）减少城市硬质地面

大面积地铺筑地面会加剧城市径流，用多孔表面（如砾石、方砖或其他更复杂的多孔构筑）取代某些水泥和沥青地面，有利于雨水的自然下渗，减少径流量。据研究，多孔铺筑地面能去除暴雨水中80%～100%的悬浮固体、20%～70%的营养物和15%～80%的重金属。但多孔表面没有传统铺筑地面耐久，因此从经济角度看，多孔表面更适合于交通流量少的道路、停车场、人行道。

(3)增加城市绿化用地

一般说来，城市中绿地越多，径流就越少。目前，国外很多城市通过暴雨滞洪地或湿地的建设，以延缓城市径流并去除污染，这些系统可去除约75%的悬浮物及某些有机物质和重金属。这些地区往往建设成为城市公园，还可为某些野生动植物提供生境。

4.4.3 水体污染的集中处理

对于已经污染的水体需要采取人工处理的方法进行集中治理。所谓污水人工处理就是利用各种人工技术措施将各种形态的污染物从污水中分离、分解或转化为无害、稳定的物质，从而使污水对水环境的不利影响得以消除的过程。

1.水体污染的处理方法

(1)物理法

物理法是利用物理作用分离和回收污水中主要呈悬浮状态的污染物质，处理过程中污染物不发生变化，即使废水得到一定程度的澄清，又可对回收分离下来的物质加以利用。物理法具有经济、简单易行、效果良好的特点，包括过滤法、沉淀法等。

1)过滤法

过滤法是利用筛滤介质来截留污水中的悬浮物，包括格栅、砂滤、超滤等。格栅(图4-6)往往是废水进入水处理厂遇到的第一个设施，可拦截会阻塞或卡住泵、阀及其他机械设备的大颗粒物质，如废水中的破布、木材、塑料等。砂滤是通过粒状滤料(如石英砂)床层截留细小的悬浮物和胶体，一般用于中水回用。超滤是利用超滤膜过滤水中的微小生物体和胶体，主要用于生活饮用水处理。

2)沉淀法

沉淀法是利用污水中悬浮物和水的密度不同，靠重力沉降作用使悬浮物从水中分离出来。沉淀处理设备有沉砂池、沉淀池等。根据水流方向的不同，沉淀池(图4-7)可分为平流式沉淀池、辐流式沉淀池、竖流式沉淀池、斜板/斜管沉淀池。

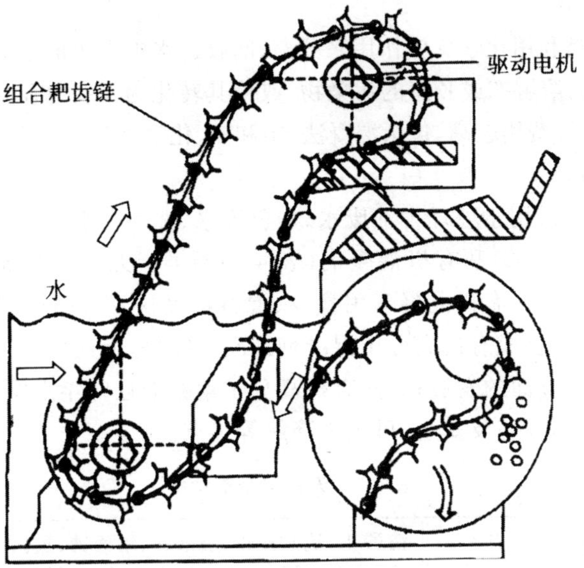

图 4-6　格栅示意图

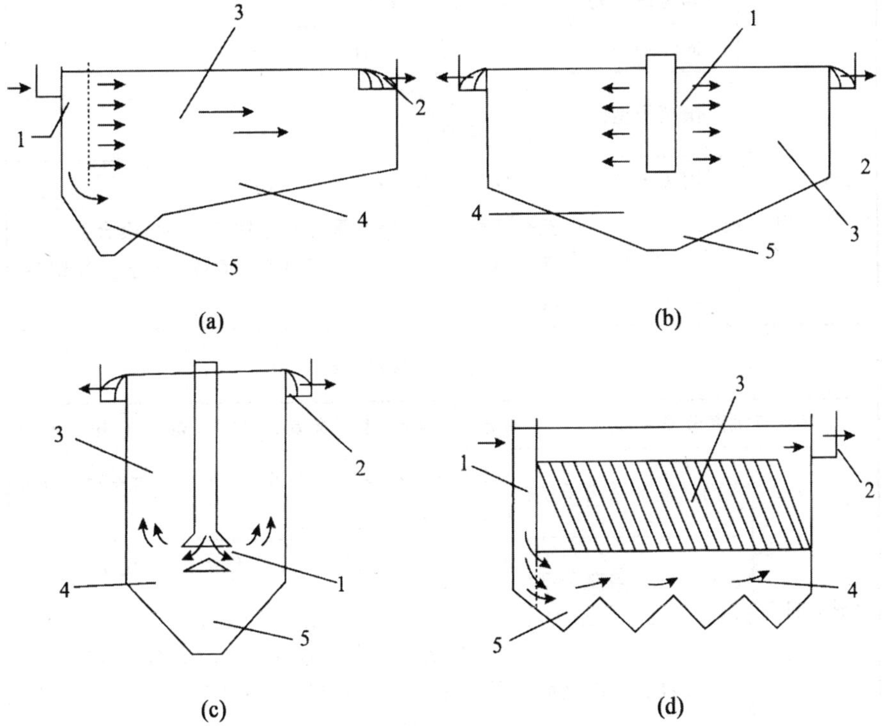

图 4-7　沉淀池示意图

(a)平流式;(b)辐流式;(c)竖流式;(d)斜板/斜管式

(2)化学法

化学法是利用化学反应作用来分离、回收污水中无机的或有机的难以被微生物降解的溶解态或胶态的污染物，或使其转化为无害物质。化学法处理效果好，但运行费用较高，包括混凝法、中和法、化学沉淀法和氧化还原法等。

1)混凝法

这种方法适用于处理含油废水、染色废水、洗毛废水等。混凝剂可分为无机混凝剂（表 4-2）和有机混凝剂（表 4-3）两类。无机混凝剂在某些场合净水效果不理想。有机混凝剂用量少、混凝速度快，处理过程短，生成的污泥量少。其中，合成有机高分子混凝剂混凝性能好，但残留单体的毒性限制了其在水处理方面的发展；天然有机高分子絮凝剂近些年来发展迅速，具有混凝性能好、不致病及安全、可生物降解等优点。

表 4-2 无机混凝剂种类

<table>
<tr><td rowspan="4">无机低分子混凝剂</td><td>无机盐类</td><td>硫酸铝、硫酸亚铁、硫酸铁、铝酸钠、氯化锌、四氯化钛</td></tr>
<tr><td>碱类</td><td>碳酸钠、氢氧化钠、石灰</td></tr>
<tr><td>金属氢氧化物</td><td>氢氧化铝、氢氧化铁</td></tr>
<tr><td>固体细粉</td><td>高岭土、膨润土、酸性白土、炭黑</td></tr>
<tr><td rowspan="3">无机高分子混凝剂</td><td>阳离子型</td><td>聚合氯化铝(PAC)、聚合硫酸铝(PAS)、聚合硫酸铁(PFS)、聚合氯化铁(PFC)</td></tr>
<tr><td>阴离子型</td><td>活化硅酸(ASI)、聚合硅酸(PSI)</td></tr>
<tr><td>复合型</td><td>聚合硅酸铝(PASS)、聚硅硫酸铁(PFSS)、聚合氯化铝铁(PAFC)、聚合硫酸铝铁(PAFS)、聚合硅酸铝铁(PSAF)</td></tr>
</table>

表 4-3 有机混凝剂种类

<table>
<tr><th colspan="2">天然有机高分子絮凝剂</th><th>淀粉、纤维素、半纤维素、木质素、壳聚糖、甲壳素类</th></tr>
<tr><td rowspan="4">合成有机高分子絮凝剂</td><td>表面活性剂阴离子型</td><td>月桂酸钠、硬脂酸钠、油酸钠、十二烷基苯磺酸钠、松香酸钠</td></tr>
<tr><td>表面活性剂阳离子型</td><td>松香胺醋酸、烷基三甲基氯化铵、十八烷基二甲基二苯乙二酮</td></tr>
<tr><td>低聚度高分子混凝剂</td><td>精氨酸钠、羧基甲基纤维素钠、水溶性苯胺树脂盐酸盐、聚乙烯亚胺、聚乙烯苯甲基三甲基铵、淀粉、水溶性脲醛树脂、明胶</td></tr>
<tr><td>高聚度高分子混凝剂</td><td>聚丙烯酸钠、聚乙烯吡烯盐、聚丙烯酰胺</td></tr>
</table>

2)中和法

中和法用于处理酸性或碱性废水。向酸性废水投加碱性物质如石灰、氢氧化钠、石灰石等,使废水变为中性。对碱性废水可吹入含有 CO_2 的烟道气进行中和,也可用废酸、酸性废水等进行中和。常见中和法的工艺流程见图 4-8。

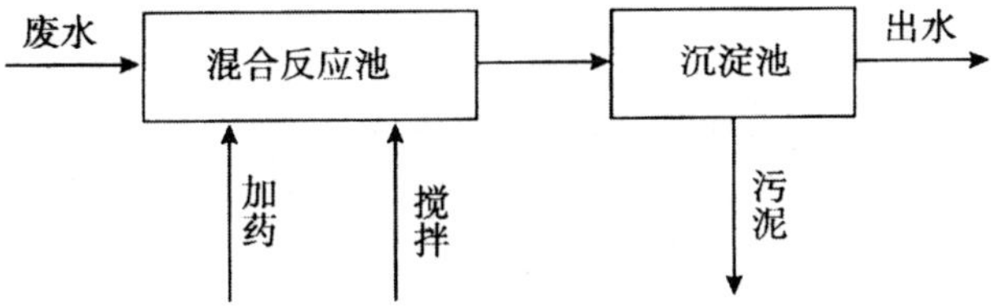

图 4-8　中和法工艺

3)化学沉淀法

化学沉淀法是指往废水中投加某些化学药剂,与废水中的溶解性污染物发生反应,生成难溶于水的沉淀物,从而去除废水中的污染物。该方法多用于处理给水中的 Ca^{2+} 、Mg^{2+} 及废水中的重金属离子汞、镉、铅、锌等。

4)氧化还原法

废水中呈溶解态的有机或无机污染物,在投加氧化剂或还原剂后,发生氧化或还原作用,使其转变为无害的物质。氧化法多用于处理含酚、氰废水,常用的氧化剂有空气、漂白粉、氯气、臭氧等。还原法多用于处理含铬、含汞废水,常用的还原剂则有铁屑、硫酸亚铁等。

(3)物理化学法

物理化学法是利用物理化学的原理来分离废水中无机的或有机的(难以生物降解的)溶解态或胶态的污染物。该方法在处理废水的同时,可回收有用组分,适合于处理杂质浓度很高(回收有用组分)或很低(深度净化)的废水,包括吸附法、离子交换法、膜析法和萃取法等。

1)吸附法

利用固体吸附剂吸附去除废水中有溶解性的有机或无机污染物。常用的吸附剂为活性炭,可去除废水中的酚、汞、铬、氰等有毒物质,还有脱色、除臭等作用,一般用于废水的深度处理。活性炭吸附塔如图 4-9 所示。

2)离子交换法

利用离子交换剂去除水中的有害离子。离子交换法多用于给水处理中的软化和除盐,主要去除水中的金属离子。离子交换剂可分为无机离子交换剂和有机离子交换剂两类。无机离子交换剂有天然沸石和合成沸石等。有机离子交换剂有强酸阳离子交换树脂、弱酸阳离子交换树脂、强碱阴离子交换树脂、弱碱阴离子交换树脂、螯合树脂和有机物吸附树脂等。

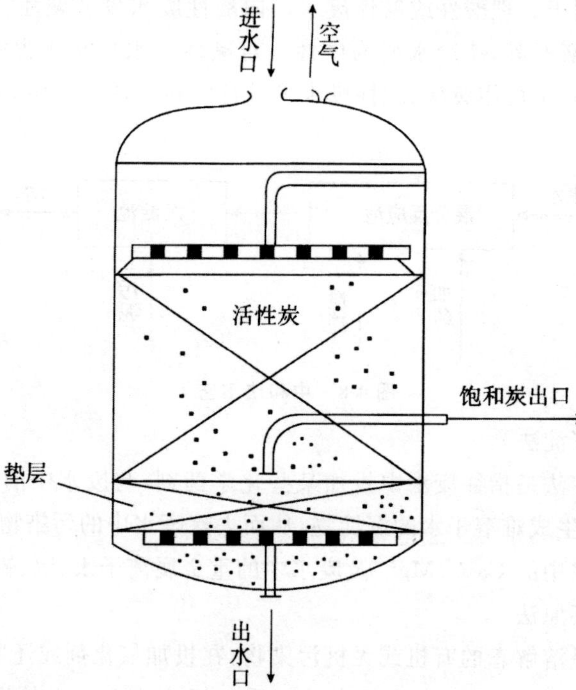

图 4-9 活性炭吸附塔示意图

3)膜析法

利用薄膜来分离水中的污染物。根据提供给污染物透过薄膜所需的动力,可分为扩散渗析法、电渗析法、反渗透法和超过滤法。扩散渗析法依靠分子的自然扩散,利用阴离子或阳离子交换膜来分离回收废水中的某些离子。例如,钢铁厂在处理酸洗废水时,利用阴离子交换膜对废水中阴离子的选择透过性回收 SO_4^{2-} 。电渗析法依靠电场作用使废水中的离子朝相反电荷的极板方向迁移,利用阴阳离子交换膜对废水中阴阳离子的选择透过性来分离回收有用组分,可用于酸性废水、含氰废水的处理等。反渗透法和超过滤法是在一定的压力作用下,水分子从高压侧透过膜进入低压侧,而溶解于水中的污染物则被膜所截留,污水被浓缩,透过膜的水即为处理过的水。反渗透法可用于去除盐、有机物、色度、重金属及放射性元素等。超过滤法可用于去除有机溶解物,如淀粉、蛋白质、油漆等。

4)萃取法

利用废水中的污染物在水中和有机溶剂中的溶解度不同来处理废水。萃取法处理废水包括混合传质(将萃取剂加入废水中并充分混合接触)、分离(萃取剂和废水分离)和回收(从萃取剂中分离回收萃取物)3 个步骤。图 4-10 为酸化-萃取法处理化肥厂的含丁辛醇废水的工艺流程,废水经硫酸调节 pH 值后,用异辛醇为萃取剂进行二级错流萃取废水中的有机组分(丁醛、丁醇、辛烯醛和异辛醇等),萃取相经精馏装置分离出萃取剂和废水中的有机组分,萃余相用碱中和至中性,加水稀释后进入生化系统进行处理,使最终出水达到排放标准。

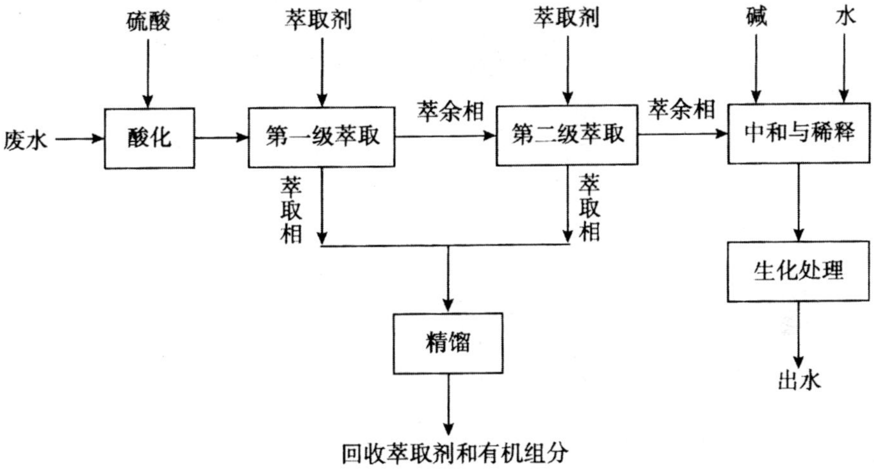

图 4-10　酸化-萃取法处理含丁辛醇废水的工艺流程

2. 污水处理的分级

由于污水中污染物质的多样性,因此不可能用单一的处理方法去除其中的全部污染物,往往需要多种处理方法、多个处理单元有机组合,才能达到预期处理程度的要求,而处理程度又主要取决于原污水的性质、出水受纳水体的功能以及有无后续再处置工程等。

按污水处理深度的不同,污水处理大致可分为预处理、一级处理、二级处理和三级处理(深度处理)。

由于工业废水的水质成分极其复杂,因此没有通用的集中处理工艺流程。应根据各类工业企业废水水质的具体情况,选取适宜的废水处理技术和工艺流程。对处理后达到城市污水截流管网接管标准的工业废水,可纳入城市污水处理厂进行统一处理。

需要指出的是,污水的一级、二级、三级处理与水污染的“三级控制”模式是两个不同的概念。污水的一级、二级、三级处理是从纯技术角度而言,指对废水的人工处理程度;而“三级控制”则是一个更广义的概念,它从规划与管理的角度而言，指对水污染从发生源头到最终消除这样的一个完整的水污染控制过程。“三级控制”既包括合理规划布局、优化产业结构、加强环境管理及宣传教育等社会经济手段，又包括清洁生产、污水人工处理、尾水生态处理等一系列技术措施。

第5章　土壤环境

5.1　土壤物质组成与性质

5.1.1　土壤的物质组成

土壤由固相、液相和气相三相物质组成。按照容积计，典型土壤中的固相物质约占总容积的50％，其中矿物质约占38％～45％，有机质约占5％～12％；液相和气相共同存在于固相物质之间的形状和大小不一的空隙中，各占土壤总容积的20％～30％，总和约占50％，但气相和液相物质处于彼此消长状态，消长幅度在15％～35％。按质量计，矿物质占固相物质的90％～95％，有机质约占1％～10％（见图5-1）。

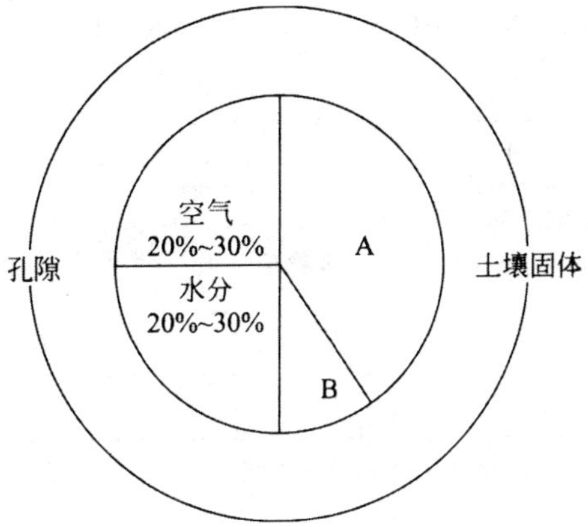

图5-1　土壤组成

A. 矿物质；B. 有机质

1. 土壤矿物质

(1)原生矿物

土壤中的原生矿物的组成如表5-1所示。

表 5-1　土壤中主要原生矿物组成

原生矿物	分子式	稳定性	常量元素	微量元素
橄榄石	$(Mg,Fe)_2SiO_4$		Mg,Fe,Si	Ni,Co,Mn,Li,Zn,Cu,Mo
角闪石	$Ca_2Na(Mg,Fe)_2(Al,Fe^{3+})(Si,Al)_4O_{11}(OH)_2$	易风化 ↑	Mg,Fe,Ca,Al,Si	Ni,Co,Mn,Li,Se,V,Zn,Cu,Ga
辉石	$Ca(Mg,Fe,Al)(Si,Al)_2O_6$		Ca,Mg,Fe,Al,Si	Ni,Co,Mn,Li,Se,V,Pb,Cu,Ga
黑云母	$K(Mg,Fe)(Al,Si_3O_{10})(OH)_2$		K,Mg,Fe,Al,Si	Rb,Ba,Ni,Co,Se,Li,Mn,V,Zn,Cu
斜长石	$CaAl_2Si_2O_8$		Ca,Al,Si	Sr,Cu,Ga,Mo
钠长石	$NaAlSi_3O_8$	较稳定	Na,Al,Si	Cu,Ga
石榴子石	$MgAl_2(SiO_4)_3$		Cu,Mg,Fe,Al,Si	Mn,Cr,Ga
正长石	$KAlSi_3O_8$		K,Al,Si	Ra,Ba,Sr,Cu,Ga
白云母	$KAl_2(AlSi_3O_{10})(OH)_2$		K,Al,Si	F,Rb,Sr,Cr,Ga
钛铁矿	$FeTiO_3$		Fe,Ti	Ni,Co,Cr,V
磁铁矿	Fe_4O_3		Fe	Zn,Co,Ni,Cr,V
电气石	$NaR_3Al_6[Si_6O_{18}](BO_3)_3(OH)_4$	↓ 极稳定	Cu,Mg,Fe,Al,Si	Li,Ga
锆英石	SiO_2		Si	Zn,Hg
石英	SiO_2		Si	

(2)次生矿物

次生矿物是土壤物质最细小的部分，粒径<0.001mm，具有胶体特性，可影响土壤的物理、化学性质。土壤次生矿物分为简单盐类、次生氧化物类和次生铝硅酸盐类三类。

2.土壤有机质

(1)土壤有机质的化学组成

包括糖类(碳水化合物)、有机酸、醛、醇、酮类，纤维素、半纤维素、木质素，树脂、脂肪、蜡质、单宁、有机磷及各种含氮化合物。

(2)土壤有机质的转化

1)矿质化过程

在通气良好的条件下可生成CO_2、H_2O、NO_2、N_2、NH_3和其他矿质养分，分解速度快、彻底，放出大量热能，不产生有毒物质。在通风不良条件下，分解速度慢、不彻底，释放能量少，除产生物质营养物质外，还生产有毒物质如H_2S等。

2)腐殖质化过程

指进入土壤的动植物残体在土壤微生物作用下分解后再缩合和聚合成一系列黑褐色高分子有机化合物的过程。这种有机化合物即为腐殖质，主要由富里酸和胡敏酸组成。

3. 土壤空气

由于土壤生物生命活动影响，CO_2在土壤空气中的含量为0.15%～0.65%，大气中只有0.033%，两者相差十至数十倍。O_2在土壤空气中的含量为10.36%～20.73%，通气不良的土壤氧气中的氧气含量低于10%，大气中含量为20.96%。土壤空气中的水汽大于70%，大气中小于4%，两者相差甚远。氮气在大气中的含量为78.1%，土壤空气中为78%～86%，由于土壤固氮微生物能固定一部分氮气，而土壤中进行的硝化作用和氨化作用使氮素转化为氮气和氨释放到大气中，大气和土壤空气中的氮基本保持平衡。

4. 土壤水分

土壤水分主要来源于大气降水、地下水和灌溉用水，水汽的凝结也会增加极少量的土壤水分。土壤水分的损耗主要包括土壤蒸发、植物吸收利用和蒸腾、水分的渗漏和径流(见图5-2)。

5. 土壤生物

土壤生物是指栖居在土壤(包括枯枝落叶层和枯草层)中的生物体的总称，主要包括土壤动物、土壤微生物和高等植物根系。土壤生物是土壤具有生命力的主要成分，在土壤形成、养分转化、物质迁移和转化等过程中发挥重要作用。

(1)土壤动物

土壤动物是指在土壤中度过全部或部分生活史的动物，按照系统分类，土壤生物包括脊椎动物、节肢动物、软体动物、环节动物、线形动物和原生动物。

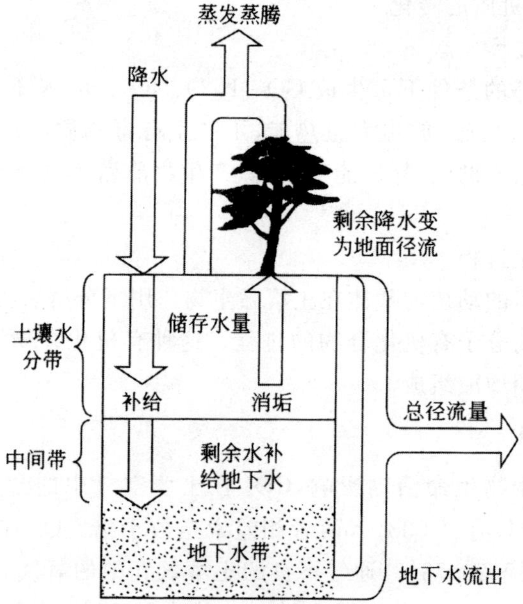

图 5-2　土壤水分类型及相互联系

(2)土壤微生物

微生物是土壤中最为活跃的生物,1kg 土壤中可含 5×10^8 个细菌、1.0×10^{10} 个放线菌和 1×10^9 个真菌。土壤微生物主要包括土壤细菌、土壤放线菌、土壤真菌、土壤藻类和土壤原生物 5 大类群。

5.1.2　土壤的物理性质

1. 土壤剖面

土壤剖面是指从地表垂直向下的土壤纵剖面,即完整的垂直土层序列,其深度一般达到基岩或到地表沉积体的相当深度为止。

(1)自然土壤剖面划分及命名

1967 年国际土壤学会提出把自然土壤剖面划分为有机质层(O)、腐殖质层(A)、淋溶层(E)、淀积层(B)、母质层(C)和母岩层(R)六个主要发生层,我国近年也趋向采用这种层次划分方法(见图 5-3)。

(2)耕作土壤剖面划分及命名

耕作土壤是长期受人为耕作、施肥、灌溉、管理和稳定种植农作物的土壤,其剖面构造与自然土壤不同,基本划分为耕作层(A_{11})、犁底层(A_{12})、心土层(C_1)和底土层(C_2)。

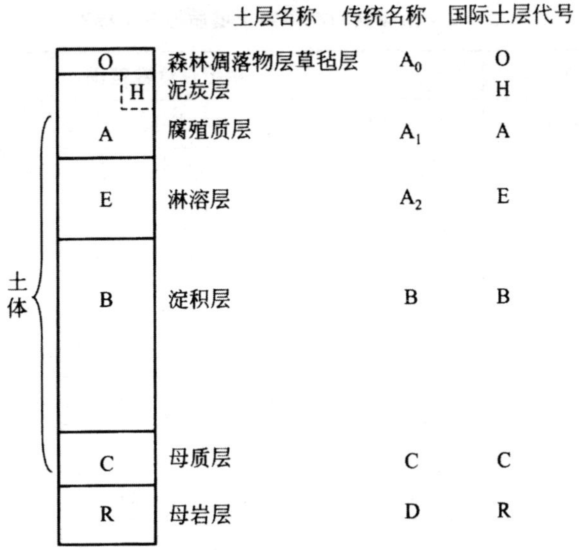

图 5-3　自然土壤剖面构型一般图式

1)耕作层(A_{11})

又称表土层，是受耕作影响形成的土壤层，厚度在 15～25cm 之间，其土性疏松，结构良好，有机质含量高、颜色较暗，土壤较为肥沃。

2)犁底层(A_{12})

又称亚表土层，在耕作层之下，厚度 10～20cm 之间，经长期耕作压实，土壤成片状结构，紧实，腐殖质含量比上层减少。

3)心土层(C_1)

也称生土层，在犁底层下，受耕作影响小，淀积作用明显，颜色较浅。

4)底土层(C_2)

几乎未受耕作影响，根系少，未发育土壤，仍保留母质特征。

2. 土壤质地

(1)土壤质地分类

土壤质地分类是依据土壤中各粒级含量的相对百分比作为标准。目前土壤质地的分类标准主要有国际制、前苏联制和美国制 3 种划分方式，其中国际制和美国制采用三级分类法，即按砂粒、粉粒、黏粒三种粒级的百分数划分砂土、壤土和黏土二类、十二级(见表 5-2)。前苏联采用双级分类法，即用物理性黏粒和物理性砂粒的含量百分数划分为砂土、壤土及黏土三类、九级(见表 5-3)。另外，我国土壤科学工作者在总结相关经验基础上，提出了我国土壤质地分类标准(见表 5-4)。

表 5-2 国际制和美国制土壤质地分类标准 单位：%

土壤质地		粗组百分数范围					
类别	名称	砂粒		粉粒		黏粒	
		国际制	美国制	国际制	美国制	国际制	美国制
砂土	砂土及壤砂土	85～100	80～100	0～15	0～20	0～15	0～20
	砂壤土	55～85	50～80	0～45	0～50	0～15	0～20
	壤土	40～55	30～50	35～45	30～50	0～15	0～20
	粉砂壤土	0～55	0～30	45～100	50～100	0～15	0～20
壤土	砂黏壤土	55～85	50～80	0～30	0～30	15～25	20～30
	壤黏土	30～55	20～50	20～45	20～50	15～25	20～30
	粉砂质黏壤土	0～40	0～30	45～85	50～80	15～25	20～30
黏土	砂黏土	55～75	50～70	0～20	0～20	25～45	30～50
	粉砂黏土	0～30	0～20	45～75	50～70	25～45	30～50
	壤黏土	10～55	0～50	0～45	0～50	25～45	30～50
	黏土	0～55	0～50	0～35	0～50	45～65	50～70
	重黏土	0～35	0～30	0～35	0～30	45～65	70～100

表 5-3 前苏联土壤质地分类标准(简明方案)

土壤质地	名称	物理性黏粒(直径＜0.01mm)含量/%			物理性砂粒(直径＞0.01mm)含量/%		
		灰化土类	草原土及红黄壤类	柱状碱土及强碱化土类	灰化土类	草原土及红黄壤类	柱状碱土及强碱化土类
砂土	松砂土	0～5	0～5	0～5	100～95	100～95	100～90
	紧砂土	5～10	5～10	5～10	95～90	95～90	95～90
壤土	砂壤土	10～2	10～2	10～15	90～80	90～80	90～85
	轻壤土	20～30	20～30	15～20	80～70	80～70	85～80
	中壤土	30～40	30～45	20～30	70～60	70～55	80～70
	重壤土	40～50	45～65	30～40	60～50	55～40	70～60
黏土	轻黏土	50～65	60～75	40～50	50～35	40～25	60～50
	中黏土	65～80	75～85	50～65	35～20	25～15	50～35
	重黏土	＞80	＞85	＞65	＜20	＜15	＜35

表 5-4　中国土壤质地分类标准

<table>
<tr><th rowspan="2">质地组</th><th rowspan="2">质地名称</th><th colspan="3">颗粒组成/%(粒径:mm)</th></tr>
<tr><th>砂粒(1～0.05)</th><th>粗粉粒(0.05～0.01)</th><th>细黏粒(<0.001)</th></tr>
<tr><td rowspan="4">砂土</td><td>极重砂土</td><td>>80</td><td rowspan="4"></td><td rowspan="8"><30</td></tr>
<tr><td>重砂土</td><td>70～80</td></tr>
<tr><td>中砂土</td><td>60～70</td></tr>
<tr><td>轻砂土</td><td>50～60</td></tr>
<tr><td rowspan="4">壤土</td><td>砂粉土</td><td>≥20</td><td rowspan="2">≥40</td></tr>
<tr><td>粉土</td><td><20</td></tr>
<tr><td>砂壤</td><td>≥20</td><td rowspan="2"><40</td></tr>
<tr><td>壤土</td><td><20</td></tr>
<tr><td rowspan="4">黏土</td><td>轻黏土</td><td rowspan="4"></td><td rowspan="4"></td><td>30～35</td></tr>
<tr><td>中黏土</td><td>35～40</td></tr>
<tr><td>重黏土</td><td>40～60</td></tr>
<tr><td>极重黏土</td><td>>60</td></tr>
</table>

(2)不同质地土壤的特性

土壤质地在一定程度上反映了土壤的矿物组成和化学组成,其对土壤水分、空气、热量的运动和养分的转化等具有很大影响。砂质土壤通气透水性能良好,作物根系易于深入和发展,土温增高和有机质矿质化都比较快,但保水供水性能差,易旱。黏质土通气透水差,作物根系不易伸展,土温上升慢,土壤中有机质矿化作用也慢,保水、保肥、供肥能力较强。壤质土既有大孔隙也有相当的毛管孔隙,通气透水性能良好,保水、保肥性强,土温比较稳定,土粒比表面积小,黏性不大,耕性良好,适耕期长,宜于多种作物生长。

3. 土壤结构

自然界中土壤固体颗粒很少完全呈单粒状况存在,在多数情况下,土粒会在内外因素综合作用下相互团聚成一定形状和大小且性质不同的团聚体,即土壤结构体。土壤结构是指土壤结构体的种类、数量、排列方式、空隙状况及稳定性等综合特征。

目前国际上尚无统一的土壤结构分类标准。最为常用的是根据形态和大小等外部性状来分类,主要有以下几类。

1)块状结构与核状结构

土粒互相黏结为不规则的土块,内部紧实,轴长在5cm以下,而长、宽、高三者大致相似,称为块状结构;碎块小且边角明显的叫核状结构。

2)棱柱状结构和柱状结构

土粒黏成柱状体,纵轴大于横轴,内部较紧实,直立于土体中,多现于土壤下层。边角明显称为棱柱状结构;棱柱体外常由铁质胶膜包着,边角不明显,则叫做柱状结构。

3)片状结构(板状结构)

其横轴远大于纵轴发育,呈扁平状,多出现于耕地的犁底层,在表层发生结壳或板结的情况下,也会出现此类结构。

4)团粒结构

包括团粒和微团粒。团粒为近似球形的较疏松的多孔小土团,直径约为0.25～10mm,0.25mm以下为微团粒。这种土壤结构一般在土壤的表土中出现,具有水稳性(泡水后结构体不易分散)、力稳性(不易被机械力破坏)和多孔性等良好的物理性能,是农业土壤的最佳土壤结构。

5.1.3 土壤的化学性质

1.土壤胶体及特性

土壤胶体是指土壤中颗粒直径小于2μm,具有胶体性质的微粒。一般土壤中的黏土矿物和腐殖质都具有胶体性质。土壤胶体是土壤中颗粒最细小且理化性质活跃的微粒,土壤的许多重要性质如土粒的分散和凝聚、离子的吸附与交换、酸碱性、缓冲性、氧化-还原反应等,都与土壤胶体直接相关。

(1)土壤胶体的种类

按照成分和来源,土壤胶体可以分为无机胶体、有机胶体和有机-无机复合胶体。

1)无机胶体

包括次生硅酸盐、简单的铁铝氧化物、二氧化硅等。

2)有机胶体

以腐殖质为主,还包括少量的木质素、蛋白质、纤维素等大分子有机化合物。有机胶体不如无机胶体稳定,较易被微生物分解。

(2)土壤胶体的性质

1)巨大的表面积和表面能

胶体愈细小,单体数量愈多,比表面愈大,土壤胶体的比表面高达800～1000m^2/g。表面分子由于受到不均衡的分子引力,具有一定的剩余能量——表面能，通常土壤腐殖质及黏粒越多，表面能越大。

2)分散和凝聚性

土壤胶体呈溶胶和凝胶两种形态存在，即土壤胶体分散在水中成为胶体溶液称为溶胶，土壤胶体互凝聚呈无定形的凝胶体称为凝胶。土壤胶体的这两种存在形态可以相互转化，由溶胶转为凝胶的称为凝聚作用，由凝胶转为溶胶的称为消散作用。试验结果表明，一价阳离子引起的凝聚是可逆的，二、三价阳离子引起的凝聚是不可逆的。土壤胶体凝聚和分散作用与土壤中物质的累积和淋移、土壤结构的形成与破坏等密切相关。

3)带电性

大部分土壤胶体带有电荷，少部分带正电荷或为两性胶体，如土壤无机胶体 $SiO_2 \cdot H_2O$ 离解后带负电，腐殖质中的羟基及羟基离解 H^+ 后，胶体表面的 $R—COO^-$ 及 RO^- 表现负电性。

2. 土壤酸碱性

土壤酸碱性是土壤的另外一个重要化学性质，其与土壤微生物活动、有机物的分解、营养元素的释放和土壤中元素的迁移等均密切相关。

(1)土壤酸度

土壤酸度是指土壤酸性的程度，以 pH 表示。它是土壤溶液中 H^+ 浓度的表现，H^+ 浓度愈大，土壤酸性愈强。根据 H^+ 存在的形式，土壤酸度分为活性酸度和潜在酸度两种。

1)潜在酸度

潜在酸度是由土壤胶体表面吸附的 H^+ 及 Al^{3+} 水解所引起的，这些致酸离子被其他阳离子交换转入土壤溶液后才显示其酸性。

2)活性酸度

活性酸度是由土壤溶液游离 H^+ 所引起的，其酸度大小取决于溶液中的$[H^+]$，也用 pH 表示。土壤溶液的 pH 随盐基度而变，盐基饱和度高，pH 值大，酸性弱；反之，盐基饱和度小，pH 值低，酸性就强。

活性酸度与潜在酸度是土壤胶体交换体系中两种不同的形式，可以互相转化，处于动态平衡中。土壤活性酸度是土壤酸度的根本起点，没有活性酸度就没有潜在酸度。潜在酸度决定着土壤的总酸度。一般土壤潜在酸度比活性酸度大 3～4 个数量级，是土壤酸度的容量指标。

(2)土壤碱度

土壤的碱性主要来源于土壤中交换性钠的水解所产生的 OH^- 以及弱酸强碱盐类(如 Na_2CO_3、$NaHCO_3$)的水解。除用平衡溶液的 pH 表示以外，还可用土壤中碱性盐类(特别是 Na_2CO_3 和 $NaHCO_3$)来衡量，也称土壤碱度。

通常把土壤交换性 Na^+ 含量占土壤交换总量的百分数称为碱化度。根据碱化度可进行土壤碱性划分，其中碱化度 5%～10%为弱碱化土，碱化度 10%～15%为中碱化土，碱化度 15%～20%为强碱化土，碱化度>20%为碱土。

土壤溶液的酸碱度影响植物生长和微生物发育，高等植物和农作物适宜的 pH 范围在 5.0～8.0，土壤微生物适宜微酸性及中性土壤。酸性溶液可使原生矿物彻底分解，而碱性溶液分解缓慢。

3. 土壤氧化性和还原性

土壤具有氧化-还原性的原因在于土壤中共存多种氧化还原物质，其中土壤空气中的氧和高价金属离子都是氧化剂，而土壤有机物以及在厌氧条件下形成的分解产物和低价金属离子等为还原剂。由于土壤成分众多，各种反应可同时进行，其过程十分复杂。

(1)土壤中氧化-还原体系

土壤中无机体系中有氧体系、铁体系、锰体系、硫体系和氢体系，有机体系可包括不同分解程度的有机物、微生物及其代谢产物，根系分泌物，能起氧化-还原反应的有机酸、酚醛和糖类等。常见的土壤氧化-还原体系见表 5-5。

表 5-5 土壤中常见的氧化-还原体系

体系	氧化还原电位 E_h/V		$pE^0=\lg K$
	pH=0	pH=7	
氧体系 $\frac{1}{4}O_2+H^++e \rightleftharpoons \frac{1}{2}H_2O$	1.23	0.84	20.8
锰体系 $\frac{1}{2}MnO_2+2H^++e \rightleftharpoons \frac{1}{2}Mn^{2+}+H_2O$	1.23	0.40	20.8
铁体系 $Fe(OH)_3+3H^++e \rightleftharpoons Fe^{2+}+3H_2O$	1.06	−0.16	17.9
氮体系 $\frac{1}{2}NO_3^-+H^++e \rightleftharpoons \frac{1}{2}NO_2+\frac{1}{2}H_2O$	0.85	0.54	14.1
$NO_3^-+10H^++e \rightleftharpoons NH_4+3H_2O$	0.88	0.36	14.9
硫体系 $\frac{1}{8}SO_4^{2-}+\frac{5}{4}H^++e \rightleftharpoons \frac{1}{8}H_2S+\frac{1}{2}H_2O$	0.3	−0.21	5.1
有机碳体系 $\frac{1}{8}CO_2+H^++e \rightleftharpoons \frac{1}{8}CH_4+\frac{1}{4}H_2O$	0.17	−0.24	2.9
氢体系 $H^++e \rightleftharpoons \frac{1}{2}H_2$	0	−0.41	0

(2)土壤的氧化-还原性

土壤氧化-还原性是用土壤氧化还原电位来表示的，它的含义是当一支能传递电子"惰性"的铂电极插入土壤中时，在土壤和电极之间建立一个电位差，称为氧化-还原电位（E_h），单位是mV。土壤氧化-还原电位的产生，是由于土壤中存在氧化-还原性物质，这些物质参与土壤代谢，在不同的环境条件下，发生氧化-还原反应，形成新的氧化-还原性物质，反应前后物质价态的改变，致使土壤氧化-还原电位发生变化，如土壤有机质转化中 NO_2 和 NH_4 的可逆转化、金属离子 Fe^{3+} 和 Fe^{2+} 的可逆转化、Mn^{4+} 和 Mn^{2+} 的可逆转化，微生物厌氧分解有机物生成 CO_2+CH_4，微生物好氧分解有机物生成 CO_2+H_2O 等。旱地作物根际内耗氧多，E_h 值根际内比根际外低50～100mV；水稻根系分泌氧；E_h 值根际内高于根际外。通常 $E_h>300$mV，氧体系起重要作用，$E_h<100$mV 时，主要是有机体系起作用。

（3）土壤氧化-还原作用影响因素

1）土壤通气状况

通气良好，电位升高；通气不良，电位下降。受氧支配的体系其 E_h 值随pH而变化，pH值越低，E_h 值越高。

2）土壤有机质状况

土壤有机质在嫌气条件下分解，形成大量还原性物质，在浸水条件下 E_h 下降。

3）土壤无机物状况

一般还原性无机物多，还原作用强；氧化性无机物多，氧化作用强。土壤中氧化铁和硝酸盐含量高，可减弱还原作用，缓冲风值的下降。

一般氧化性物质越多，pH值越小，E_h 值越大，土壤氧化性越强；还原性物质越多，pH值越大，E_h 值越小，土壤还原性越强。

5.2 土壤环境污染的特点

5.2.1 不可逆性和长期性

土壤一旦遭到污染往往极难恢复，特别是重金属元素对土壤的污染几乎是一个不可逆过程，而许多有机化学物质的污染也需要一个比较长的降解时间。

5.2.2 间接危害性

土壤污染的后果是进入土壤的污染物危害植物，也可以通过食物链危害动物和人体健康。土壤中的污染物随水分渗漏在土壤内发生移动,可对地下水造成污染,或通过地表径流进入江河、湖泊等,对地表水造成污染。土壤遭风蚀后其中的污染物可附着在土粒上被扬起,土壤中有些污染物也以气态的形式进入大气。因此,污染的土壤往往又是造成大气和水体污染的二次污染源。

5.2.3 土壤污染的难治理性

土壤污染一旦发生,仅仅依靠切断污染源的方法往往很难恢复,有时要靠换土、淋洗土壤等方法才能解决问题,其他治理技术则可能见效较慢。因此,治理污染土壤通常成本较高、治理周期很长。

5.3 土壤污染物的来源及其迁移转化

5.3.1 土壤污染物的来源

大量的有毒有害物质通过大气沉降、废水和污水排放、工业固废和城市垃圾倾倒、化学农药施用等途径进入土壤对环境和人体健康造成危害。土壤污染来源广泛,可分为以下几种。

1. 工业污染源

工业排放的污染物主要以废水、废气和废渣三种形式排放。

2. 农业污染源

农业污染源主要是指出于农业生产自身需要而施入土壤的化肥、化学农药以及其他农用化学品和残留于土壤中的农用薄膜等。

3. 生物污染源

生物污染源可产生由人畜粪便滋生细菌和寄生虫等致病微生物导致的土壤污染。生物污染源主要集中在生活垃圾、生活污水以及饲养场排出的固体物和污水中,生物污染源所产生的污染物一旦进入土壤就会带入细菌和寄生虫,引起土壤生物污染。

4. 生活污染源

土壤污染的生活污染源是指来自人类在生活中产生的污染物,如生活垃圾在土壤表面的堆积、生活污水在土壤表面的溢流等导致大量有机物、无机营养盐元素和病原细菌等进入土壤引发的污染。生活污染是仅次于农业污染源的土壤污染源。

5. 交通污染源

交通污染源是指交通运输排放的污染物引起土壤污染的污染源，主要包括公路交通运输和铁路交通运输对土壤造成的污染。在公路交通中，长期使用含铅汽油使汽车尾气造成了公路两侧土壤环境大面积的铅污染，污染物沿公路两侧一般成带状分布，但街道密集、车辆较多的污染地带交叉成片，使公路交通污染呈现面源污染特征。在铁路交通中，乘客排泄物和随意抛弃的垃圾和废物都会对铁路两侧土壤造成污染。

6. 战争污染源

随着各种现代化武器的大规模使用，战争对战区土壤污染的程度也越来越严重，主要表现为：武器包装物和残留物直接进入土壤，产生的大气污染物沉降等造成的土壤污染；遭受轰炸的化工厂、炼油厂等泄漏物对土壤的污染；贫铀弹的使用对土壤造成的污染等。

7. 放射性污染源

放射性污染源即放射性物质，该污染源大多以点源形式存在，主要有原子核试验场、核电站、原子能的非和平释放等。虽然放射性污染在土壤污染中并不是很频繁，却是最难治理的土壤污染之一。

5.3.2　土壤污染物的迁移转化

土壤中的主要污染物质见表 5-6。

表 5-6　土壤中的主要污染物质

污染物种类			主要来源
无机污染物	重金属	汞	氯碱工业、含汞农药、汞化物生产、仪器仪表工业
		镉	冶炼、电镀染料等工业、肥料杂质
		铜	冶炼、铜制品生产、含铜农药
		锌	冶炼、镀锌、人造纤维、纺织工业、含锌农药、磷肥
		铬	冶炼、电镀、制革、印染等工业
		铅	颜料、冶炼等工业、农药、汽车排气
		镍	冶炼、电镀、炼油、米料等工业

续表

污染物种类			主要来源
无机污染物	非金属	砷	硫酸、化肥、农药、医药、玻璃等工业
		硒	电子、电器、油漆、墨水等工业
	放射元素	铯(137)	原子能、核工业、同位素生产、核爆炸
		锶(90)	原子能、核工业、同位素生产、核爆炸
	其他	氟	冶炼、磷酸和磷肥、氟硅酸钠等工业
		酸、碱、盐	化工、机械、电镀、酸雨、造纸、纤维等工业
有机污染物		有机农药	农药的生产和使用
		酚	炼焦、炼油、石油化工、化肥、农药等工业
		氰化物	电镀、冶金、印染等工业
		石油	油田、炼油、输油管道漏油
		3,4-苯并芘	炼焦、炼油等工业
		有机洗涤剂	机械工业、城市污水
		一般有机物	城市污水、食品、屠宰工业
有害微生物			城市污水、医院污水、厩肥

1.重金属在土壤环境中的迁移转化

(1)重金属元素在土壤环境中主要的迁移、转化方式

1)物理迁移

土壤溶液中的重金属离子或络合物可以随径流作用迁移,导致重金属元素的水平和垂直分布特征。此外,水土流失和风蚀作用也可以使重金属随土壤颗粒发生位移和搬运。

2)物理化学迁移和化学迁移

重金属污染物通过吸附、络合、螯合等形式与土壤胶体相结合或者发生溶解或者沉淀。

3)生物迁移

生物迁移是指植物通过根系从土壤中吸收有效态重金属,并在植物体内累积起来的过程。植物通过主动吸收、被动吸收等方式吸收重金属。一般来说,土壤中重金属含量越高,植物体内的重金属含量也越高。不同植物的累积有明显的种间差异,通常豆类>小麦>水稻>玉米,重金属在植物体内的分布规律总体为根>茎叶>果壳>籽实。

(2)土壤重金属污染特点

1)有机态比无机态毒性更大

对于重金属来说,其有机态化合物常常比无机态化合物或者单质的毒性大。例如,甲基氯化汞的毒性大于氯化汞,二甲基镉的毒性大于氯化镉。

2)毒性与价态和化合物的种类有关

重金属的价态和化合物类型及其化学性质关系极为密切,化合物类型不同则毒性也不同。例如,二价铜的毒性大于单质铜,亚砷酸盐的毒性大于砷酸盐,砷酸铅的毒性大于氯化铅。

3)在土壤中不降解和消除

在土壤环境中,重金属不会被降解,只能从一个地点迁移到另外一个地点,或者从一种形态变化为另外一种形态。由于土壤本身的性质,土壤重金属往往与土壤颗粒结合紧密,并保持一种比较稳定的化学性质和物理性质,所以用物理和化学的方法都很难将其从土壤中消除。

4)迁移转化形式多样化

土壤中重金属的迁移转化形式几乎包括了化学过程、物理过程和生物过程等各种形式,表5-7是重金属的各种作用过程。重金属的物理和化学过程往往是可逆的,随物理、化学条件的改变而改变,但在特定环境下却表现出相对稳定性。

表5-7 土壤环境中重金属各种作用过程及类型

作用过程类型	作用过程
化学过程	水合、水解、溶解、中和、沉淀、络合、解离、聚合、凝聚、絮凝等
生物过程	生物摄取、生物富集、生物甲基化等
物理过程	分子扩散、湍流扩散、混合、稀释、沉积、底部推移、再悬浮等

5)在生物体内积累和富集

一般生物都有对重金属的积累能力,而且从低等生物到高等生物积累的浓度依次升高。例如,水中含有1×10^{-10}的汞,在经浮游生物、小虾、小鱼、大鱼食物链传递后再被人类食用可以浓缩1万~5万倍。

6)空间分布呈现明显的区域性

土壤重金属浓度往往与某地区的岩性和土壤类型有关,如某地区有重金属矿产则其土壤中的重金属浓度就会比较高;另外与该地区的工业类型关系密切,如该地区有大型的化工、印染、冶炼、电镀等行业,就可能导致该地区土壤中的重金属含量较高。

7)在人体中呈慢性毒性过程

土壤重金属进入人体之后，在浓度较低时没有明显的毒理表现；随着重金属浓度的逐步增加，发生化合、置换、络合、氧化、还原、协同等反应影响代谢过程或酶系统，重金属的毒性往往在经过几年或者几十年的时间才显示出来。

(3)影响土壤中化学物质迁移转化的因素

1)土壤腐殖质的吸附和螯合作用

土壤腐殖质能大量吸附金属离子，使金属通过螯合作用而稳定地留在土壤腐殖质中，从而使金属毒物不易迁移到水中或植物体中，减轻其危害。

2)土壤 pH

在酸性土壤中，铜、锌、镉、铬等金属离子多数变成易溶于水的化合物，容易被作物吸收或迁移；而土壤 pH 值高时，多数金属离子成为难溶的氢氧化物而沉淀。所以，土壤受镉污染后用石灰调节土壤，可显著降低糙米中的镉含量。试验表明，当土壤 pH 为 5.3 时，糙米镉含量为 0.33mg/kg；而 pH 为 8.0 时，镉含量仅为 0.06mg/kg。

3)土壤氧化还原状态

土壤是一个氧化还原体系，土壤的氧化还原状况对土壤重金属的迁移转化有重要影响。土壤水分状况、土壤中有机物和硫的含量是影响土壤氧化还原电位的重要因素。

当土壤处于淹水还原状态时，铜、锌、镉、铬等能形成难溶性化合物而固定于土壤中，这就减轻了它们的危害；反之，转化为氧化条件时，则增加其溶解性，即增加了它们的毒害。铁、锰的情况则完全相反。

土壤氧化还原电位较低时，可形成大量金属硫化物沉淀，从而使得有害重金属暂时脱离食物链。如当土壤氧化还原电位低于 -150×10^{-3}V 时，土壤溶液中镉、锌离子浓度急剧减少，而硫化镉和硫化锌沉淀大量形成。

2.农药在土壤环境中的迁移转化

(1)吸附

土壤组成及其性质可显著影响土壤中农药的环境化学行为，其中土壤的吸附作用影响最大，是农药在土壤中滞留的主要因素。土壤胶体的吸附作用影响农药在土壤的固、液、气三相中的分配，进而影响土壤中农药的迁移转化及毒性。

(2)挥发、扩散和迁移

大量资料证明，非常易挥发的农药和不易挥发的农药(如有机氯)都可以从土壤、水及植物表面挥发。对于低水溶性和持久性的化学农药来说，挥发是农药进入大气中的重要途径。

农药在土壤中的挥发作用的大小主要决定于农药本身的溶解度和蒸气压，也与土壤的温度、湿度等有关。有研究表明，有机磷和某些氨基甲酸酯类农药的蒸气压高于 DDT、狄氏剂的蒸气压，所以前者的蒸发作用要强于后者。又如，六六六在耕层土壤中因蒸发而损失的量高达 50%，当气温增高或物质挥发性较高时，农药的蒸发量将更大。

农药除以气体形式扩散外，还能以水为介质进行迁移，农药在土壤中的气迁移能力和水迁移能力可用挥发指数和淋溶指数进行比较。规定最难迁移的 DDT 的挥发指数和淋溶指数为 1.0，以此为基数与其他农药相比，计算出其他农药的挥发指数和淋溶指数，如表 5-8 所示，指数越大，迁移能力越强。

表 5-8　部分农药在土壤中的挥发和淋溶指数

农药名称	挥发指数	淋溶指数	农药名称	挥发指数	淋溶指数
氯铝剂	3.0	1.0～2.0	乙硫磷	1.0～2.0	1.0～2.0
敌败	2.0	1.0～2.0	地亚农	3.0	2.0
氟乐灵	2.0	1.0～2.0	甲氧基内吸磷	3.0	3.0～4.0
茅草枯	1.0	4.0	西维因	3.0～4.0	2.0
2-甲-4-氯	1.0	2.0	DDT	1.0	1.0
2,4-D	1.0	2.0	六六六	3.0	1.0
2,4,5-T	1.0	2.0	氯丹	2.0	1.0
保棉磷	—	1.0～2.0	毒杀芬	3.0	1.0
磷胺	2.0～3.0	3.0～4.0	艾氏剂	1.0	1.0
速灭灵	3.0～4.0	3.0～4.0	狄氏剂	1.0	1.0
甲基对硫磷	4.0	2.0	异狄氏剂	1.0	1.0
对硫磷	3.0	2.0	克菌丹	2.0	1.0
马拉硫磷	2.0	2.0～3.0	苯菌灵	3.0	2.0～3.0
乐果	2.0	2.0～3.0	代森锌	1.0	2.0
倍硫磷	2.0	2.0	代森锰	1.0	2.0
二溴磷	4.0	3.0	代森锌锰	1.0	1.0

(3)降解

1)化学降解

化学农药在土壤中的化学降解包括水解、氧化、离子化等反应，矿物胶体表面、金属离子、氢离子、氢氧根离子、游离氧及有机质等在这些化学反应中往往具有催化作用。

农药在土壤中水解，有区别于其他介质的显著特点。在高有机质和低pH值的土壤中，氯代均三氮苯有较高的水解反应速率。水解反应还随氯代均三氮苯在土壤上吸附量增加而增强，所以认为农药氯代均三氮苯化学水解的机制是吸附催化水解，具体反应如下：

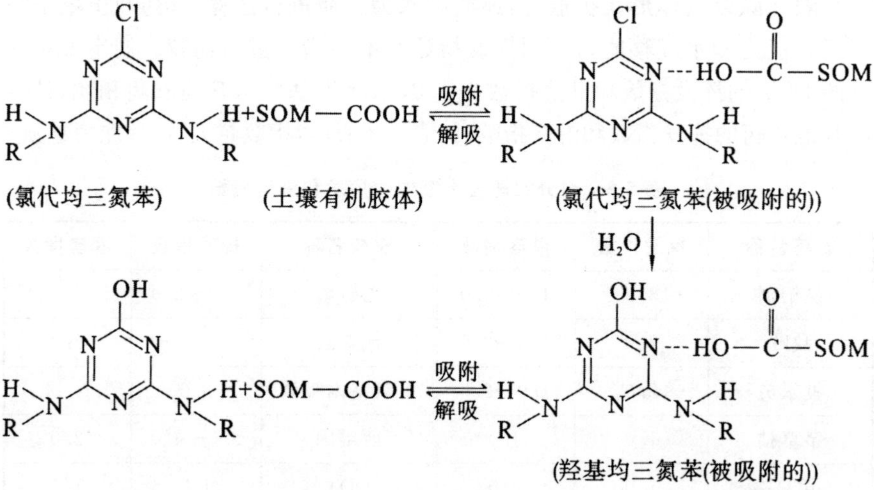

实验也发现，各种磷酸酯或硫代磷酸酯农药在土壤中的降解，主要是化学水解，其反应为

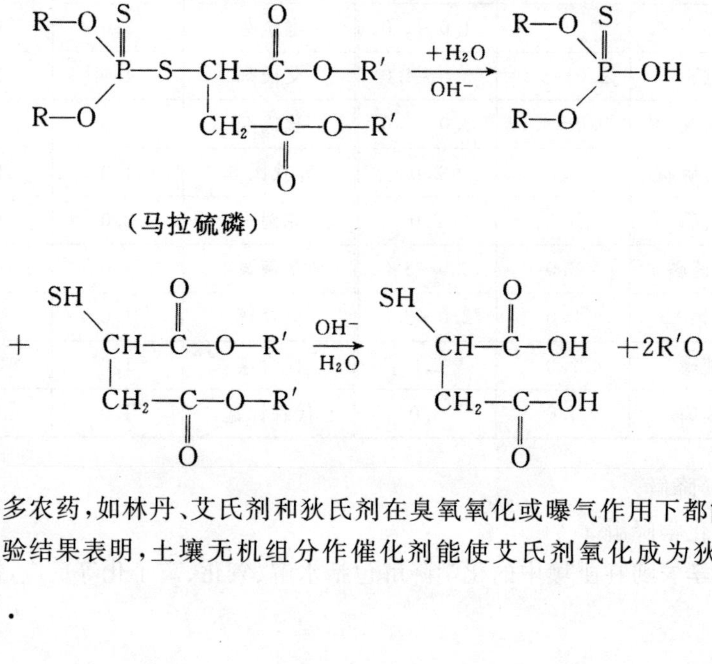

许多农药，如林丹、艾氏剂和狄氏剂在臭氧氧化或曝气作用下都能被去除。实验结果表明，土壤无机组分作催化剂能使艾氏剂氧化成为狄氏剂，

铁、钴、锰的碳酸盐及硫化物也能起催化氧化及还原作用，特别是氧化锰矿物以其强的氧化特性对化学农药的氧化降解意义重大。化学农药氧化降解生成羧基、羟基等，如 p,p'-DDT 脱氯产物 p,p'-DDD 可进一步氧化为 p,p'-DDA，具体反应如下：

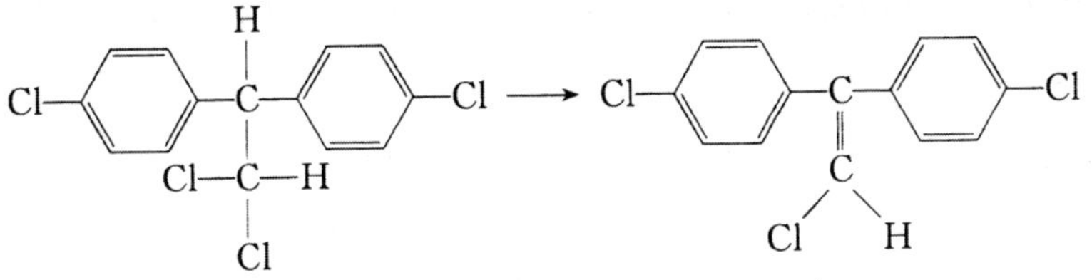

(p,p'-DDD)　　　　(DDMU)

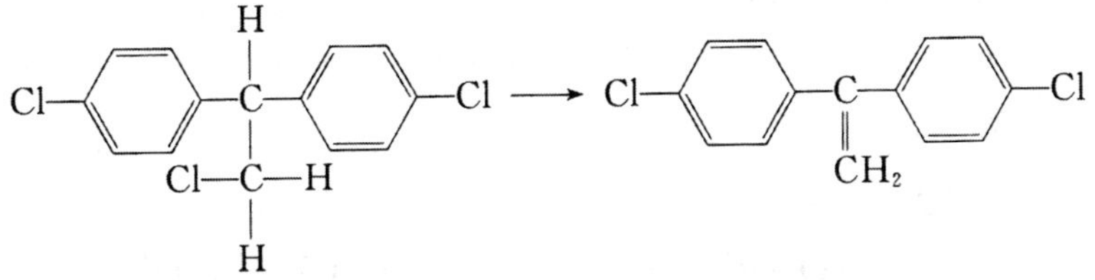

(DDMS)　　　　(DDNU)

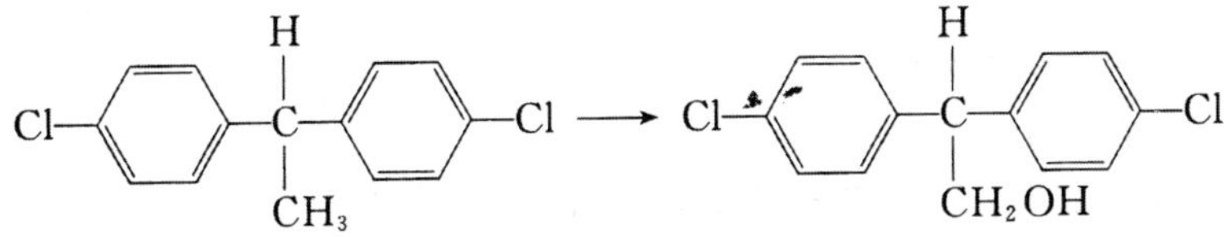

(DDNS)　　　　(DDOH)

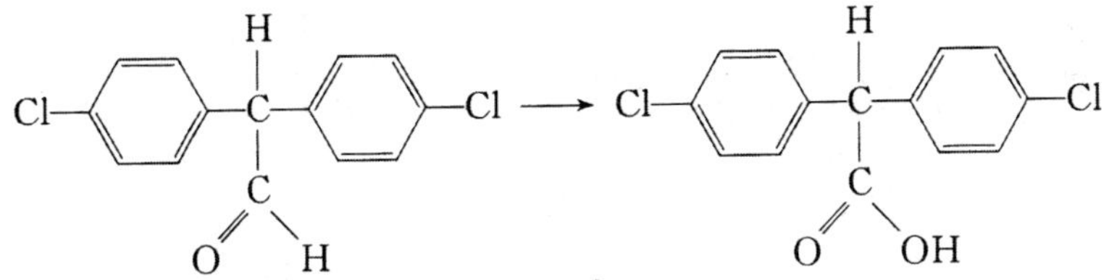

(p,p'-DDA)

2)光化学降解

除草快光解生成盐酸甲胺：

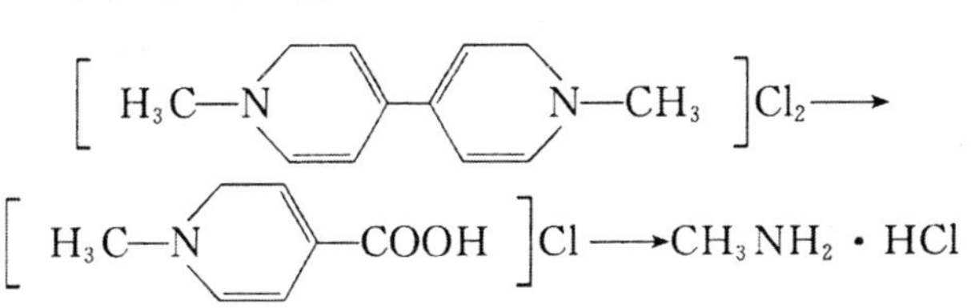

光化学降解对稳定性较差的农药作用明显，且不同类型的农药光解速

率也差别很大。农药化合物对光的敏感性表明，光化学反应对土壤农药的降解有着潜在的重要性，是决定化学农药在土壤环境中残留期长短的重要因素。

化学农药光化学降解作用形成的产物有的毒性较母体低，有的毒性较母体更大。如辛硫磷经光催化、异构化反应，使其由硫酮式转变为硫醇式，毒性更大。

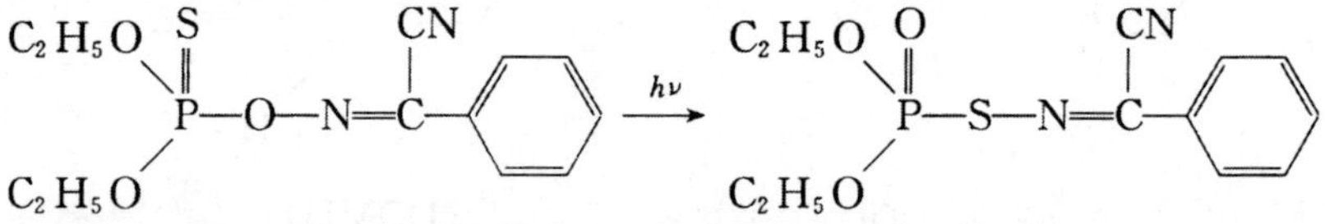

磷酸酯类农药，在紫外线照射下，如有水共存时，即可发生光水解反应。水解发生的部位，通常是在酯基上，产物的毒性小于母体。有机磷酸酯类农药的光降解如下：

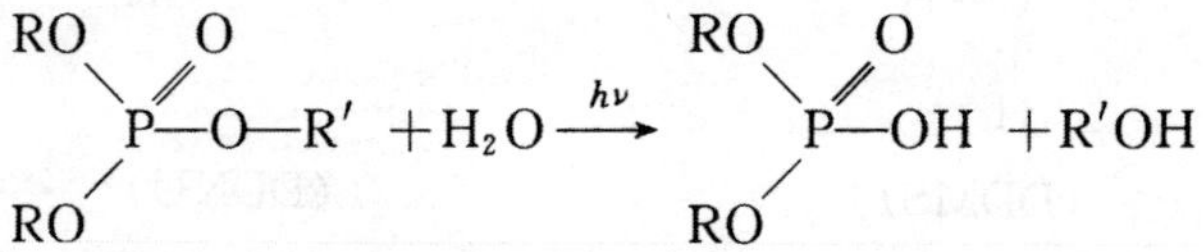

3）微生物降解

①氧化作用。

氧化是微生物降解农药的重要酶促反应，有多种形式。如 p,p'-DDT 脱氯产物 p,p'-DDNS 在微生物氧化酶作用下，可进一步氧化形成 DDA。

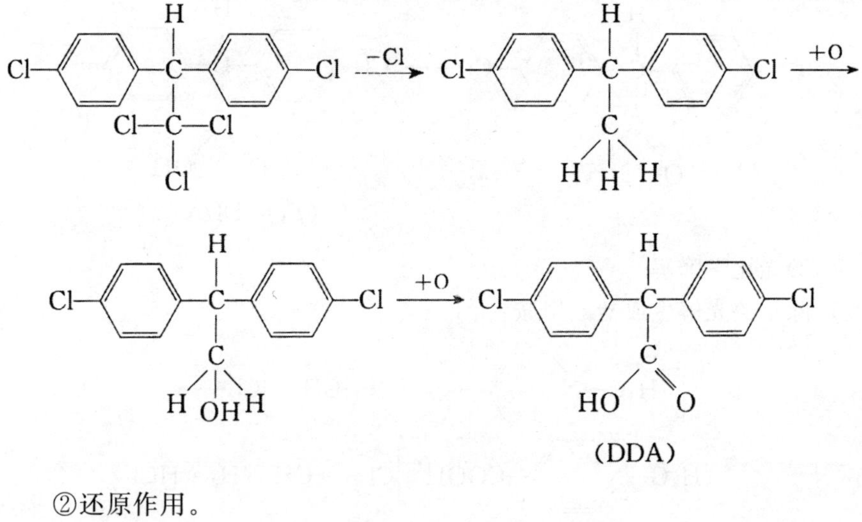

②还原作用。

某些农药在厌氧条件下发生还原作用，如在厌氧条件下氟乐灵中的硝基被还原为氨基。又如有机磷农药甲基对硫磷，经还原作用，硝基还原为氨基，降解成甲基氨基对硫磷。

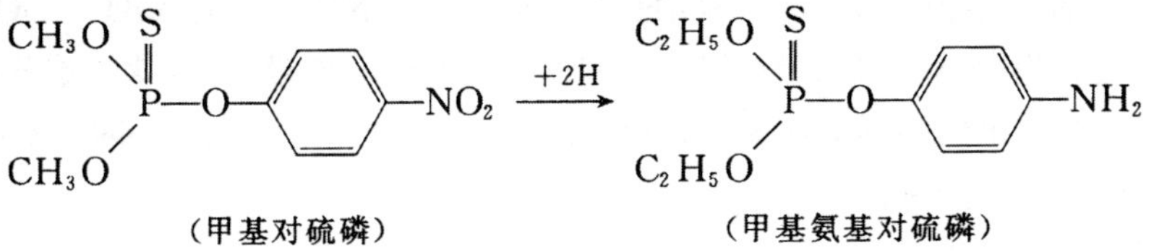

③水解作用。

许多酸酯类农药（如磷酸酯类和苯氧乙酸酯类等）和酰胺类农药，在微生物水解酶的作用下，其中的酯键和酰胺键易发生水解。降解反应过程如下：

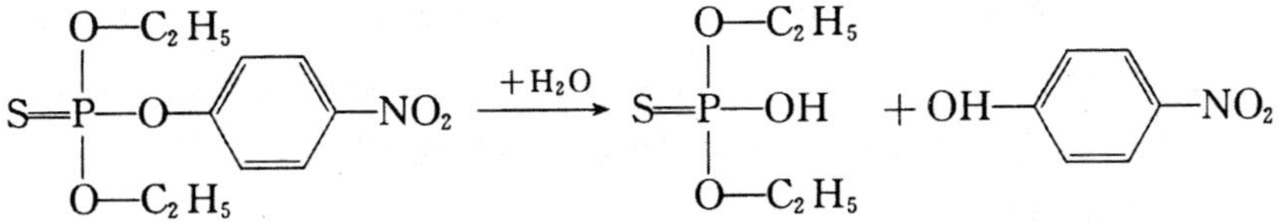

对硫磷在微生物水解酶的作用下，几天时间即可被分解，毒性基本消失，对这类农药而言，应防止使用过程中的急性中毒。

④苯环破裂作用。

许多土壤细菌和真菌能使芳香环破裂。芳香环破裂是该类有机物在土壤中彻底降解的关键步骤。如在微生物作用下，农药西维因被逐一开环，最终分解为 CO_2 和 H_2O。

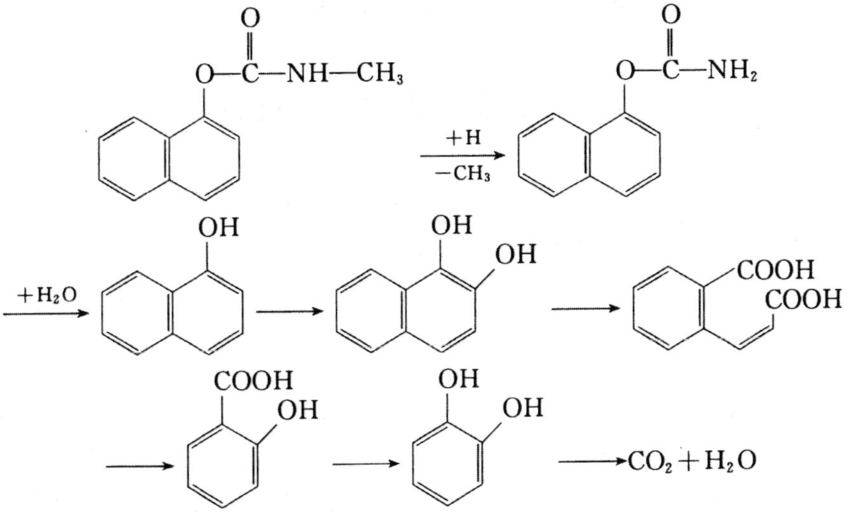

对具有苯环的有机农药，影响其降解速率的是化合物分子中取代基的种类、数量、位置以及取代基团的大小。苯类化合物中，各种取代基衍生物抗分解的顺序为—NO_2>—SO_3H>—OCH_3>—NH_2>—COOH>—OH。同类化合物中，取代基的数量越多，基团的相对分子质量越大，就越难分解。取代基位置也影响其降解速率，取代基在间位上的化合物比在邻位或对位上的化合物难分解。

⑤脱氯作用。

许多有机氯农药在微生物还原脱氯酶的作用下可脱去取代基氯，如p,p'-DDT可通过脱氯作用转变为p,p'-DDD，或是脱去氯化氢，转变为p,p'-DDE。

DDT由于分子中特定位置上的氯原子，化学性质非常稳定。因此，在微生物作用下脱氯和脱氯化氢成为其主要的降解途径。p,p'-DDE极稳定，p,p'-DDD还可通过脱氯作用继续降解，形成一系列脱氯型化合物，如DDNU、DDNS等。代谢产物DDD、DDE的毒性比DDT低得多。

⑥脱烷基作用。

分子中的烷基与N、O或S原子连接的农药在微生物作用下容易进行脱烷基降解，如三氮苯类除草剂，在微生物作用下易发生脱烷基。

需要指出的是，二烷基胺三氮苯在微生物作用下可脱去两个烷基，但形成的产物比原化合物毒性更大，因而，农药的脱烷基作用并不伴随发生去毒反应，只有脱去氨基和环破裂它才能成为无毒的物质。

从上述微生物降解化学农药机理来看，化学农药进入土壤后，对环境的影响是不同的，在土壤中的行为也是极其复杂的。

5.4 土壤污染防治与修复

5.4.1 污染土壤的防治措施

1.加强土壤污灌区的监测管理

污灌是指利用工业废水和生活污水对农田进行灌溉，是我国北方地区的主要灌溉形式。由于工业废水和生活污水成分复杂，含有很多有毒有害物质，直接利用污水进行农田灌溉会造成严重的土壤环境污染。因此要对污水的成分和污染物含量进行动态监测，控制好灌溉次数，根据土壤的环境容量，制定区域性农田灌溉水质标准，以免引起土壤环境污染。

2. 合理施用化肥和农药

化肥和农药的使用是现代农业必不可少的技术手段，由于其具有特殊的化学性质，技术上使用不合理或者是过分使用均会对农作物、人、畜和土壤环境造成不可估量的危害。化学肥料使用过多还会造成减产现象，严重时会使农作物中的硝酸盐含量增加而危害人类身体。因此，要根据不同的土壤结构需要合理施肥，加大研发绿色和高效农药，禁止和限制使用剧毒和高残留农药；同时，要根据病虫害的抗药能力控制农药的使用范围、用量、次数和间隔期，将农药使用控制在农、畜产品所能承受的范围内。

3. 采用有效的土壤污染修复技术

对于已经遭受污染的土壤，应根据污染物种类、污染程度和被污染土壤的理化特性，采取有效的污染修复技术。

5.4.2　污染土壤的修复技术

污染土壤修复是指利用物理、化学和生物的方法，转移、吸收、降解和转化土壤中的污染物，使其浓度降低到可接受水平，或将有毒有害的污染物转化为无害的物质。

各种修复技术在作用原理、适用性、局限性和经济性等方面均存在各自的特点，对特定场合的污染土壤进行工程修复时，需根据当地的经济实力、土壤性质、污染物性质、资源条件等因素，进行修复技术的合理选择和组合工艺的优化设计。

第6章　固体废物与环境

6.1　固体废物的来源和分类

6.1.1　固体废物的来源

人类在产品制造过程中,不可能对原料加以100%的利用,在生产过程中必然会产生一定量的废物,在自然资源的开采和产品的消费过程中,也必将产生各种各样的废物。物质和能源消耗量越多,废物产生量也就越大。据估计,进入社会经济体中的物质,仅有10%～15%以建筑物、工厂、装置、器具等形式积累起来,其余绝大部分都变成了废物(图6-1)。

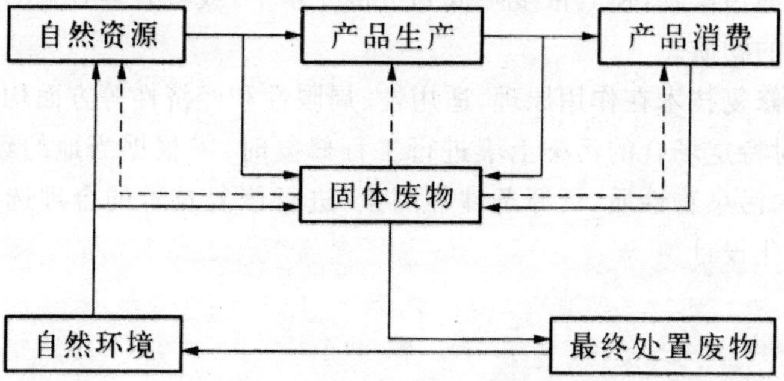

图6-1　固体废物产生与转化

6.1.2　固体废物的分类

固体废物来源广泛,种类繁多,成分复杂,其分类方法很多。我国是世界农业大国,农业固体废弃物数量巨大,因此,一般固体废物分为工业固体废物、城市生活垃圾、危险废物和农业固体废物四类(图6-2)。

1. 工业固体废物

工业固体废物是来自各个工业生产部门的生产、加工及流通中所产生的粉尘、碎屑、污泥等。

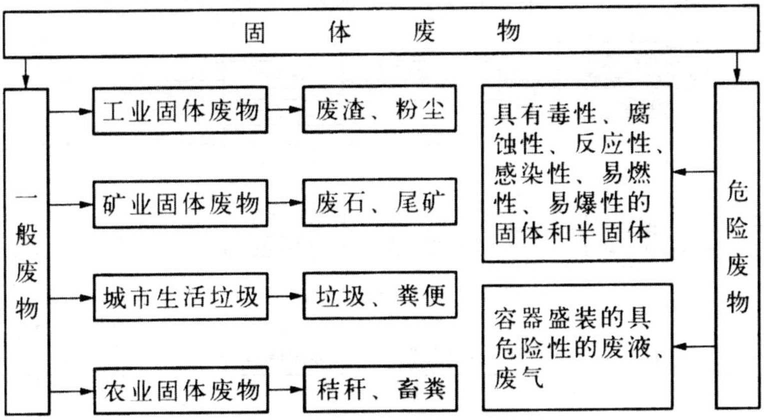

图 6-2　固体废物分类体系

2. 矿业废物

矿业固体废物主要指来自矿业开采和矿石洗选过程中所产生的废物。矿石开采过程中，需剥离围岩，排出废石，采得的矿石亦需经选洗，提高品位，排出尾矿。矿业固体废物主要包括煤矸石、采矿废石和尾矿。

3. 农业废物

农业固体废物是指农业生产及其产品加工过程所产生的固体废物。农业固体废物主要来自于种植业、林业、禽畜饲养、水产养殖和农副产品加工业。常见的农业固体废物有稻草、秸秆、果树枝条、落叶、废塑料、死禽死畜、人畜粪便、污泥等。

4. 城市生活垃圾

城市生活垃圾主要包括厨房余物、废纸、废织物、废塑料、废金属、废玻璃、陶瓷碎片、废家具、砖瓦渣土、庭园废物、粪便等。城市生活垃圾成分复杂，有机物含量高。居民生活水平、生活习惯、季节、气候因素对城市生活垃圾成分影响明显。

6.2　固体废物的污染及其控制

6.2.1　固体废物的污染途径

固体废物，特别是固体废物中的有害成分可以通过环境介质——大气、水体、土壤进入生态系统，参与生态系统物质循环，给人类造成潜在的、长期的危害。固体废物的污染途径如图 6-3 所示。

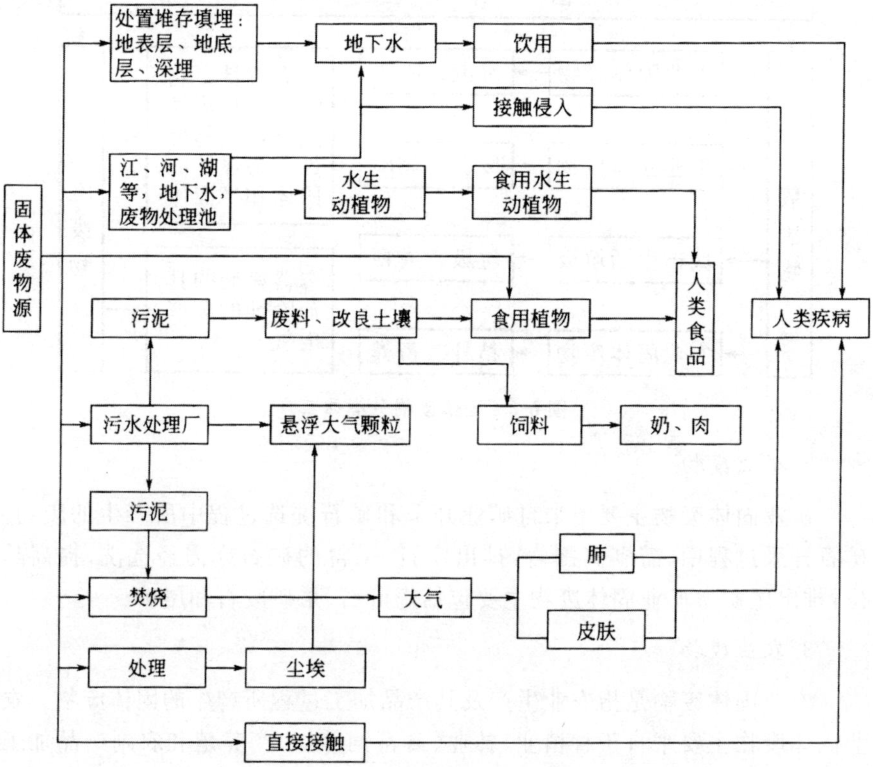

图 6-3　固体废物的污染途径

6.2.2　固体废物的控制措施

20 世纪 60 年代中期以后环保开始在国际上受到重视，污染治理技术迅速发展，从而形成了一系列固体废物处理方法。为实施资源化战略，发达国家建立了一系列相应的固体废物管理法规，如美国的《资源保护和回收法》(RCR—A)(1984)和《全面环境责任承担赔偿和义务法》(CERCLA)(1986)是迄今世界各国比较全面的关于固体废物管理的法规。

我国固体废物的管理工作始于 20 世纪 80 年代初期，在 1982 年制定了第一个专门性固体废物管理标准《农用污泥中污染物控制标准》，在 1995 年正式颁布《中华人民共和国固体废物污染环境防治法》，鼓励、支持开展清洁生产，减少固体废物的产生量，充分合理利用固体废物和无害化处理处置固体废物。但由于当时科学技术力量薄弱和经济能力有限的历史原因，我国提出了以“资源化”、“无害化”、“减量化”作为控制固体废物污染的技术政策。

6.3　固体废物处理处置技术

固体废物处理是指通过采用一定的技术手段将固体废物转化为适于运输、贮存、利用或处置物料的过程。目前，固体废物的处理技术包括破碎、分选、脱水、生物处理、焚烧、热解、危险废物的化学处理等。不同的处理技术，可以独立使用，也可以配合使用，但以配合使用为主。

6.3.1　固体废物的预处理技术

1. 固体废物的收运

固体废物的收集是一项困难而复杂的工作，主要涉及工业固体废物和城市垃圾的收运工作。一般工业固体废物处理的原则是“谁污染、谁治理”。

2. 固体废物的压实

压实又称压缩，即用机械方法增加固体废物聚集程度，增大容重和减少固体表观体积，提高运输与管理效率的一种操作技术。压实一般用压实器进行。常见的压实器有三向联合压实器和回转式压实器等，一般压缩比为3～5。

3. 固体废物的破碎

固体废物的破碎方法主要包括物理方法和机械方法。物理方法有低温冷冻破碎和超声波粉碎法两种。后者目前还处于实验室或半工业性试验阶段，低温冷冻破碎已用于废塑料及其制品、废橡胶及其制品、废电线等的破碎。

机械方法有挤压、劈裂、弯曲、冲击、磨剥和剪切破碎等方法，一般根据固体废物的机械强度特别是废物的硬度和形状的大小选择合适的破碎方法。

6.3.2　固体废物的分选技术

固体废物分选方法很多，但可简单概括或两类：手工拣选法和机械分选法。

机械分选大多要在废物分选前进行预处理，一般至少需经过破碎处理。机械分选方法多，应用范围较广。表 6-1 列出了固体废物分选技术及其应用。

表 6-1 固体废物机械分选技术与应用

分选技术	分选的物料	预处理要求	应用场合
手工拣选	废纸、钢铁类、废铁金属、木材等	不需要	商业、工业与家庭垃圾收集站拣选皱纹纸、高质纸、金属、木材等。经济效益取决于市场价格
筛选	玻璃类、粗细骨料	可不预处理或先破碎或分选	从重组分中分选玻璃或获得不同粒级的物料
风选	废报纸、皱纹纸等可燃性物料	不需要	轻组分中可燃性物料或重组分中的金属、玻璃等资源的分选
浮选	无机有用组分	破碎、浆化	细小有用组分的分选
光选	玻璃类	破碎、风选	从不透明的废物中分选碎玻璃或从彩色玻璃中分选硬质玻璃
磁选	铁金属类	破碎、风选	大规模用于工业固体废物和城市垃圾的分选
重介质分选	铝及其他非铁金属	破碎、风选	通过调整重介质的密度，分离多种金属，每种金属需用一组介质分离单元
静电分选	玻璃类、粉煤灰类	破碎、风选、筛选	含铅和玻璃废物的分选或从粉煤灰中分选煤炭

1. 筛选

筛选是利用一个或一个以上的筛面，将不同粒径颗粒的混合废物分为两组或两组以上颗粒组的过程。筛选常有湿筛和干筛两种操作，固体废物筛选多采用干筛。常见的筛选设备有固定筛、滚筒筛和振动筛。

2. 风选

风力分选过程是以各种固体颗粒在空气中的沉降规律为基础的。实际上，风选是重力分选方法的一种。

风选设备按工作气流的主流向，可分成水平气流风选机（又称卧式风力分选机，图 6-4）和上升气流风选机（又称立式风力分选机，图 6-5）。

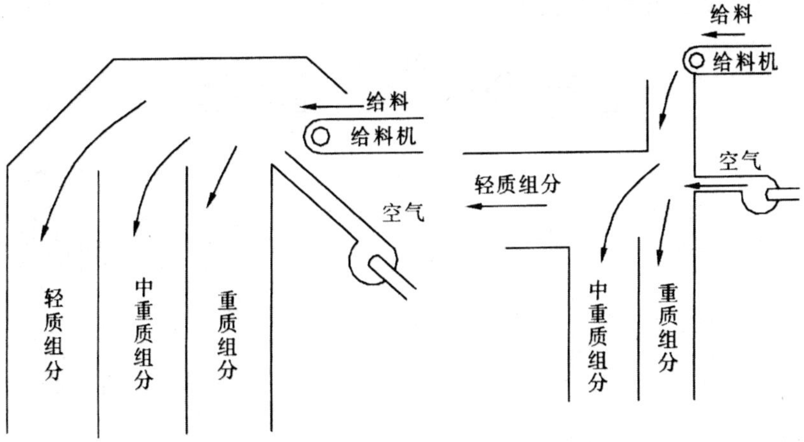

图 6-4　卧式风力分选机结构和工作原理示意图

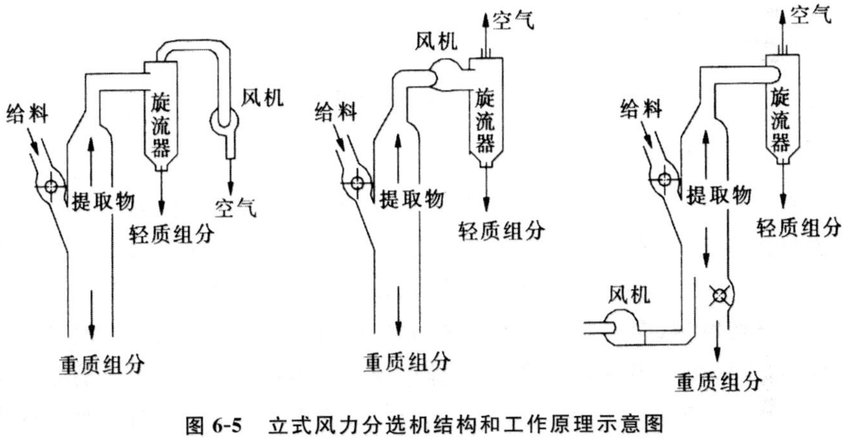

图 6-5　立式风力分选机结构和工作原理示意图

3. 浮选

浮选设备类型很多，我国使用较多的是机械搅拌式浮选机。其构造如图 6-6 所示。这种浮选机由两个槽子构成一个机组，第一槽为吸入槽，第二槽为直流槽。两槽之间设有一个中间室和料浆面调节装置。

4. 磁选

磁选主要用作回收或富集黑色金属，或者在某些工艺中用以排除物料中的铁制物质。

磁选设备常用的有吸持型磁选机、悬吸型磁选机和圆筒式磁选机。主要用于含金属的污泥、工业固体废物或城市垃圾的破碎设备或焚烧炉前，除去废物中的铁器，防止损坏破碎设备或焚烧炉。后者还可以回收钢铁冶炼排出的含铁赤泥和氧化皮中回收铁等。

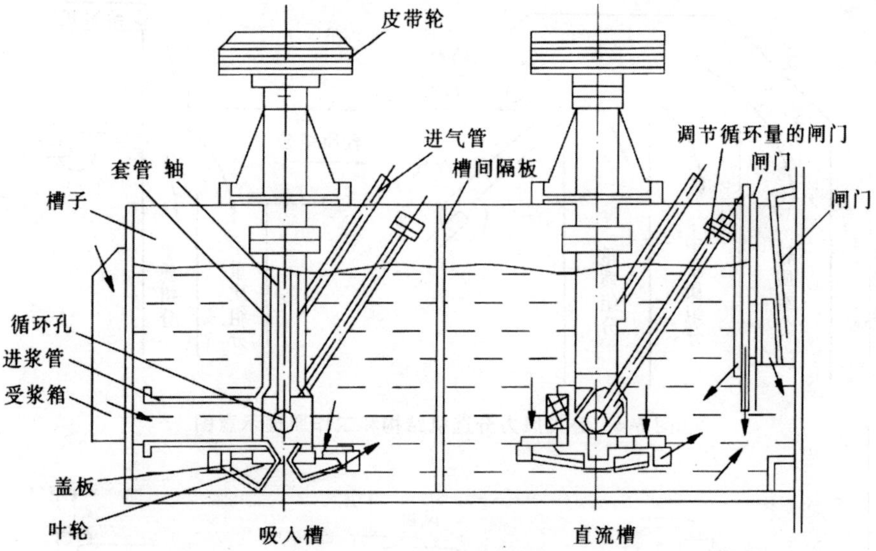

图 6-6 机械搅拌式浮选机

5.其他分选技术

除了上述几种分选外，此外还有电选、摩擦与弹跳分选、光电分选和涡电流分选。其中，光电分选是利用物质表面光反射特性的不同而分离物料的方法，可用于从城市垃圾中回收橡胶、塑料、金属等物质。涡电流分选是利用固体废物流(含有非磁导体金属如铅、铜、锌等)以一定的速度通过一个交变磁场时，由于固体废物的固有电阻、导磁率等特性及磁场密度的变化速度及大小的差异而使金属从固体废物流中分离出来。涡电流分选是一种从固体废物中回收金属的有效方法。

6.分选回收工艺系统

为了经济有效地回收城市垃圾和工业固体废物中有用物质，根据废物的性质和要求，将两种或两种以上的分选单元操作组合成一个有机的分选回收工艺系统，又称分选回收工艺流程。图 6-7 所示是国外城市垃圾分选回收系统的典型类型，适用于含可回收物料种类较多的城市垃圾分选、回收。图 6-8 是一个钢渣机械破碎回收渣钢工艺系统流程图，而图 6-9 则是一个废钢铁回收工艺系统流程图，这些回收工艺都综合了破碎、筛选、重选、磁选和风选等多种分选技术。

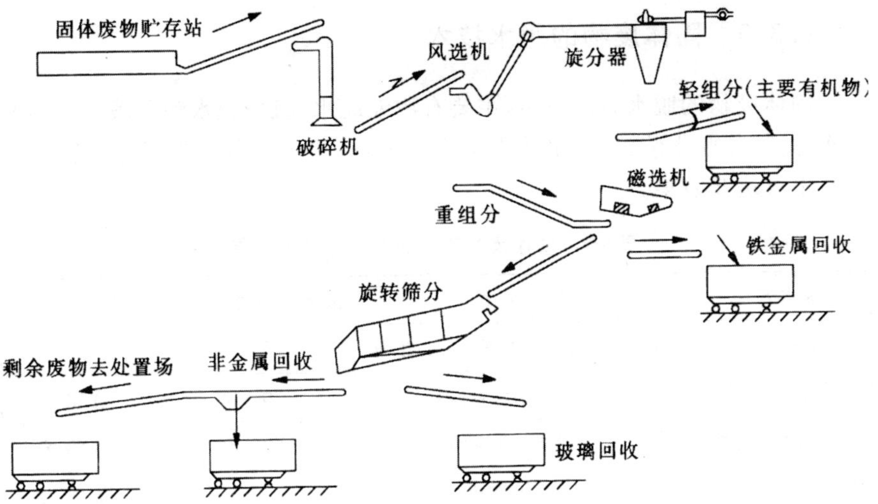

图 6-7　城市垃圾分选回收系统

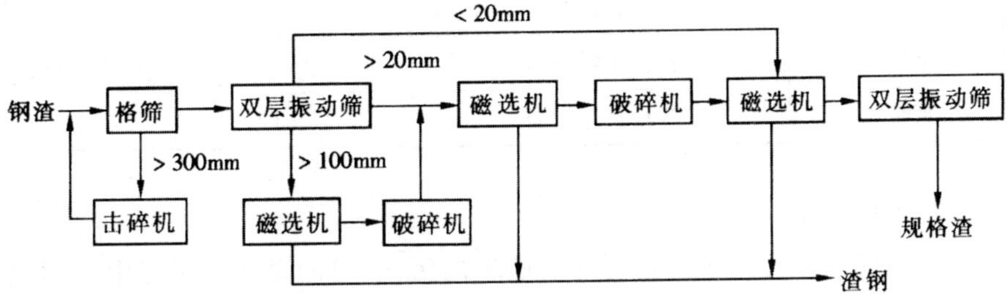

图 6-8　钢渣机械破碎回收渣钢工艺系统

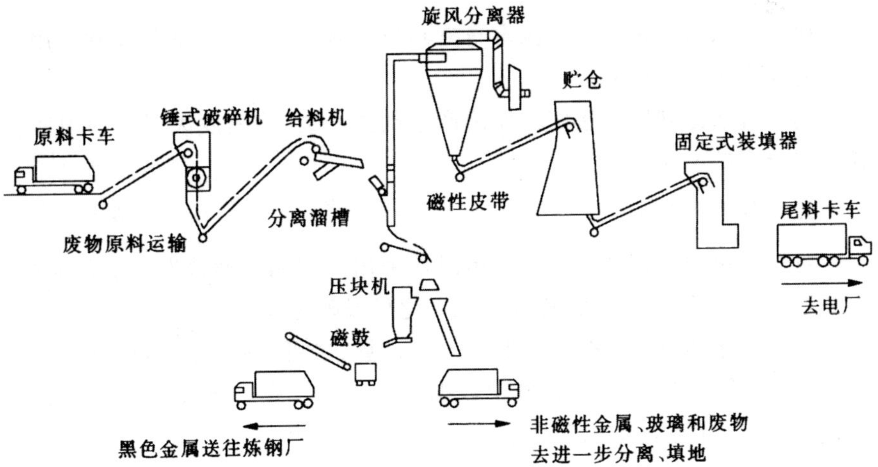

图 6-9　废钢铁回收工艺系统

6.3.3 固体废物的脱水技术

固体废物的脱水方法很多，主要有浓缩脱水、机械脱水和干燥。不同的脱水方法，其脱水装置、脱水效果都有所不同，表 6-2 所示为固体废物常用的脱水方法及效果。

表 6-2 固体废物常用的脱水方法及效果

脱水方法		脱水装置	脱水后含水率(%)	脱水后状态
浓缩脱水		重力浓缩、气浮浓缩、离心浓缩	95～97	近似糊状
自然干化法		自然干化场、晒砂厂	70～80	泥饼状
机械脱水	真空过滤	真空转鼓、真空转盘	60～80	泥饼状
	压力过滤	板框压滤机	45～80	泥饼状
	滚压过滤	滚压带式压滤机	78～86	泥饼状
	离心过滤	离心机	80～85	泥饼状
干燥法		各种干燥设备	10～40	粉状、粒状
焚烧法		各种焚烧设备	0～10	灰状

1. 浓缩脱水

浓缩脱水主要用于污水处理厂产生的污泥，目的是除去污泥中的间隙水，缩小污泥的体积，为污泥的输送、消化、脱水、利用与处置创造条件。

2. 机械脱水

机械脱水包括机械过滤脱水与离心脱水两种类型。过滤机械常采用真空抽滤脱水机和压滤机。

离心脱水是利用高速旋转作用产生的离心力，将密度大于水的固体颗粒与水分离的操作。

3. 自然干化脱水

自然干化脱水是城市污水厂污泥常采用的利用自然蒸发和底部滤料、土壤过滤脱水的一种方法，称为污泥干化场或晒泥场。

污泥干化场负荷可按服务地区人口计算，也可按每平方面积每年处理干固体量计算。各类污泥的典型数据列于表 6-3 中。露天干化场易受季节、当地气候与气象条件的影响。

表 6-3　露天污泥干化场负荷面积与负荷率

污泥类型	面积（m^2/1000 人）	负荷率（kg 干固体/(m^2·a)）
初次污泥	90～140	120～200
初次污泥和生物滤池污泥	110～160	100～160
初次污泥和活性污泥	160～275	60～100
初次污泥和沉淀污泥	185～230	100～160

干化场运行时，一次集中放满一块区段面积，放泥厚度约 30～50cm，污泥干化周期随季节而异，在良好条件下，约为 10～15d。脱水后污泥含水率可降低到 60%。但该法占地面积大，环境卫生条件差，适用于小规模应用。

4. 固体废物的干燥

干燥操作主要应用于破碎分选后的城市垃圾中的轻物料，利用这类轻物料进行能源回收或焚烧处理时，须先干燥，以达到去水、减重的目的。固体废物干燥过程多采用对流加热，其加热器有多膛转盘干燥器，循环履带干燥器，旋转筒干燥器，流化床干燥器和喷撒干燥器等多种炉型。选择干燥器时需考虑下列因素：

(1)物料干燥过程的基本工艺参数

包括初始含水率、含水类型、最高干燥温度、干燥时间、干燥后的含水率。

(2)操作特性

包括操作方式选择，能源与维修要求，噪音输出及水、空气污染控制要求等。

6.3.4　固体废物的生物处理技术

1. 好氧微生物处理技术

好氧微生物处理是指有机废物在好氧条件下通过微生物的作用达到稳定化，转变为有利于土壤性状改良并对作物生长有益和容易吸收利用的有机物的过程。好氧生物处理又称好氧发酵或堆肥化。堆肥化是处理有机废物尤其是生活垃圾的主要方法，具有保护环境和资源化的双重效果。

好氧法堆肥可用以下反应式表示：

(1)有机物的分解反应

$$\text{不含氮有机物}(C_xH_yO_z)+O_2 \xrightarrow{\text{好氧微生物}} \text{简单无机物}(CO_2+H_2O)+\text{能量}$$

$$\text{含氮有机物}(C_sH_tN_uO_v \cdot H_2O)+O_2 \xrightarrow{\text{好氧微生物}} \underset{(\text{堆肥})}{C_wH_xN_yO_z} \cdot cH_2O$$
$$+CO_2+H_2O+NH_3+\text{能量}$$

(2)微生物细胞质的合成反应

$$n(C_xH_yO_f)+NH_3+O_2 \longrightarrow C_5H_7NO_2(\text{细胞质})+CO_2+H_2O+\text{能量}$$

(3)微生物细胞质的氧化分解

$$C_5H_7NO_2(\text{细胞质})+5O_2 \longrightarrow 5CO_2+2H_2O+NH_3+\text{能量}$$

影响好氧发酵过程的主要因素有以下几种:

1)有机物的含量

堆肥物料适宜的有机物含量为20%~80%,有机物含量过低,不能提供足够的热能,影响嗜热菌增殖,难以维持高温发酵过程。

2)含水率

水分是微生物生长繁殖不可缺少的,是影响发酵的主要因素之一。从理论上讲,堆肥原料水分含量在50%~60%时,微生物分解速度最快。在用生活垃圾堆肥时,一般以含水率55%为最佳。

3)碳氮比(C/N)

有机物被微生物分解速度随C/N比而变。微生物自身的C/N比约4~30,用作其营养的有机物C/N比最好也在此范围内,特别是C/N比在10左右时,有机物被微生物分解速度最大。由于初始原料的C/N比(如秸秆类的C/N比70~100,垃圾的C/N比50~80)一般都高于上述值,故应加入氮肥水溶液、粪便、污泥等调节剂,使C/N比调整到30以下。

4)供氧量

在较好的通风条件下,提供充足的氧气是好氧堆肥过程正常运行的基本保证,也是有机物降解和微生物生长所必需的物质。堆肥理论需氧量可根据生产能力,通过有机物分解反应式估算得到,实际供氧量通常为理论量的2~10倍。过量供氧易使温度下降。

5)温度

在堆肥过程中,有机质生化降解会产生热量,如果这部分热量大于堆肥向环境中散热,堆肥物料的温度则会上升。此时,热敏感的微生物就会死亡,耐高温的细菌就会快速地生长、大量的繁殖。据报道,整个堆肥过程的较佳温度是35℃~55℃。堆肥物料变化曲线见图6-10。

好氧堆肥法有间歇堆积法(又称露天堆积法)和连续堆积法。前者在露天进行,后者在堆肥发酵仓和发酵塔中进行。

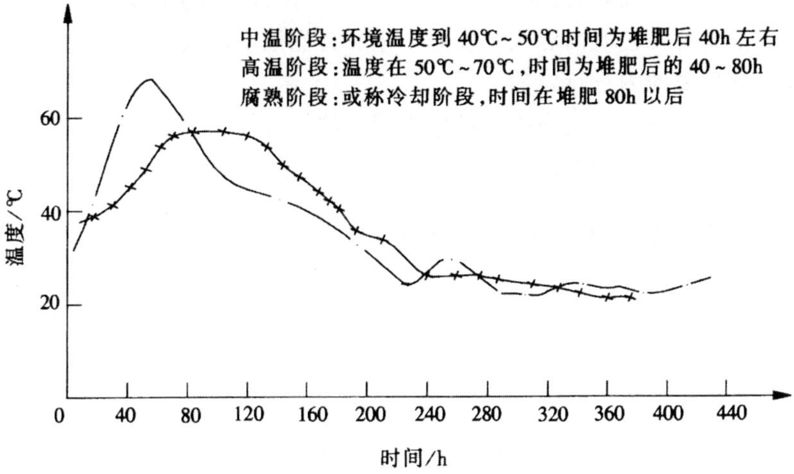

图 6-10　堆肥物料变化曲线

2. 厌氧发酵处理技术

有机物厌氧发酵依次分为液化、产酸、产甲烷三个阶段(图 6-11)。

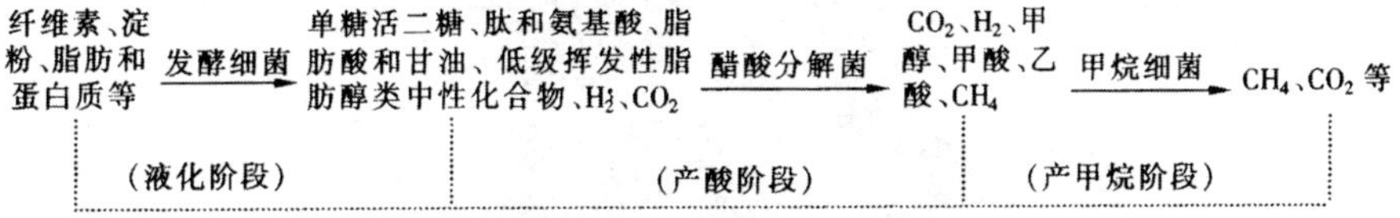

图 6-11　厌氧发酵的三个阶段

影响厌氧发酵的因素主要有几下几种：

(1)原料配比

配料时,应该控制适宜的碳氮比。碳氮比值大的有机物,称为贫氮有机物,如农作物的秸秆等;碳氮比值小的有机物,称为富氮有机物,如人尿粪等。大量的报道和实验表明,厌氧发酵的碳氮比以 20～30∶1 为宜,C/N 为 35∶1 时产气量明显下降。

(2)温度

温度是影响产气量的关键因素。在一定范围内,温度越高,产气量越高,因为温度高时原料的细菌活跃,分解速度快,使得产气量增加。

(3)pH 值

为使发酵池内的 pH 值保持在最佳范围,可以加石灰调解。但是,经验表明,单纯加石灰的方法不好。调整 pH 值的最好方法是调整原料的碳氮比。

(4)搅拌

搅拌目的是使池内各处温度均匀,进入的原料与池内熟料完全混合,底值与微生物密切接触,使反应产物(H_2S、NH_3、CH_4)迅速排除。

厌氧发酵工艺有高温厌氧发酵工艺和自然温度厌氧发酵工艺两种。一般在厌氧发酵池内进行。

固体废物的生物处理技术已用于城市垃圾、污泥、家畜粪尿的堆肥和沼气化,厨卫垃圾、秸秆的沼气发酵,固体废物的糖化和生产酒精等。

6.3.5 固体废物的处置技术

概括说来,固体废物的处置可分为海洋处置和陆地处置两大类。这里只介绍陆地处置。

1. 垃圾的卫生填埋

(1)卫生填埋场及其分类

图 6-12 为卫生填埋场的剖面图。

图 6-12 卫生填埋场剖面图

根据填埋场中垃圾降解的机理,填埋场可分为好氧填埋场、准好氧填埋场和厌氧填埋场 3 种类型。

(2)填埋场选址

场址的选择应考虑 4 个方面的要求:工程、环境、法律法规和政策、经济。场址的初步调查的规划设计程序如图 6-13 所示。

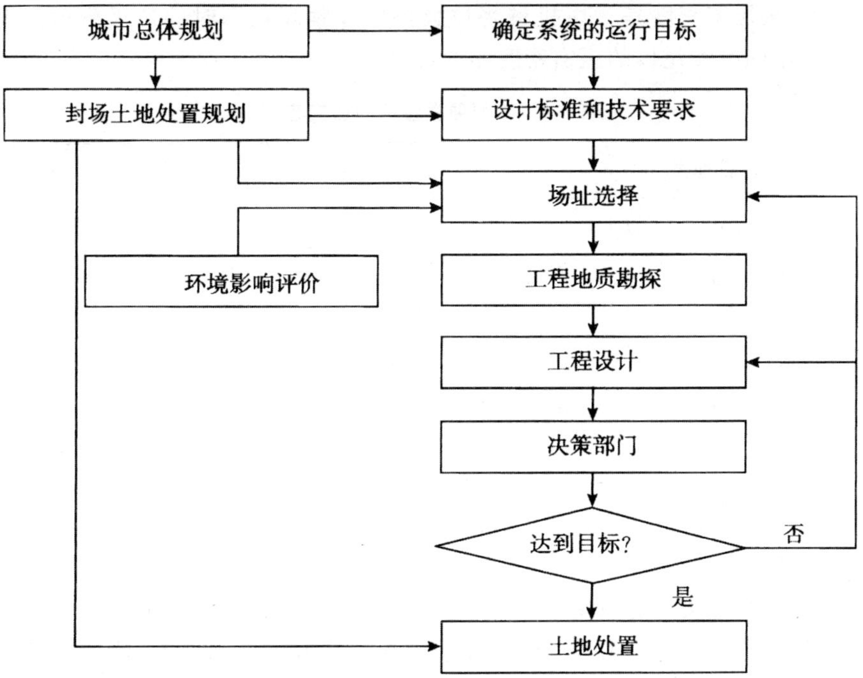

图 6-13 填埋场规划设计程序

(3)卫生填埋工艺和方法

不同的填埋场类型和不同的填埋方式,其填埋作业流程基本相同,图 6-14 为典型的垃圾卫生填埋工艺流程。

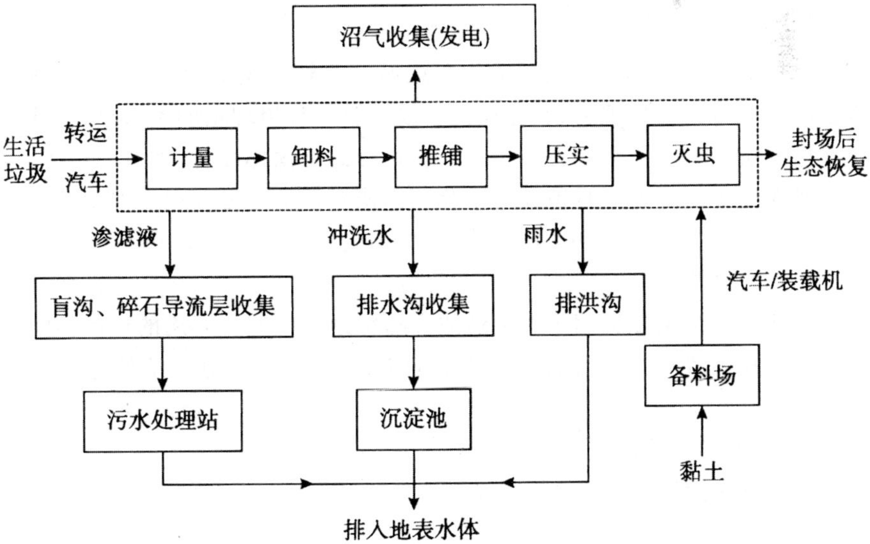

图 6-14 垃圾卫生填埋工艺流程

垃圾压实密度是指由机械将垃圾挤压成紧固状态时的垃圾密度。表6-4为不同种类垃圾的压实密度参考数值。

表 6-4 不同种类垃圾的压实密度

垃圾种类	范围	平均值	代表值	
可燃垃圾主体(60%以上)	0.74～1.00	0.83	可燃垃圾	0.77
不燃垃圾主体(60%以上)	0.42～1.59	0.86	建筑废料	0.71
混合垃圾	0.41～1.28	0.71	焚烧残灰	1.00
			污泥	0.80
			塑料及不燃垃圾	0.43

常见的填埋方法有地面填埋法、开槽填埋法和谷地填埋法。

①地面填埋法。

地面填埋法主要适用于地形、地质条件不宜开挖沟槽的平原区。填埋场起始端先建土坝作为外屏障。在坝内沿坝场方向堆卸废物,使其形成每层厚度为0.4～0.8m连续叠堆的条形堆,并逐层压实。每天完成条堆高度在1.8～3.0m之间,最后用15～30cm厚的土覆盖,形成地面堆埋单元。覆盖土由相邻近地区和坑底采集。一个单元的长度视场地条件与操作规模而定,宽度一般为2.4～6.0m不等。如此堆埋操作直至完成填埋场的最终高度封场为止。

②开槽填埋法。

开槽填埋法(图6-15)主要适用于地面有足够深度的可采土壤,且地下水位较深的地区。填埋初期,先挖掘一段足够一日填埋量的条形槽,将开挖土在槽上筑成土堤作为储备覆盖土。在槽中卸下固体废物,展成薄层压实,连续操作至预期高度。日覆盖土由相邻沟槽开挖的土方获得。典型填埋场沟槽开挖长度为30～120m,深度为1～2m,宽度为4.5～7.5m。

③谷地填埋法。

谷地填埋法主要适用于有天然或人为谷地与沟壑可利用的地区。固体废物的卸料位置与压实方式视地形、覆盖土性质、水文地质条件与通路而确定。

(4)填埋渗滤液

填埋场渗滤液的主要成分如表6-5所示,可分为以下4类。

图 6-15 开槽填埋作业方式

表 6-5 卫生填埋场典型渗滤液成分

污染物名称	典型表征值/(mg/L)	变化范围/(mg/L)
BOD_5	20000	200～4000
COD	30000	300～9000
电导物	6000	3000～900
氨氮	500	5～750
氯化物	2000	100～3000
总铁	500	250～2500
锌	50	25～250
铅	2	0.2～10
pH 值	6	4.0～9.0

填埋场气体中的主要成分是甲烷和二氧化碳。典型填埋场气体组分见表 6-6。

表 6-6 典型填埋场气体组成

组分	体积分数(干基)/%	组分	体积分数(干基)/%	组分	体积分数(干基)/%
甲烷	45～60	氧气	0.1～1.0	氢气	0～0.2
二氧化碳	40～60	硫化氢	0～1.0	一氧化碳	0～0.2
氮气	2～5	氨气	0.1～1.0	微量气体	0.01～0.6

填埋场气体中的甲烷是一种宝贵的清洁能源，具有很高的热值。将填埋场气体与其他燃料的发热量进行比较(表 6-7)。

表 6-7 填埋场气体与其他燃料发热置的比较

燃料种类	纯甲烷	填埋场气体	煤气	汽油	柴油
发热量/(kJ/m^3)	35916	9395	6744	30557	39276

2. 垃圾焚烧

(1)垃圾焚烧炉

垃圾焚烧是一种较古老的传统的处理垃圾的方法。

①机械炉排炉。

机械炉排炉的发展历史最长，应用实例最多，如图 6-16 所示。机械炉排炉可分为三段：干燥段、燃烧段、燃尽段。

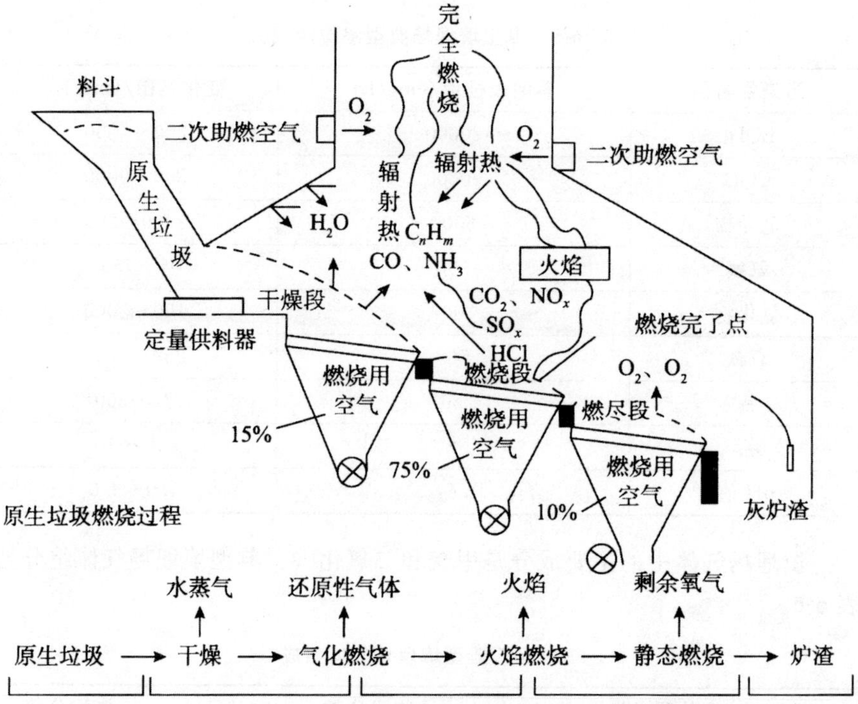

图 6-16 机械炉排炉焚烧示意图

②流化床焚烧炉。

流化床焚烧炉以前用来焚烧轻质木屑等，但近年来开始用于焚烧污泥、煤和城市垃圾。流化床焚烧炉的特点是适用于焚烧高水分的物质等。流化床焚烧炉的流态化原理使选择流化床的结构和形成至关重要，根据风速和垃圾颗粒的运动而处于不同流区的流态化可分为:固定床、沸腾流化床、湍流流化床和循环流化床。图 6-17 为 3 种流化床焚烧炉。

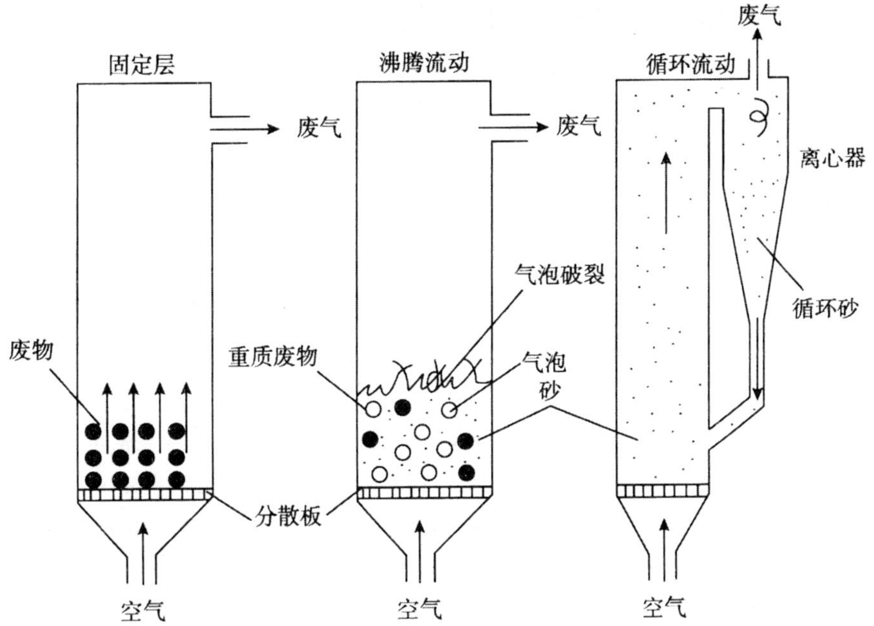

图 6-17　3 种流化床(固定床、沸腾流化床、循环流化床)焚烧炉示意图

③回转窑焚烧炉。

回转窑可处理的垃圾范围广,特别是在焚烧工业垃圾领域内应用广泛。在城市生活垃圾焚烧的应用主要是为了达到提高炉渣的燃尽率,将垃圾完全燃尽以达到炉渣在利用时的质量要求。回转窑焚烧炉(图 6-18)是一个

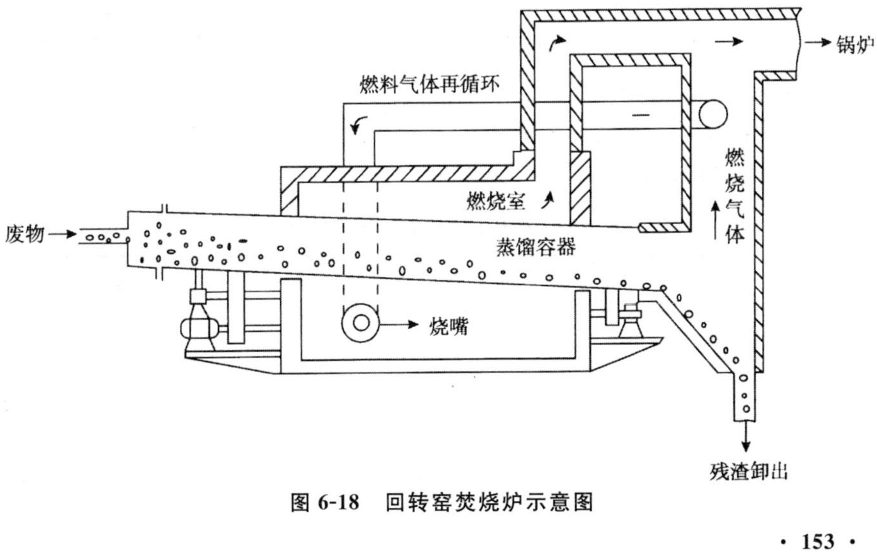

图 6-18　回转窑焚烧炉示意图

带有耐火材料的水平圆筒，绕着其水平轴旋转。从一端投入垃圾，当垃圾达到另一端已被燃尽成炉渣。圆筒可调速，一般为 0.75～2.5r/min。

表 6-8 列出了 3 种焚烧炉的优缺点。

表 6-8　各种焚烧炉的优缺点

焚烧炉类型	优点	缺点
机械炉排炉	适用大容量 公害易处理 燃烧可靠 余热利用率高	造价高 操作与维修费高 应连续运转 操作运转技术高
流化床焚烧炉	适用中等容量 燃烧温度低 热传导性佳 公害低燃烧效率较佳	操作运转技术高 燃料的种类受到限制 需添加流动媒介 进料颗粒较小 单位处理量所需动力高 炉床材料腐蚀
回转窑焚烧炉	垃圾搅拌及干燥性佳 可适用中、大容量 可高温安全燃烧 残灰颗粒小	连接传动装置复杂 炉内的耐火材料易损坏

(2)垃圾焚烧处理技术的发展

最早进行垃圾焚烧技术研究开发的是德国，随即英国、法国、美国、日本等国也积极开展了这方面的研究。目前，欧美国家的垃圾焚烧发展已经到了发达、成熟和稳定的阶段。

美国国土广大，长期以来城市生活垃圾处理一直以卫生填埋为主。至 2004 年，美国的垃圾焚烧已占垃圾处理总量的 7.4%(表 6-9)。

表 6-9　美国生活垃圾处理处置比例

年份	回收或堆肥/%	焚烧/%	填埋/%
2002	26.7	7.7	65.6
2004	28.5	7.4	64.1

最近欧洲建设的焚烧厂大多采用高蒸汽参数，如表 6-10 所示。

表 6-10　欧洲新建垃圾焚烧厂状况

焚烧厂	意大利 Bresecia 1#线	荷兰阿姆斯特丹 5#、6#焚烧线	德国 Mainz 焚烧厂	西班牙 Bilbao 焚烧厂
开始运营年份	2004 年	2007 年	2007 年	2004 年
炉排形式	往复炉排	水平炉排	往复炉排	往复炉排
NO_x 去除	SNCR	SNCR	SNCR	SNCR
特点	优化提高效率	中间蒸汽过热、水冷凝	带有混合循环（天然气发动机）	带有混合循环（天然气发动机）
焚烧物	污泥，生物质	生活垃圾	生活垃圾，天然气	生活垃圾，天然气
蒸汽参数/MPa	7.3	13.0	13.0	13.0
过热蒸汽温度/℃	480	440	400/555	540
发电总效率/%	28	34	>40	46
上网发电效率/%	25	30	>40	42

3. 垃圾堆肥

堆肥是在人工控制的条件下，在一定的水分、碳氮比和通风条件下，通过微生物的发酵作用，将有机物转变为肥料的过程。堆肥是进行固体废物稳定化、无害化处理的重要方式，也是实现固体废物资源化、能源化的重要技术。

堆肥化的一般过程如图 6-19 所示。

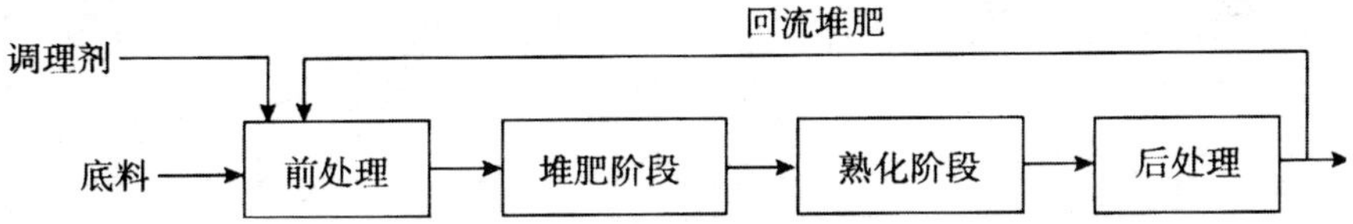

图 6-19　堆肥过程示意图

堆肥过程中的控制参数见表 6-11。

表 6-11　堆肥过程控制参数

控制因子	适宜条件	控制因子	适宜条件
颗粒直径	12～50mm	温度	45℃～60℃
孔隙率	40%～60%	酸碱度(pH)	6.5～7.5
含氧量	16%～18%	碳氮比(C∶N)	25∶1～40∶1
含水率	40%～55%	碳磷比(C∶P)	75∶1～150∶1

6.4 固体废物综合利用

6.4.1 工业固体废物的综合利用

1. 高炉渣

高炉渣是高炉炼铁过程，由矿石中的脉石、燃料中的灰分和助熔剂(石灰石)等炉料中的非挥发性组分形成的废物。其排出率与矿石品位有关，我国一般冶炼1t生铁约产生高炉渣0.6～0.7t。目前我国的高炉渣利用技术较为成熟，基本可得到全部利用。其利用途径见图6-20所示。

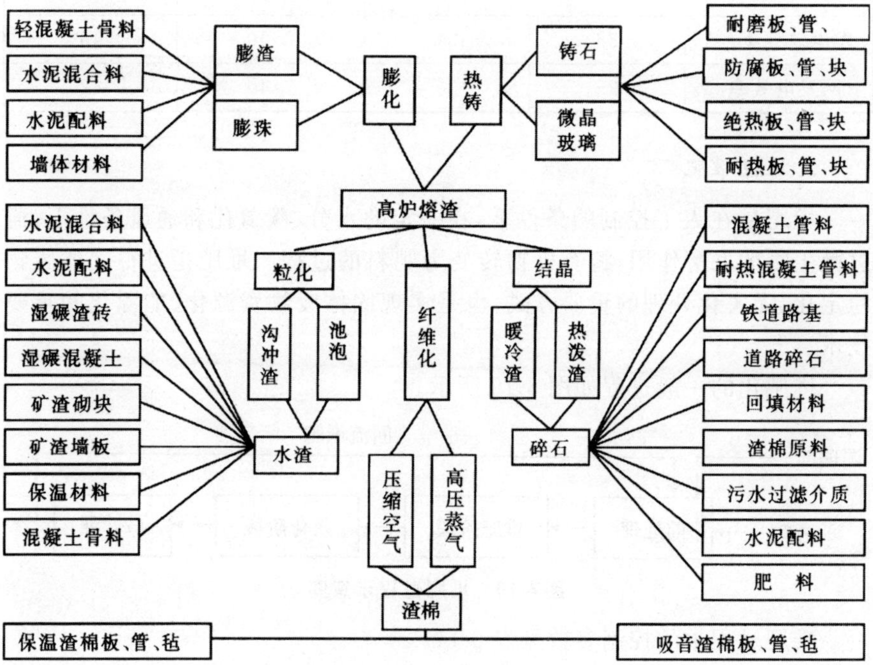

图6-20 高炉渣的利用途径

2. 粉煤灰

粉煤灰是燃煤电厂锅炉和工业锅炉除尘器中收集而得的，是煤粉经高温燃烧后形成的一种似火山灰质混合材料。主要成分为SiO_2、Al_2O_3、Fe_2O_3、CaO和未燃炭、另含有少量K、P、S、Mg等化合物和As、Cu、Zn等微量元素。由于粉煤灰的组成成分较为复杂，粉煤灰的综合利用较为广泛。

主要有：将粉煤灰作建筑材料如粉煤灰水泥、粉煤灰混凝土、粉煤灰烧结砖与蒸养砖、粉煤灰砌块等；将粉煤灰作土建原材料和填充土如工程上代替砂石、粘土作土建基层材料，代替砂石回填矿井，代替粘土复垦洼地；将粉煤灰作农业肥料和土壤改良剂或者回收粉煤灰中的煤炭资源、金属物质和空心微珠。图6-21列出了粉煤灰渣的利用途径。

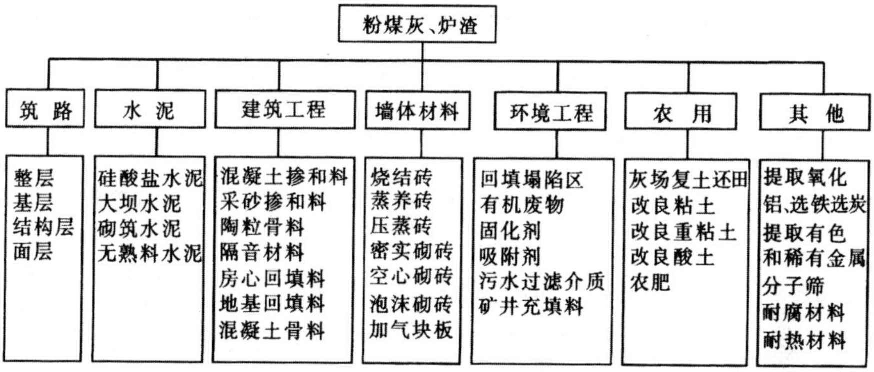

图6-21　粉煤渣的综合利用途径

3.钢渣

钢渣应尽量返回烧结、炼铁、炼钢等工艺过程中去，以充分利用钢渣中的金属和其他有用成分，也可用于制造钢渣水泥、筑路和回填工程材料、建筑材料、农肥和酸性土壤改良剂等。图6-22列出了钢渣的利用途径。

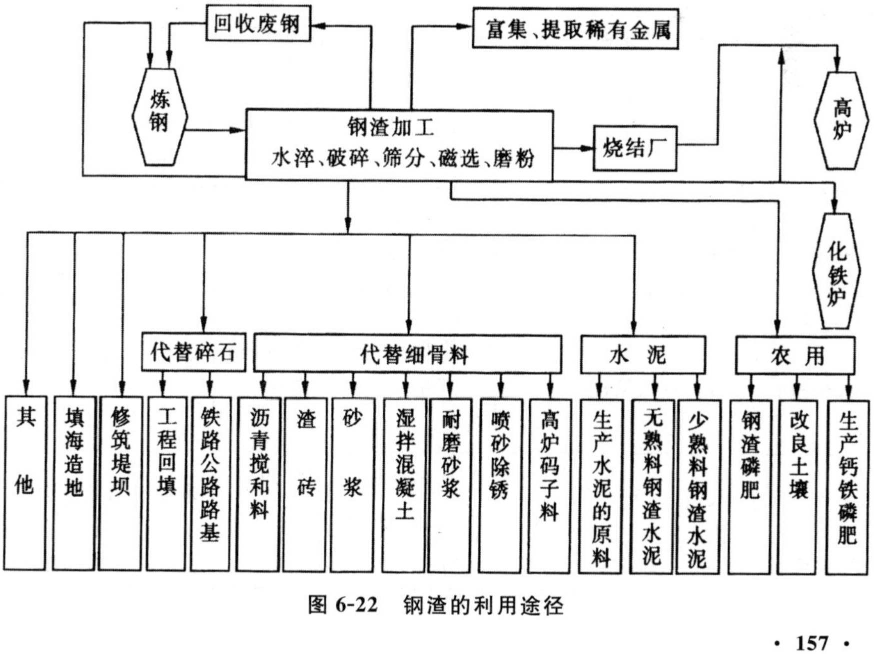

图6-22　钢渣的利用途径

4. *矿业尾矿*

近年来，我国的金属矿山每年排出尾砂1亿t左右。但随着科学技术的不断进步和资源的日益枯竭，对尾砂的综合利用主要是回收尾砂中的有价金属，同时利用尾砂生产高附加值的产品如微晶玻璃、玻化砖、建筑陶瓷、美术陶瓷等，用尾砂回填矿山采空区，用尾砂生产矿物肥料或土壤改良剂等。表6-13列出了我国铜矿尾砂回收处理的主要矿物。

表6-13　我国铜矿尾砂回收处理的主要成果一览表

单位名称	回收组分	效果	回收方法
大冶有色公司	石榴子石、硅灰石等	较好	常规选矿手段
新冶铜矿	钨精矿、硫精矿、铁精矿	很好	重选-磁选-漂选联合工艺
封山洞铜矿	铜精矿、硫精矿、铁精矿及钨粗精矿	较好	重选-磁选-漂选联合工艺
单位名称	回收组分	效果	回收方法
铜录山由铜矿	铁精矿、金铜精矿、Au(21.34g/t)、Ag(100g/t)、Cu(16.58%)	年产8万t，年获利3000万元	强磁选，浮选-重选-磁选
铜官山铜矿	硫精矿、铁精矿	1975—1988年间得铜精矿61.1万t，钼精矿83.5万t，利润2500万元	常规方法改进
狮子山铜矿	金精矿	总回收率提高10%～15%	螺旋溜槽加摇床精选
德兴铜矿	钼精矿	加工厂年回收钼9.2t，金33.4kg，硫精矿1000t，年产值1300万元	再选加工
永平铜矿	白钨精矿、硫精矿	白钨精矿399.3t/a，硫精矿1584t/a，年产值668.4万元	重选-磁选-重选-浮选-重选
金川公司	铜、钴、镍等	回收率分别达80%、90%和60%	氨浸-褐煤吸附法
平水铜矿	重晶石、硫精矿	回收率达83.95%	混合浮选两段浮选

5. 化工固体废物的综合利用

化工固体废物种类繁多，成分复杂，治理的方法和综合利用的工艺多种多样，应重点抓好量大面广废物的治理和综合利用。表 6-14 列出了主要化工固体废物处理技术概况。

表 6-14　主要化工固体废物处理技术概况

化工行业	主要废物	废物处理与综合利用技术
无机盐工业	铬渣	铬渣干法解毒技术、铬渣制玻璃着色剂、制钙镁磷肥和钙铁粉等
	磷泥	磷泥烧制磷酸
	电炉黄磷渣	掺制硅酸盐水泥
	氰渣	高温水解氧化法处理
氯碱工业	含汞盐泥	次氯酸钠氧化法处理、氯化硫化焙烧法处理
	非汞盐泥	盐泥制氧化镁、沉淀过滤法处理
	电石渣	电石渣生产水泥、制漂白液和作筑路基层
磷肥工业	电炉黄磷渣	制水泥技术
	磷泥	磷泥烧制磷酸技术
	磷石膏	制硫酸联产水泥、制铲半水石膏粉
氮肥工业	造气炉渣	制煤渣砖
	锅炉渣	制煤渣砖、制水泥、制钙镁磷肥
硫酸工业	硫铁矿烧渣	烧渣制砖技术、高温氯化法处理技术、氰化法提取金、银、铁
	废催化剂	从含钒催化剂中回收 V_2O_5
染料工业	含铜废渣	从含铜废渣中回收硫酸铜
	废母液	氯化母液中回收造纸助剂和废酸
感光材料工业	废胶片	给胶片和银的回收

6.4.2　城市垃圾的综合利用

垃圾的处理方法包括填埋法、堆肥法、焚烧法、热解法等。各国的处理有很大不同，但填埋法、焚烧法和堆肥法是最基本的方法。

1. 填埋法

城市垃圾的填埋法处理是我国采用较多的一种处理方法，它具有填埋结果简单、操作方便、施工费用低、还可回收甲烷气体等优点。我国第一座城市垃圾填埋场是杭州市天子岭废物处理总场，1989 年 9 月正式开工，于 1991 年 3 月竣工使用。填埋场采用斜坡作业法，垃圾按单元分层填埋（图 6-23）。

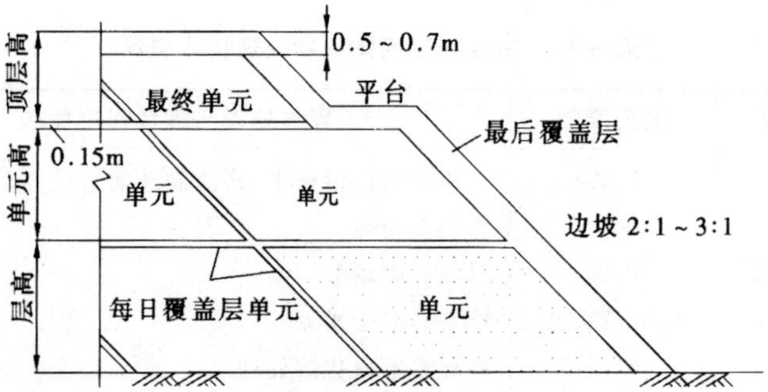

图 6-23　垃圾填埋场结构形式

2. 焚烧法

垃圾的焚烧处理已有 100 多年的历史。但自第二次世界大战后，特别是 1973 年石油危机发生后，能源价格高涨，加速了垃圾能源回收技术的发展，垃圾焚烧厂如雨后春笋般出现。目前，不发达国家垃圾焚烧处理已经超过了填埋处理量。

根据垃圾的燃烧特性，当垃圾热值大于 3350kJ/kg 时，不需外加燃料便能维持燃烧。图 6-24 列出了垃圾焚烧处理的典型工艺流程。

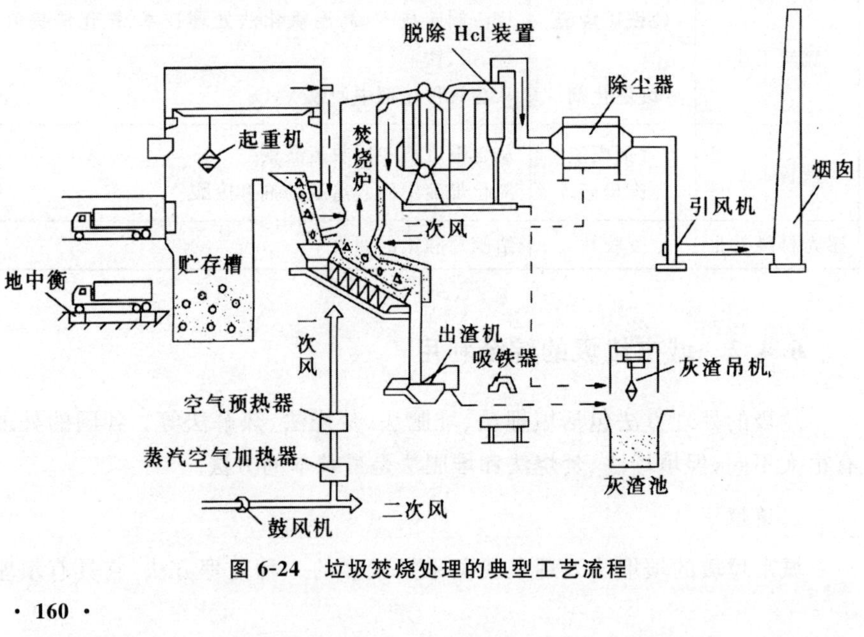

图 6-24　垃圾焚烧处理的典型工艺流程

3. 堆肥法

堆肥法是利用自然界的微生物来氧化、分解城市垃圾中的有机废物，达到无害化和资源化，是现代城市垃圾处理利用的一条重要途径。图 6-25 是国内日处理生活垃圾 100t 的实验厂工艺流程图。该工艺采用二次发酵方式。第一次发酵采用机械强制通风，发酵期为 10d，60℃高温保持 5d 以上，堆料达到无害化。然后将第一次发酵堆肥通过机械分选，去除非堆腐物，送去二次发酵仓，进行二次发酵，一般 10d 左右达到腐熟。

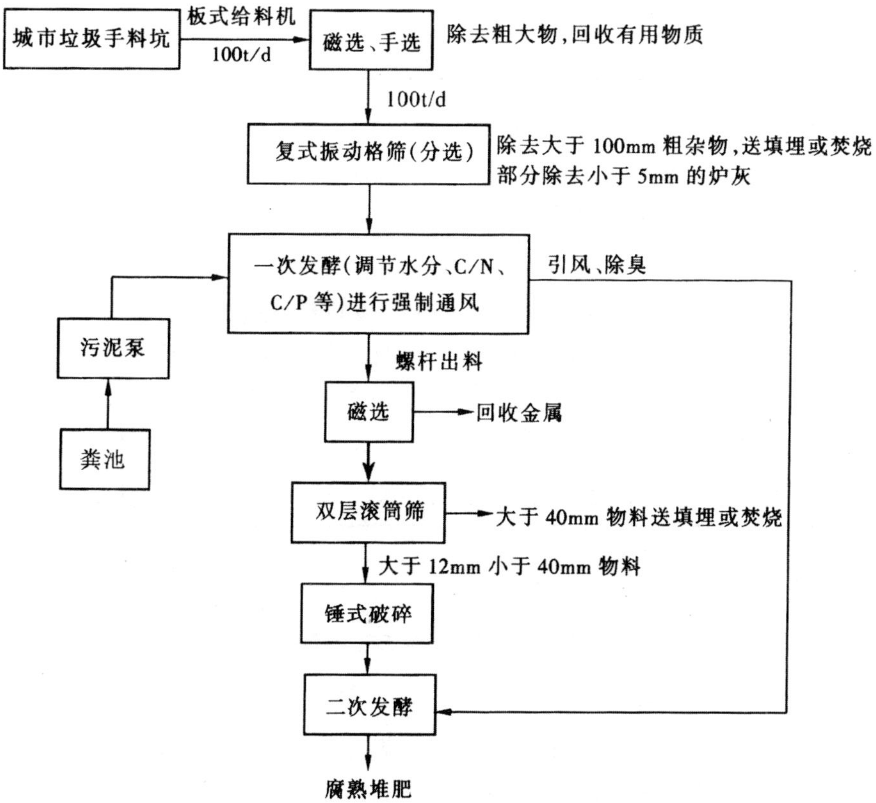

图 6-25 100t/d 的垃圾处理实验厂工艺流程图

6.4.3 农业固体废物——秸秆的综合利用

1. 秸秆还田利用

秸秆中含有丰富的有机质和 N、P、K、Ca、Mg、S 等肥料养分(表 6-15)，是可利用的有机肥料资源。秸秆直接还田作肥料是一种简单易行的方法，对不同地区都可以适用。秸秆还田利用可改善土壤结构，使土壤容重下降，孔隙度增加;同时,秸秆覆盖和翻压对土壤有良好的调温保墒作用,并可抑制杂草的生长,减轻土壤盐碱度;秸秆还田后,不仅可以增加作物的产量,还可提高作物品质。

表 6-15　几种作物秸秆中元素成分(质量分数/%)

种类	N	P	K	Ca	Mg	Mn	Si
水稻	0.60	0.09	1.00	0.14	0.12	0.02	7.99
小麦	0.50	0.03	0.73	0.14	0.02	0.003	3.95
大豆	1.93	0.03	1.55	0.84	0.07	—	—
油菜	0.52	0.03	0.65	0.42	0.05	0.004	0.18

秸秆还田一般采用人工铡碎法和机械粉碎法。后者是农业部作为为农民办的 11 件实事之一。2003 年,全国机械化秸秆还田面积达 1459 万 hm^2,比 2002 年增加 17.9 万 hm^2。

2. 秸秆制炭

用秸秆制成的炭含碳量为 50%～85%,发热量可达 20940～32600U/kg,其硬度和密度优于普通木炭,单位发热量优于煤,可广泛用于有色金属、合金冶炼及日常生活、食品加工等方面。秸秆制炭的工艺流程如图 6-26 所示。

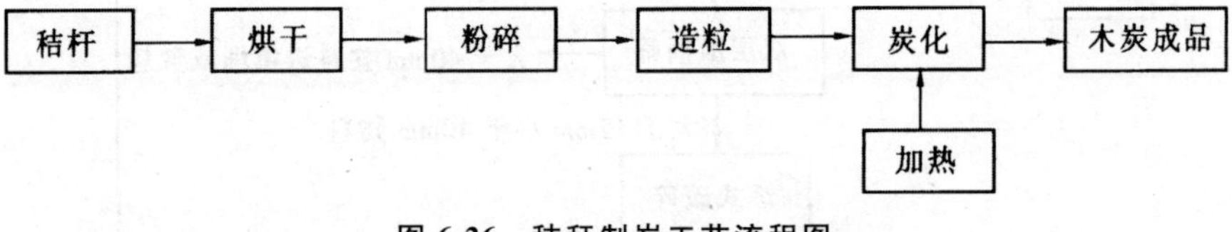

图 6-26　秸秆制炭工艺流程图

3. 秸秆厌氧制沼气

农作物秸秆作为生物质,可以进行厌氧发酵处理生产沼气。研究表明,每千克秸秆干物质可产沼气 0.45m^3。

此外,还可以利用秸秆提取酒精;对畜牧业地区,可利用秸秆生产饲料,其主要方法有氨化技术、青贮技术和生物贮存技术。

6.5　固体废物污染的管理

1. 固体废物管理的内容

固体废物的管理包括对固体废物的产生、收集、运输、储存、处理和最终处置等全过程的篱理。要求把每一个环节都当作污染源进行严格的控制，不同环节固体废物管理内容是不同的。

(1)产生

在固体废物的产生环节，要求生产者按照有关规定将所产生的废物分类，并用符合法定标准的容器包装，做好标记，进行登记，建立废物清单，以待收集运出。

(2)容器

对不同的固体废物要求采用不同容器包装，以防止暂存过程中产生污染。因而，容器的质量、材质、形状等要能满足所装废物的标准要求。

(3)储存

储存管理是指对固体废物进行处理处置前的储存过程实行严格控制，包括储存设施维护、监测以及采取的消除污染措施。

(4)收集运输

收集运输管理是指对厂家的固体废物收集进行管理，并对收集过程中的运输和收集后运送到中间储存处或处理处置厂(场)的过程实行污染控制。固体废物的运输需选择合适的容器，确定装载的方式，选择适宜的运输工具，确定合理的运输路线，并制定泄漏或临时事故补救措施。

(5)综合利用

综合利用管理是指在农业、工业、矿业、城镇垃圾以及其他固体废物回收资源和能源过程中对于废物污染的控制。

(6)处理处置

处理处置管理是指在固体废物有控堆放、卫生填埋、安全填埋、深层处置、深海投弃、焚烧、生化解毒和物化解毒等过程中对于废物污染的控制。

2. 固体废物管理的原则

固体废物管理应遵循减量化、资源化和无害化的“三化”原则。

减量化是对已经产生的固体废物通过处理减少其体积或质量的过程，如固体废物的焚烧、破碎、压实等。这里需要强调的是，固体废物的资源化也是一种非常有效的减量化处理手段。

资源化也称为综合利用，是指通过对废物中的有用成分进行回收、加工、循环利用或其他再利用，使废物直接变为产品或转化为能源及二次原料，如废旧容器的回用、废塑料热解制燃料油、垃圾焚烧发电、废纸回用做纸浆等。

无害化是指对已经产生、但又无法或暂时无法进行综合利用的固体废物通过处理降低或消除其危害特性的过程，是保证最终处置长期安全性的重要手段。

我国确立的固体废物的“三化”原则与发达国家的“4R”原则：reduction（减量化）、reuse（重复利用）、recycle（再生）和 recovery（回收），包含的理念基本是一致的。

在经历了许多事故与教训之后，人们越来越意识到对固体废物实行全程管理的重要性，于是出现了“源头控制”的新概念，即对工业生产过程等经济再生产过程进行从源头到最终产品的全过程控制管理，运用各种手段促使节能、降耗，推行清洁生产，降低或消除污染。这种模式符合预防为主的环境管理方针，也与可持续发展战略是一致的。

固体废物全程管理将固体废物从产生到处置的全过程分为五个环节进行控制：

第一个阶段，通过改变原材料，改进生产工艺和更换产品等，避免或减少固体废物的产生。

第二个阶段，对生产过程中产生的固体废物，尽量进行系统内的回收利用。但是，在各种生产和生活活动中不可避免地要产生固体废物，建立和健全与之相适应的处理处置体系也是必不可少的。

第三阶段进行系统外的回收利用，如废物交换等。

第四阶段进行无害化/稳定化处理。

第五阶段采取科学措施处置/管理固体废物，实现其安全处理处置。

3. 固体废物管理法规与标准

(1)固体废物管理法规

解决固体废物污染控制问题的关键之一是要建立和健全相应的法规、标准体系。美国 1965 年制定的《固体废物处置法》是世界第一个固体废物的专业性法规，经多次修订，日臻完善，《资源保护及回收法》(RCRA)(1984年)迄今已成为世界上最全面、最详尽的关于固体废物管理的法规。法规对固体废物处理、储存和处置的中间和最终设施提出标准要求，以保证固体废物管理设施能以保护公众健康和环境安全的方式进行设计、建设和运行。对已废弃的固体废物处置场对环境造成的污染，美国于 1980 年颁布了《全面环境责任承担赔偿和义务法》(CERCLA)，俗称“超级基金法”。该法规定，联邦政府直接负责解决处置场地有害物质的释出以及可能危及公众健康和环境的污染问题，对废弃的无人管理的处置场所提供清理费用。

日本的《废物处理和清扫法》规定了全体国民的义务和废物处理的主体，不仅企业有适当处理其产生的固体废物的义务，公民也有保持生活环境清洁的义务。德国《废弃物管理法》(1986 年)认为，简单的垃圾末端处理并不能从根本上解决固体废物污染问题，而需建立垃圾中心处理站，对垃圾进行销毁、回收利用、循环或土地填埋，以解决垃圾的减量和再利用问题。

我国在1978年的宪法中，首次提出了“国家保护环境和自然资源，防治污染和其他公害”的规定。1979年颁布了《中华人民共和国环境保护法》，这是我国环境保护的基本法，对我国环境保护工作起着重要的指导。多年来，环保法修法呼声不断，从1995年到2011年，全国人大代表共有2400多人次提出修改环保法的议案78件。2013年10月21日，环境保护法修正案草案第三次提交全国人大常委会会议审议；三审稿再次调整了诉讼主体范围，拟扩大至从事环保公益活动连续五年以上且信誉良好的全国性社会组织。2014年4月24日，十二届全国人大常委会第八次会议审议通过了环保法修订案，定于2015年1月1日起施行；这部法律增加了政府、企业各方面责任和处罚力度，被专家称为“史上最严的环保法”。我国早期关于固体废物管理的法律内容多包含在其他法规中，如1985年国务院批准的《关于开展资源综合利用若干问题的暂行规定》对固体物的综合利用、化害为利做了具体的规定。1985年，国家环境保护总局开始组织人力制定《固体废物污染环境防治法》，历时10年，于1995年10月30日颁布，并于1996年4月1日正式实施。

(2)固体废物污染控制标准

我国制定的固体废物管理法规和固体废物污染控制标准，对促进和加强我国固体废物的管理工作起着重要的作用，但因我国对防治固体废物污染的立法起步较晚，法规、标准的数量有限，现有的法规体系尚不能满足固体废物环境管理的需要。另一方面，我国国土广阔，各地经济、人口发展很不平衡，自然条件千差万别，又面临较为严峻的资源形势和固体废物污染形势，因此，健全固体废物污染防治法规体系，加大执法力度，运用法律手段(结合行政、经济、技术、舆论等手段)加强固体废物污染的管理，是经济和社会可持续发展的重要保证。

第 7 章　物理环境

7.1　环境噪声与防治

7.1.1　噪声概述

1. 噪声定义

固体的振动产生声波，或当流体越过、环绕或穿过固体孔洞时流体分离产生声波。这种振动和分离使周围空气被交替地压缩与膨胀。空气压缩使空气局部密度和压力增加；相反，膨胀则使密度和压力减小。这些交替的压力变化即是人耳所听到的声音。声音是物体的振动以波的形式在弹性介质中传播的一种物理现象。日常生活中的声音一般是指通过空气传播作用于耳鼓膜而被感觉到的声音。

虽然人类生活环境中不能没有声音，但有些声音是不必要的，例如，睡眠时吵闹声。从广义上来讲，凡是人们不需要的，使人厌烦并干扰人的正常生活、工作和休息的声音统称为噪声。噪声不仅取决于声音的物理性质，同时还与人的生活状态有关。

通常来说确定一种声音是否是噪声与人的主观感觉是有很大关系的。因此，从心理学角度出发可知，凡是人们不需要的，使人烦躁的声音叫做噪声，它对周围环境造成的不良影响叫噪声污染。而从物理学角度来看，噪声则是指声波的频率和强弱变化毫无规律、杂乱无章的声音。

2. 噪声分类

根据不同的分类标准可分为不同的类型。

根据噪声产生机理可大执法分为机械噪声、空气动力噪声和电磁性噪声。

(1)机械噪声

机械噪声主要是指机械部件之间在摩擦力、撞击力和非平衡力的作用下震动而发出的噪声。

(2)空气动力性噪声

空气动力性噪声主要是指高速、不稳定气流，以及由于气流与物体相互作用产生的噪声，如锅炉排气、气流流经阀门、飞机螺旋桨转动、压缩机等进排气时产生的噪声。常受气流的压力、流速等因素有影响。

(3)电磁性噪声

电磁性噪声指电磁场的交替变化引起某些机械部件或空间容积振动产生的噪声，如电动机、发电机、变压器和日光灯镇流器等发出的噪声。由交变磁场强弱、被激发振动部件和空间的大小形状等因素影响。

根据噪声的来源划分，可分为交通运输噪声、工业生产噪声、建筑施工噪声和社会生活噪声。

(1)交通运输噪声

交通运输噪声是指汽车、飞机、火车、轮船、拖拉机、摩托车等交通运输工具在启动、运行和停止过程中发出的喇叭声、汽笛声、刹车声、排气声等各种噪声。此类噪声源由于具有流动性，其影响范围广、受害人数多，是我国城市的主要噪声源。表7-1所示为典型机动车所造成的噪声污染情况表。

表7-1 是典型机动车所造成的噪声污染情况表

车辆类型	加速时噪声级/dB(A)	匀速时噪声级/dB(A)
重型货车	89～93	84～89
中型货车	85～91	79～85
轻型货车	82～90	76～84
公共汽车	82～89	80～85
中型汽车	83～86	73～77
小轿车	78～84	69～74
摩托车	81～90	75～83
拖拉机	83～90	79～88

(2)工业生产噪声

工业生产噪声是指工业生产过程中机器高速运转、摩擦及振动产生的噪声，包括通风机、鼓风机、空气压缩机等空气振动产生的噪声，车床、电锯、碎石机、球磨机等固体振动产生的机械噪声，以及发动机、变压器等电磁力作用产生的噪声。工业噪声一般声级高具体可见表7-2所示，通常连续时间长，对生产工人和周围居民造成较大影响，成为职业性耳聋的主要原因。但是工业噪声源比较固定，污染范围比交通噪声要小得多，防治措施相对简单。

表 7-2　典型工业设备产生的噪声级范围

设备名称	噪声级/dB(A)	设备名称	噪声级/dB(A)
轧钢机	92～107	柴油机	110～125
切管机	100～105	汽油机	95～110
气锤	95～105	球磨机	100～120
鼓风机	95～115	织布机	100～105
空压机	85～95	纺纱机	90～100
车床	82～87	印刷机	80～95
电锯	100～105	蒸汽机	75～80
电刨	100～120	超声波清洗机	90～100

注：引自王光群，外境工程导论，2006。

(3)建筑施工噪声

建筑施工噪声是指建筑施工现场的打桩机、搅拌机、升降机、推土机、挖掘机，以及运输材料和构件等产生的噪声。此类噪声虽然具有暂时性，但随着我国城市化进程加快，维修和兴建工程数量范围不断扩大，建筑施工噪声的影响越来越大。表 7-3 是建筑施工机械的噪声级范围。

表 7-3　建筑施工机械的噪声级范围

机械名称	距声源 15m 处的噪声级/dB(A)	机械名称	距声源 15m 处的噪声级/dB(A)
打桩机	95～105	推土机	80～95
挖土机	70～95	铺路机	80～90
混凝土搅拌机	75～90	凿岩机	80～100
固定式起重机	80～90	风镐	80～t00

(4)社会生活噪声

社会生活噪声是指娱乐场所、商业活动中心、运动场所等各种社会活动产生的喧闹声，以及影碟机、电视机、洗衣机等家庭生活过程中使用的各种家电产生的嘈杂声。这类噪声一般在 80dB 以下具体可见表 7-4 所示，虽然对人体没有直接危害，但却能干扰人们正常的工作、学习和休息。

表 7-4　部分家庭常用设备的噪声级范围

家庭常用设备	噪声级/dB(A)	家庭常用设备	噪声级/dB(A)
洗衣机、缝纫机	50～80	电冰箱	30～58
电视机、除尘器及抽水马桶	60～84	电风扇	30～68
钢琴	62～96	食物搅拌器	65～80
通风机、吹风机	50～75		

3. 噪声特点与危害

近些年噪声已发展为当代社会四大公害之一，噪声主要特点如下。

(1)感觉性公害

噪声不仅取决于声音的物理性质，也与个人所处的环境和主观愿望有关，因此，对噪声评价的显著特点，是与受害者的生理与心理因素有关。隆隆的机器声、工地上的嘈杂声、刺耳的汽笛声等是噪声，而有格调或好听的音乐，在它影响人们的工作、休息并使人感到厌烦时，也认为是噪声。

(2)局限性和分散性公害

所谓局限性主要是指环境噪声影响范围的局限性，不像大气污染、海洋污染那样范围非常广泛，噪声的传播距离有限。所谓分散性主要是指环境噪声声源分布的分散性，如每辆正在行驶的汽车就是一个交通噪声源，其噪声还随着汽车的行驶而流动着。

(3)暂时、无积累性

噪声源停止发声，危害即消除，和有害有毒物质引起的污染不同。其他污染源排放的污染即使停止排放，污染物在较长时间内会在环境中残留，污染是持久性的；而噪声没有污染物，对环境的影响不具积累性。

由于噪声妨碍健康，影响工作效率。因而，随着工业与交通的发展，有人认为噪声污染是除大气污染、水体污染外的城市第三大环境污染问题。

噪声是一种无形污染，噪声可以影响人的情绪、损害健康甚至引起死亡。具体的危害如下。

(1)对人体的生理影响

噪声对人体生理的影响主要表现为听力损伤、干扰睡眠、影响交谈和思考、诱发各种疾病、影响儿童智力等。

①听力损伤是指人耳暴露在噪声环境前后听觉灵敏度的变化，为噪声对人体最直接危害。听力损伤既可能是暂时的，也可能是永久性。当人初进入噪声环境中，常会感到烦恼、难受、耳鸣，甚至出现听觉器官的敏感性下

降，听不清一般说话声，但这种情况持续时间并不长，到安静环境时，较短的时间即可恢复，这种现象称为听觉适应。若长年无防护地在较强的噪声环境中工作，在离开噪声环境后听觉敏感性的恢复就会延长，且症状随接触次数增加及时间延长而加重，这种可以恢复的听力损失称为听觉疲劳。若上述情况反复出现，进而发生听力丧失而成为噪声性耳聋。

②干扰睡眠。睡眠可消除人们的疲劳感、恢复体力，是维持健康的生理需要。但噪声会影响人的睡眠质量和数量，老年人和病人对噪声干扰更为敏感。当睡眠受干扰而辗转不能入睡时，就会出现呼吸频繁、脉搏跳动加剧、神经兴奋等现象，第二天会觉得疲劳、易累，从而影响工作效率。久而久之，就会引起失眠、耳鸣多梦、疲劳无力、记忆力衰退，在医学上为神经衰弱症候群。在高噪声环境下，这种病的发病率可达 50%～60%以上。

③干扰交谈、通信、思考。在噪声的环境下，人对一个声音的听阈会因受噪声的影响而提高，这个被提高的听阈叫掩蔽阈。造成这一现象的噪声称为掩蔽噪声。噪声能掩蔽讲话的声音而影响正常交谈、通信，也能掩蔽警报信号，影响安全。噪声还能对人的语言思维活动产生影响。

④噪声诱发各种疾病。研究发现噪声会增加人体的肾上腺激素分泌，使心率改变和血压升高，导致心脏病的发展和恶化；还会导致消化系统方面的疾病和神经衰弱症，使人出现失眠、疲劳、头晕、头痛、记忆力减退等症状；强噪声会刺激耳腔的前庭器官，使人眩晕、恶心、呕吐；若噪声超过 140dB，将导致全身血管收缩，供血减少，说话能力受到影响。噪声在某种程度上还会影响视力。有研究发现，当噪声强度达到 90dB 时，人的视觉细胞敏感性下降，识别弱光反应时间延长；噪声达 95dB 时，有 40%的人瞳孔放大，视模糊；而噪声达到 115dB 时，多数人的眼球对光亮度的适应都有不同程度的减弱。因此，长时间处于噪声环境中的人很容易发生眼疲劳、眼痛、眼花和视物流泪等眼损伤现象。

⑤噪声影响儿童智力。噪声对儿童身心健康危害更大。由于儿童发育尚未成熟，各组织器官都十分娇嫩和脆弱，因此更加容易被噪声损伤听觉器官，损害听力。噪声还会使少年儿童的智力发展缓慢，在噪声环境下老师讲课，儿童无法听清楚，注意力也难以集中，因而反应迟钝。长期暴露于噪声中的儿童比安静环境的儿童血压要高，智力发育略微迟缓。

(2)对人的心理影响

噪声影响人的心理主要是指噪音能够让人烦恼、激动、易怒，甚至失去理智。通常而言，噪声越强引起人们烦恼的可能性越大。短促强烈的噪声使人吃惊，而连续噪声比非经常性噪声引起的烦恼要小；人为噪声比同样响的自然界声音更令人厌恶；人在夜间听觉灵敏度比白天高，因此夜间的噪声比白天的更易引起烦恼。此外，各人的听觉适应性不同，对噪声的烦恼程度也会不同。

(3)对孕妇和胎儿的影响

相关研究发现，强烈的噪声对孕妇和胎儿都会产生很多不良后果。接触强烈噪声的妇女，其妊娠呕吐的发生率和妊娠高血压综合症的发生率都更高，且对胎儿也会产生许多不良的影响。噪声使母体产生紧张反应，引起子宫血管收缩，影响供给胎儿发育所必需的养料和氧气，从而减轻胎儿体重，甚至发生畸型。并且嘈杂的环境还会让一些女性性机能紊乱，月经失调，孕妇流产率增高，通常建议妇女在怀孕期间应该避免接触超过卫生标准(85～90dB)的噪声。

(4)对动物的影响

噪声对动物的影响十分广泛。这些影响包括听觉器官、内脏器官和中枢神经系统的病理性改变的损伤。根据测定，120～130dB 的噪声能引起动物听觉器官的病理性变化，130～150dB 的噪声能引起动物听觉器官的损伤和其他器官的病理性变化，150dB 以上的噪声能造成动物内脏器官发生损伤，甚至死亡。研究表明，在强烈噪声作用下，兔子的体温升高，心跳紊乱，耳朵全聋，眼睛也暂时失明，生殖和内分泌的规律也发生变化。

(5)对生产活动的影响

噪声容易让人疲劳，因此会影响精力集中和工作效率，特别是对那些要求注意力高度集中的复杂作业和从事脑力劳动的人，影响更大。在嘈杂的环境里，人的心情烦躁、容易疲劳、反应迟钝、注意力不集中，工作效率下降，影响工作速度和质量。由于噪声的心理学作用，分散了人们的注意力，容易引起工伤事故。

(6)对物质结构的影响

一般 150dB 以上的噪声，由于声波的振动，会使金属结构产生裂纹和断裂现象，这种现象叫声疲劳。有实验表明，一块 0.6mm 的铝板，在 168dB 的无规则噪声作用下，只要 15min 就会断裂。150dB 以上的强噪声，可使墙震裂、门窗破坏，甚至使烟囱和老建筑物发生坍塌，使钢结构产生“声疲劳”而损坏，使高精密度的仪表失灵。

7.1.2　环境噪声的标准和防治

1. 噪声标准

(1)声级

声音一般由许多不同频率、不同强度的分音叠加而成的。将不同频率的分音的声压级换算成响度级，然后再将响度级叠加，求得总的响度级，这种反映总响度级大小的量称为声级。因人耳的听觉特性决定声压级相同而高频声音比低频声音听起来更响。为了模拟人耳对听觉的反应，在噪声测量计中设置由电阻、电容等电子器件组成的计权网络，当声音进入网络时，中、低频的声音按比例衰减地通过，而 1000Hz 以上的高频声音则无衰减地通过。由于计权网络是把可听声频按 A、B、C、D 等种类特定频率进行计权的，所以就把 A 网络计权的声压级称为 A 声级，B 网络计权的称为 B 声级，同样有 C 声级、D 声级等，单位分别计为 dB(A)、dB(B)、dB(c)、dB(D)。其中 A 声级与人耳对噪声强度和频率的感觉最相近，能较好地反映出人们对噪声吵闹的主观感。因此，A 声级已为国际标准化组织和绝大多数国家用作对噪声进行主观评价的主要指标。

对稳定不变的噪声，可通过声级来评价，但当噪声随时间变化时，便无法通过声级值来概括声音特性，因此这里引入“等效声级”。

(2)等效声级

声场中的一定点位上，某一段时间内 A 声级变化不断，用能量平均的方法以 A 声级表示该段时间内的噪声大小。这个按能量的平均值表示的声级称为等效连续 A 声级，简称等效声级或平均声级。用公式表示为

$$L_{\mathrm{Aeq},T}=10\lg\left(\frac{1}{T}\int_0^T 10^{0.1L_{\mathrm{A}}}\,\mathrm{d}t\right)$$

式中，L_{Aeq} 为 T 时间内的等效连续 A 声级(dB)；L_{A} 为 t 时刻的瞬时 A 声级(dB)；T 为连续取样的总时间(min)。

当测量是采样测量，且采样的时间间隔一定时，等效连续 A 声级又可以按下列公式求得

$$L_{\mathrm{Aeq},T}=10\lg\left(\frac{1}{N}\sum_{i=1}^{N}10^{0.1L_i}\right)$$

式中，为第 i 次采样测得的 A 声级(dB)；N 为采样总数。

若噪声为稳态，其等效声级就是该噪声的 A 计权声级。等效连续 A 声级在评价非稳态噪声大小时尤为重要。国际标准化组织已采用等效声级的评价方法，许多国家的环境噪声标准也以等效声级为评价指标。

噪声夜间对人的影响更大。为此，将夜间噪声进行增加 10dB 加权处理后，用能量平均的方法得出昼夜等效声级 L_{dn}，其计算式为

$$L_{\mathrm{dn}}=10\lg\left[\frac{1}{24}\left(T_{\mathrm{d}}10^{0.1L_{\mathrm{d}}}+T_n10^{0.1(L_n+10)}\right)\right]$$

式中，T_{d} 是白天(7:00～22:00)T_{d} 个小时(15 小时)的等效声级；T_n 为夜间(22:00～7:00)L 个小时(9 小时)的等效声级。

昼夜等效声级自使用以来，获得了较大的成功。包括美国在内多个国家环保部门推荐用昼夜等效声级进行环境噪声评价。

(3)响度级

噪声作为单纯的物理扰动，声强级、声压级可客观反映强弱，但还无法完全反映人耳对声音强弱的主观感觉。判断一个声音的强弱，不但与声强级、声压级有关，还与声音频率有关。人耳对不同频率纯音的灵敏度相差非常大，次声波、超声波无论声压级如何人耳均无法听到，可听声波中 1000～4000Hz 的中高频的声音听起来最响。

为了定量的描述人耳对不同频率声音的主观感觉，即声音是否响亮，人们通过用对比实验得到的称为“响度级”的量来表示，单位为 phon(方)。通常做法是：以频率为 1000Hz 的纯音作为基准音，其他频率的声音听起来与基准音一样响，该声音的响度级就等于基准音的声压级。即某一声音的响度级是在人的主观响度感觉上与该声音相同的 1000Hz 纯音的声压级。

通过与基准声音比较，可获得整个可听声范围的纯音的响度级，具体可见图 7-1 所示，D. W. 鲁宾森和 R. S. 达德森提出的等响曲线。该曲线为国际标准化组织所采用，故也称 ISO 等响曲线。

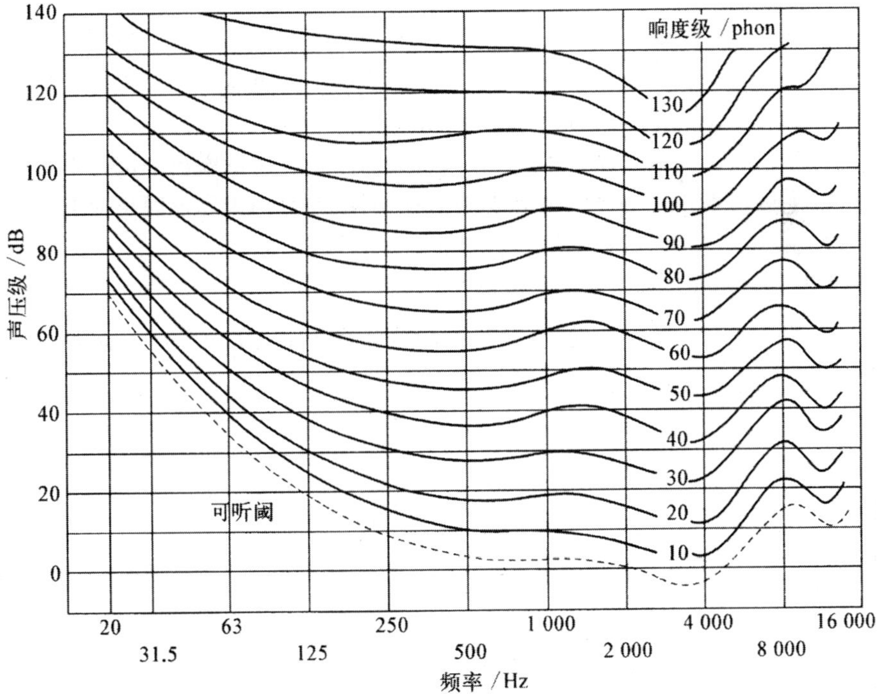

图 7-1　等响曲线

(4)噪声污染级和交通噪声指数

噪声污染级是综合能量平均和变动特性(用标准偏差表示)两者的影响而给出的对噪声的评价量,主要用于评价交通噪声,其计算式为

$$L_{NP}=L_{Aeq}+2.56\sigma$$

式中,L_{NP}为噪声污染级;L_{Aeq}为等效声级;σ为标准偏差。

噪声服从正态分布,可用下式求得

$$L_{NP}=L_{50}+d+d^2/60$$

式中,$d=L_{10}-L_{90}$,L_{10}是在测量时间内出现时间或次数在10%以上的A声级,其余类推。

交通噪声指数的定义为

$$TNI=L_{90}+4(L_{10}-L_{90})-30$$

式中,TNI为交通噪声指数。

对于正态分布的交通噪声,等效声级可用下式简化计算,公式为

$$L_{Aeq}\approx L_{50}+0.115\sigma^2$$

或

$$L_{Aeq}\approx L_{50}+d^2/60$$

式中,$d=L_{10}-L_{90}$。

环境噪声不但影响人的身心健康,而且干扰人们的工作、学习和休息,使正常的工作生活环境受到破坏。从保护人的身心健康和工作生活环境角度出发,制定出噪声的允许限值,称为噪声标准。

一般来说,噪声控制标准应因时因地而异,工厂中的噪声标准与农村地区、住宅区与城市中心区等应有不同的控制标准,且白天和夜晚也应有不同的控制标准。目前,具体的噪声控制标准有三类。

表7-5所示为城市区域环境噪声标准。

表7-5　城市区域环境噪声标准(等效声级 L_{eq})　　单位:dB 类别

类别	昼间	夜间
0	50	40
1	55	45
2	60	50
3	65	55
4	70	55

0类标准适用于疗养区、高级别墅区、高级宾馆区等特别需要安静的区域。位于城郊和乡村的这一类区域分别按严于0类标准5dB执行。

1类标准适用于以居住、文教机关为主的区域。乡村居住环境可参照

执行该类标准。

2 类标准适用于居住、商业、工业混杂区。

3 类标准适用于工业区。

4 类标准适用于城市中的交通干线道路两侧区域及穿越城区的内河航道两侧区域。穿越城区的铁路主、次干线两侧区域的背景噪声(指不通过列车时的噪声水平)限值也执行该类标准。

标准中规定昼间和夜间的时间由当地人民政府按当地习惯和季节变化划定。对夜间突发噪声,其最大值不准超过标准值 15dB。

表 7-6 所示为我国《工业企业噪声卫生标准》。工业企业的市场车间和作业场所的工作地点的噪声标准为 85dB(A),现有工业企业经过努力,暂时达不到标准可适当放宽,但不超过 90dB(A)。这是指每天在噪声环境中工作 8 小时而言的。如果每天接触噪声不到 8 小时的工种,噪声标准可适当放宽。根据国际标准化组织建议,按照等能量理论,规定工作时间减半,允许噪声提高 3dB(A)。

目前我国听力保护标准指工厂中的噪声标准,调查噪声性耳聋的发病率是制定听力保护标准的依据。按照国际标准化组织的定义,500Hz、1000Hz 和 2000Hz 三个频率的平均听力损失超过 25dB(A)时,称为噪声性耳聋。目前大多数国家听力保护标准定为 90dB(A),可保护 80%的人;有些国家定为 85dB(A),能保证 90%的人得到保护。实际上只有在 80dB(A)的条件下,才能让所有人不致耳聋。但从技术和经济角度考虑,该标准很难达到。

表 7-6　我国《工业企业噪声卫生标准》每个工作日噪声暴露

时间/h	8	4	2	1	1/2	1/4	1/8	1/16
新建企业容许噪声级/dB(A)	85	88	91	94	97	100	103	106
现有企业容许噪声级/dB(A)	90	93	96	99	102	105	108	111
最高噪声级/dB(A)	115							

表 7-7 所示为我国机动车辆噪声标准。

表 7-7　我国机动车辆噪声标准

车辆种类	1985 年以前执行标准/dB(A)	1985 年以后执行标准/dB(A)
载重汽车(3.5t～15)	89～92	84～89

续表

车辆种类	1985 年以前执行标准/dB(A)	1985 年以后执行标准/dB(A)
轻型越野车	89	84
公共汽车(4～11t)	88～89	83～86
小轿车	84	82
摩托车	90	84
轮式拖拉机(约 44kW)	91	86

表 7-8 所示为各类声环境功能区的环境噪声基本标准。环境噪声基本标准是环境噪声标准的基本依据。各国大都参照国际标准化组织推荐的基数(例如睡眠 30dB),并根据本国和地方的具体情况而制定。

我国国家环保部与国家质量监督检验检疫总局于 2008 年 8 月 19 日联合发布《声环境质量标准》(GB 3096—2008)为国家环境质量标准,该标准于 2008 年 10 月 1 日起正式实施。该标准中明确规定了五类区域的环境噪声限值。

表 7-8 各类声环境功能区的环境噪声限值 [单位:dB(A)]

类别		含义	昼间	夜间
0 类		康复疗养区等特别需要安静的区域	50	40
1 类		以居民住宅、医疗卫生、文化教育、科研设计、行政办公为主要功能,需要保持安静的区域	55	45
2 类		以商业金融、集市贸易为主要功能,或者居住、商业、工业混杂,需要维护住宅安静的区域	60	50
3 类		以工业生产、仓储物流为主要功能,需要防止工业噪声对周围环境产生严重影响的区域	65	55
4 类	4a 类	高速公路、一级公路、二级公路、城市快速路、城市主干路、城市次干路、城市轨道交通(地面段)、内河航道两侧区域	70	55
	4b 类	铁路干线两侧区域	70	60

2. 噪声防治

声学系统一般由声源、传播途径和接受者 3 个环节组成。要适当控制噪声需从这 3 个环节出发采取措施。

(1)控制噪声源

噪声源是噪声能量最集中地方,降低噪声源的噪声是控制和解决噪声污染的最根本方法。一般有两种方法,其一是通过选择低噪声的新材料、改进机械设计工艺和生产工艺、提高加工精度和配装精度或优化操作过程等途径降低噪声源的发生功率;其二是利用与所消除噪声的频谱完全相同,但相位完全相反的声音,通过叠加作用将噪声消除,也称有源消声,是噪声控制领域研究的新热点。

(2)控制噪声传播途径

控制噪声源虽是控制噪声污染的有效方法,但由于技术和条件的限制,实践中的实现较难。最常用的噪声污染控制措施是控制传播途径。主要包括合理布局强噪声分布区、利用自然屏障降低噪声、利用声源的指向性降低噪声和利用声学控制方法降低噪声等。

①合理布局。通过城市规划将强噪声工厂或车间与居民区、文教区分隔开。在工厂内部把强噪声车间与生活区分开,将强噪声源尽量集中安排,便于集中治理。

②利用自然屏障阻止噪声传播。通过天然地形、高大建筑物和绿化带等自然屏障阻断或屏蔽一部分噪声能量,以减轻噪声污染。例如,在噪声严重的工厂、施工现场或交通道路的两侧,设置足够高度的围墙或挡板、大量植树都可以使噪声强度衰减。

③利用声源的指向性降低噪声。高频噪声的指向性较强,可通过改变机器设备安装方位降低对周围的噪声污染。例如,把高压锅炉、压力容器的排气口朝向上空和朝向野外,避开生活区,可使噪声强度降低。

④利用局部降噪技术措施。在上述措施均不能满足环境要求时,可利用局部声学技术来降噪,如吸声处理、隔声、消声、隔振、阻尼减振等。具体实践中需要分析噪声传播的具体情况,综合应用这些措施,才能达到预期效果。

·吸声处理。在房间中,由于声波传播中受到壁面的多次反射而形成混响声,混响声的强弱与房间壁面对声音的反射性能密切有关。壁面材料的吸声系数越小,对声音的反射能力越大,混响声相应越强,噪声源产生的噪声级就提高得越多。一般的工厂车间,壁面往往是坚硬的,对声音反射能力很强,如混凝土壁面、抹灰的砖墙、背面贴实的硬木板等。由于混响作用,噪声源在车间内所产生的噪声级比在露天广场所产生的要提高近10dB(A)。

为了降低混响声,通常用吸声材料装饰在房间壁面上,或在房间中挂一些空间吸声体。当从噪声源发出的噪声碰到这些材料时,被吸收掉一部分,从而使总噪声级降低。

吸声材料有多孔材料和柔顺材料。多孔性吸声材料的物理结构特征是材料内部有大量的、互相贯通的、向外敞开的微孔，即材料具有一定的透气性，如纤维类（玻璃棉、岩棉、植物纤维、木质纤维等）、泡沫材料（泡沫塑料、泡沫混凝土等）、吸声建筑材料（微孔吸声砖等）等。当声波入射到多孔性吸声材料表面后，一部分声波从多孔材料表面反射，另一部分声波透射进入多孔材料，进入多孔材料的这部分声波，引起多孔性吸声材料内的空气振动，由于多孔性材料中空气与孔的摩擦和黏滞阻力等，将一部分声能转化为热能。此外，声波在多孔性吸声材料内经过多次反射进一步衰减，当进入多孔性吸声材料内的声波再返回时，声波能量已经衰减很多，只剩下小部分的能量，大部分则被多孔性吸声材料损耗吸收掉。多孔材料主要吸收中高频噪声，大量的研究和实验表明：多孔性吸声材料，如矿棉、超细玻璃棉等，只要适当增加厚度和容重，并结合吸声结构设计，其低频吸声性能也可以得到明显改善。柔顺材料也有许多小孔，但气孔密闭，彼此不相同，吸收中低频声音显著，对高频声波吸收能力较差。

吸声结构是指用一定材料组成的吸声构件，吸声结构有共振器、穿孔板吸声结构、微穿孔板吸声结构和薄板吸声结构。单个共振吸声器是安装于刚性壁内的一个密闭空腔，腔内表面坚硬，并通过一个小的开口与腔外大气相通。它像似一个肚大颈细、质地坚硬的瓶子。当声波进入孔颈时，由于孔颈的摩擦阻尼，声能变成热能，使声波衰减。穿孔板吸声结构是在打孔的薄板后面设置一定深度的密闭空腔，组成穿孔板吸声结构，这是经常使用的一种吸声结构，相当于单个共振器的并联组合。微穿孔板吸声结构是孔径在1mm以下，穿孔率为1%～5%的金属板与背后空气层组成的吸声结构。为达到更宽频带的吸收，常作成双层或多层的组合结构。薄板吸声结构指在薄板后设置空气层，其吸声原理是当声波入射到薄板结构时，薄板在声波交变压力的激发下而振动，使薄板发生弯曲变形，出现了板内部摩擦损耗，而将机械能变为热能。

·隔音技术。声波在传播途径中，遇到匀质屏障物（如木板、金属板、墙体等）时，由于介质特性阻抗的变化，使部分声能被屏障物反射回去，一部分被屏障物吸收，只有一部分声能可以透过屏障物辐射到另一空间去，透射声能仅是入射声能的一部分。由于反射与吸收的结果，从而降低噪声的传播。由于传出来的声能总是或多或少地小于传进来的能量，这种由屏障物引起的声能降低的现象称为隔声。具有隔声能力的屏障物称为隔声结构或隔声构件。

隔声量的大小与隔声构件的材料、结构和入射声波的频率有关。通常隔声墙的单位面积质量越大，隔声效果越好，单位面积的质量每增加一倍，隔声量平均增加 6dB(A)。

工程中常把隔声构件设计为单层或双层结构。单层隔声构件的材料要求密实、均匀、厚重，如钢筋混凝土、钢板、木板和砖墙等。隔声构件的性能与材料的刚性、阻尼、面积和密度等有关。同样质量的双层结构的隔声构件，其隔声效果要比单层结构好，隔声量一般高 5～10dB(A)。主要是由于夹层中间的空气层和充填的多孔吸声材料，对声波穿过第一层结构时产生的振动具有弹性缓解作用和吸收作用。

· 消声技术。主要是通过安装消声器从而减弱噪声的技术。消声器主要用于控制空气动力性噪声，安装在空气动力设备的气流进出口或通道上，阻止或减弱噪声的传播。

消声器种类可根据消声原理主要分为阻性消声器、抗性消声器和阻抗复合型消声器三种类型。近年来，小孔消声器和多孔扩散消声器在排气噪声的控制中逐渐得到广泛应用。

阻性消声器是一种能量吸收性消声器，在气流通过的途径上固定多孔性吸声材料，利用多孔吸声材料对声波的摩擦和阻尼作用将声能转化为热能，以达到消声目的。阻性消声器适合于消除中、高频率的噪声，消声频带范围较宽，对低频噪声的消声效果较差。因此，常使用阻性消声器控制风机类进排气噪声等。

抗性消声器则利用声波的反射和干涉效应等，通过改变声波的传播特性，阻碍声波能量向外传播，主要适合于消除低、中频率的窄带噪声，对宽带高频率噪声则效果较差。因此，常用来消除如内燃机排气噪声等。

鉴于阻性消声器和抗性消声器各自的特点，因此常将它们组合成阻抗复合型消声器，以同时得到高、中、低频率范围内的消声效果。如微穿孔板消声器就是典型的阻抗复合型消声器，其基本构件是在容器内顺着气流方向放置若干微穿孔板。具有耐高温、耐腐蚀、阻力小等优势，但同时加工复杂，成本高。

(3)噪声接收者的防护

噪声中接收者的防护包括：佩戴护耳器，如耳塞、耳罩、防声盔等。减少在噪声环境中的暴露时间。根据听力检测结果，适当调整在噪声环境中的工作人员。人的听觉灵敏度是有差别的，如在 85dB 的噪声环境中工作，有人会耳聋，有人则不会，可每年或几年进行一次听力检测，把听力显著降低的人调离噪声环境。

实际工作中，噪声控制主要分两类情况：一类是现有企业达不到《工业企业噪声卫生标准》的规定，需要采取补救措施来控制噪声；另一类是新建、扩建、改建而尚未建成的企业,需要事先考虑噪声污染的控制。上述两类情况中后一类情况回旋余地大,一般较容易确定合理的噪声控制方案,收到较好的实际效果。

7.2 放射性污染与防治

7.2.1 放射性污染概述

自然界长期存在的放射性(radioactivity)现象,直到百余年前才首次为人类发现。进入20世纪中叶,人们能够利用核能为自身造福。当前核能的开发方兴未艾,核辐射技术的应用日益广泛,随之而来的放射性污染(radioactive contamination)与防治问题已为世界各国所关注的热点。

1.放射性概述

德国科学家伦琴1895年在研究高真空放电管时发现了被他称作X光的射线,次年法国科学家贝可勒尔在进一步研究X光时发现铀(U)的化合物也能放出射线,这是被发现的第一个天然放射性元素。1898年,波兰科学家居里夫妇发现钍(Th)的化合物也有射线放出,并在当年又相继发现了新的放射性元素钋(Po)和镭(Ra)。这些天然放射性元素的发现,开启了人类研究放射性元素的新篇章。

可以说凡具有自发地放出射线特征的物质,均可称之为放射性物质。这些物质的原子核处于不稳定状态,在其发生核转变的过程中,自发地放出由粒子或光子组成的射线,并辐射出能量,同时本身转变成另一种物质,或是成为原来物质的较低能态。其放出的粒子或光子,将对周围介质包括机体产生电离作用(ionization),造成放射性污染和损伤。

射线的种类很多,主要的有以下三种:

①α射线:其本质是氦($^{4}_{2}He$)的原子核,是高速运动的α粒子。因此,α射线乃是氦核流,其在空气中的行径很短,天然放射性物质释放的α粒子,一般射程只有2～10cm,最远不超过12cm,在固体或生物组织中只有30～130μm。它的穿透力虽弱,但电离作用很强。

②β射线:它是一种电子流。其粒子质量只有α粒子的万分之几。在空气中的行径最长可达十余米,在生物组织中可达数十毫米,它的穿透力较α粒子强,但电离作用则较之弱得多。

③γ射线:它是波长在10^{-8}cm以下的电磁波,运动速度等于光速

(3×10^5 km/s)，不带电荷，但具有很强的穿透力，对生物组织造成的损伤最大。

放射性物质在自身的转变过程中，并非同时放出三种射线，多数仅放出一种，最多两种。

天然放射性物质在自然界中分布很广，它存在于宇宙射线、矿石、土壤、天然水、大气及动植物的所有组织中。放射性物质衰变时可从原子核中释放出对人体有危害的 α 射线、β 射线、γ 射线、X 射线等。α 射线虽有较强的电离作用，但穿透能力很低，用一张纸就可以把 α 粒子挡住；β 射线的穿透能力比 α 射线强，在空气中射程可达十几米，在生物软组织中可达十几毫米，但电离作用比 α 射线小得多；γ 射线与 X 射线都具有很强的穿透力，对人的危害最大，往往用铁、铅和混凝土屏蔽。天然放射性（如宇宙射线）和地壳中的天然放射性的照射，对人类生活没有什么不良影响，人类一直生活在这个环境中。

表示自然界本来就存在的高能辐射和放射性物质的量是“天然放射性本底”，是判断人工辐射源（有时也包括天然辐射源）是否造成环境污染的重要基准。近些年来，由于核武器的频繁试验、核能工业的不断发展、供医疗诊断用的电离辐射源的增加等，放射性已成为国际社会关注的污染问题。所谓放射性污染是指对人体健康带来危害的人工放射性污染。第二次世界大战后，随着原子能工业的发展，核武器试验频繁，放射性核素污染也成为了人们关注的问题之一。1986 年苏联切尔诺贝利核电站的事故一直持续了 10 年才得到了有效控制，造成了大量放射性核素污染。

2. 放射性污染来源

放射性污染主要指人工辐射源造成的污染，如核武器试验时产生的放射性物质、生产和使用放射性物质的企业排出的核废料。另外，医用、工业用、科学部门用的 X 射线源及放射性物质镭和钴、发光涂料、电视机显像管等，都会产生一定的放射性污染。

天然放射性来源如下。

(1)宇宙射线

宇宙射线是一种从宇宙空间射向地球的高能粒子流，其中尚未与地球大气圈、岩石圈和水圈中的物质发生相互作用的叫初级宇宙射线，主要成分包括约 85%的质子、约 14%的 α 粒子及少于 1%的重核。由初级宇宙射线与物质相互作用形成的次级宇宙射线，主要由 π 介子、η 介子和电子等亚原子粒子组成。宇宙射线的迁移分布受纬度和海拔高度的影响。由于大气层对宇宙射线有强烈的吸收作用，宇宙射线的强度随着高度的升高而急剧升高，大约在海拔22千米处达到极大值。在不同的纬度地区，宇宙射线的强度也不相同。宇宙射线的强度随时间也有变化，往往具备一定的周期性，它与太阳活动和星际间的磁场也有一定的关系。

(2)宇宙放射性核素

宇宙射线与大气圈中物质的相互作用，产生了大量的放射性核素，在这些核素中大部分是以散裂形式产生的碎片，也有一些是稳定原子与中子或介子相互作用产生的活化产物。它们的分布也受海拔高度和纬度的影响，其模式特点与宇宙射线相似。

(3)原生放射性核素

原生放射性核素是指地球形成期间出现的放射性核素。与地球同时形成的放射性核素有很多，但具有足够长半衰期而一直存在至今的却为数不多，意义最重大的有^{40}K、^{234}U和^{232}Th三个。它们通过放射性衰变，产生一系列的放射性子体，广泛地分布于地球环境中，主要贮存于岩石圈中，且在不同的地区浓度差异较大，主要受基岩类型、成因、矿物化学组成、土壤及植被发育程度和类型的影响。

除大气层核试验造成的全球性放射性污染之外，核能生产、放射性同位素的生产和应用也会导致放射性物质伴随着气态或液态流出物的释放而直接进入环境。放射性物质或核材料储存、运输及处置则可能造成放射性物质直接进入环境。具体的人为放射性来源如下。

(1)核试验沉降物

核试验是全球放射性污染的主要来源。在大气层进行核试验时，带有放射性的颗粒沉降物最后沉降到地面，造成对大气、地面、海洋、动植物和人体的污染，这种污染通过大气环流扩散污染全球环境，最后沉降到地面。这些放射性物质主要是铀(U)、钚(Pu)的裂变产物，其中危害较大的有锶(^{90}Sr)、碘(^{131}I)和碳(^{14}C)等。从1945年人类的首次核试验以来，目前全球已完成了1000多次的核试验，这对全球大气环境和海洋环境的污染是难以估量的，对人类和动植物也会产生深远的负面影响。

(2)核工业的“三废”排放

核工业始于第二次世界大战，初期为核军事工业。20世纪50年代后，核能开始应用于动力工业中。核动力的推广应用，加速了原子能工业的发展。原子能工业在核燃料的提炼、精制及核燃料元件的制造等过程中均会排放放射性废弃物。这些放射性“三废”会给周围环境造成一定程度的污染，其中主要是对水体的污染。由于原子能工业生产过程中的各项操作运行都采取了相应的安全防护措施，“三废”排放受到严格控制，一般情况下对环境的污染并不严重。但是，当原子能工厂发生意外事故，其污染是相当严重的。例如 1986 年前苏联乌克兰境内的切尔诺贝利核电站泄漏爆炸事件等。

(3)医疗照射

由于辐射在医学上的广泛应用,医用射线源已成为主要的人工放射性污染源,辐射在医学上主要用于对癌症的诊断和治疗方面。在诊断过程中,患者局部所受的剂量大约是天然源所受年平均剂量的 50 倍;而在治疗过程中,个人所受剂量又比诊断时高出数千倍,而且通常是在几周内集中施加在人体的某部分。除诊断和治疗所用的外照射,内服带有放射性的药物则造成内照射。近年来,人们已经逐渐认识到医疗照射的潜在危险,已把更多注意力放在既能满足诊断要求,又使患者所受实际量最小,甚至免受辐射的方法上面,取得了一定进展。

(4)其他辐射

其他辐射污染来源可归纳为两类:一是工业、医疗、军队、核舰艇,或研究用的放射源,因运输事故、偷窃、误用、遗失以及废物处理等失去控制而对居民造成大剂量照射或污染环境;二是由于电子技术的广泛应用,无线电广播、移动电话、电视以及微波技术的迅速发展和普及,射频设备的功率成倍提高以及高压输电等,使地面上空的电磁辐射大幅度增加。目前已达可直接威胁人体健康的程度。电磁污染是一种无形的污染,已成为人们非常关注的公害,给人类社会带来的影响已引起世界各国重视,被列为环境保护项目之一。

4.放射性污染的特点和危害

如图 7-2 所示自然环境中的放射性物质可通过大气或大气-土壤水体等不同途径进入人体,危害人体健康。

放射性污染之所以为人们所强烈关注,主要是放射性的电离辐射具有以下特征:

①绝大多数放射性核素的毒性,按致毒物本身重量计算,均远高于一般的化学毒物。

②辐射损伤产生的效应,可能影响遗传,给后代带来隐患。

③放射性剂量的大小只有辐射探测仪器方可探测,非人的感觉器官所能知晓。

④射线的辐照具穿透性,尤其是 γ 射线可穿过一定厚度的屏障层。

⑤放射性核素具有蜕变能力。当形态变化时,可使污染范围扩散。

⑥放射性活度只能通过自然衰变而减弱。

此外,放射性污染物种类繁多,在形态、射线种类、毒性、比活度以及半衰期、能量等方面均有极大差异,处理较为繁琐。

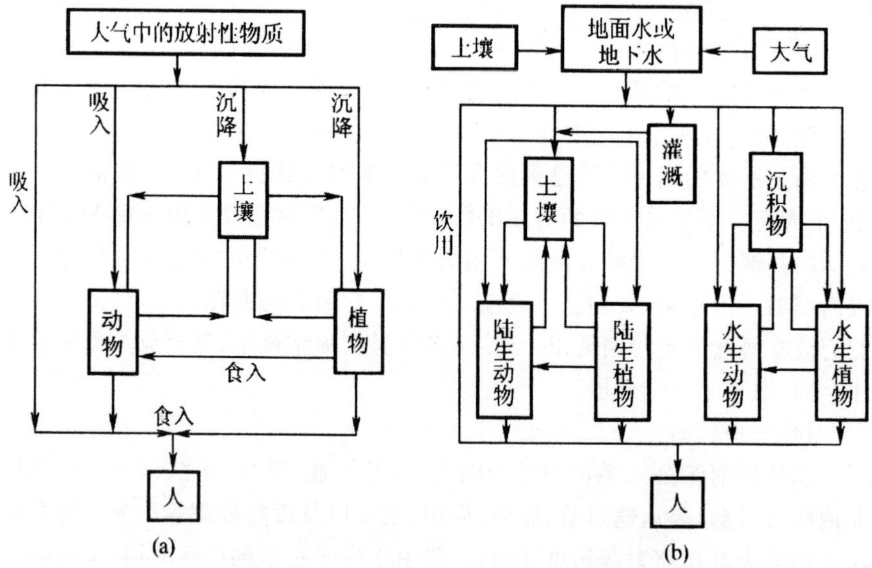

图 7-2 自然环境中放射性物质转移及进入人体途径示意图

放射线引起的生物效应,使机体分子产生电离和激发,破坏生物机体的正常机能。射线直接作用于组成机体的蛋白质、碳水化合物、酶等而引起电离和激发,并使这些物质的原子结构发生变化,引起人体生命过程的改变;间接作用是射线与机体内的水分子发生作用,产生强氧化剂和强还原剂,破坏有机体的正常物质代谢,引起机体系列反应,造成生物效应。由于水占人体重量的70%左右,因此射线间接作用对人体健康的影响比直接作用更大。射线对机体作用是综合性的(直接作用加间接作用),在同等条件下,内辐射(例如氡的吸入)要比外辐射(例如 γ 射线)危害更大。大气和环境中的放射性物质,可经过呼吸道、消化道、皮肤、直接照射、遗传等途径进入人体,一部分放射性核素进入生物循环,并经食物链进入人体。

放射性核素进入人体后,会不断衰变并放出射线的特性,以及放射性环境、放射性诊断等对人体直接辐照,即内照射和外照射,内照射难以早期察觉和清除,照射时间持久,即使小剂量,长年累月也会造成不良后果,远期可出现肿瘤、白血病和遗传障碍等疾病。

人和动物因不遵守防护规则而接受大剂量的放射线照射,吸入大气中放射性微尘或摄入含放射性物质的水和食品,都有可能产生放射性疾病。放射病是由于放射性损伤引起的一种全身性疾病,有急性和慢性两种。前者因人体在短期内受到大剂量放射线照射而引起,如核武器爆炸、核电站的泄漏等意外事故,可产生神经系统症状(如头痛、头晕、步态不稳等)、消化系统症状(如呕吐、食欲减退等)、骨髓造血抑制、血细胞明显下降、广泛性出血和感染等,严重患者多数致死。后者因人体长期受到多次小剂量放射线照射引起,有头晕、头痛、乏力、关节疼痛、记忆力减退、失眠、食欲不振、脱发和白细胞减少等症状,甚至有致癌和影响后代的危险。白血球减少是机体对放射线照射最为灵敏的反应之一。

放射性辐射可诱发致癌机理,目前有两种假说:一是辐射诱发机体细胞突变,从而使正常细胞向恶细胞转变;二是辐射可使细胞的环境发生变化,从而有利于病毒的复制和病毒诱发恶性病变。除致癌效应外,辐射的晚期效应还包括再生障碍性贫血、寿命缩短、白内障和视网膜发育异常。

表 7-9 所示为高辐射剂量对人体的影响,放射线会破坏人体的免疫功能,损伤皮肤、骨骼、生殖腺等内脏细胞,引发恶性肿瘤、白血病等急性或慢性的放射病,造成基因突变和染色体畸变,使一代甚至几代人受害。

表 7-9　高辐射剂量对人体的影响

剂量/rem	影响
100000	几分钟死亡
10000	几小时死亡
1000	几天内死亡
700	几个月内 90%死亡,10%幸免
200	几个月内 10%死亡,90%幸免
100	没有人在短期内死亡,但大大增加了患癌症和其他缩短寿命疾病的机会,女子永远不育,男子在 2～3 年内也不育

7.2.2　放射性污染标准与防治

1. 放射性污染标准

我国 1988 年发布的《电磁辐射防护规定》(GB 8702—88)是吸收了国际上有关研究成果,在 GB J8—74 的基础上修订而成的。该规定中的剂量是不允许接受的剂量范围的下限,而不是允许接受剂量范围的上限,是最优化过程的约束条件,不能直接用于设计和工作安排具体可见表 7-10 所示。

表 7-10　我国《电磁辐射防护规定》中有关剂量规定

剂量当量限值分类	年有效剂量当量限值/mSv	器官或组织年剂量当量限值/mSv
工作人员	＜50	眼晶体
一次事件的事先计划特殊照射	＜100	＜150
一生中的事先计划特殊照射	＜250	其他单个器官组织
16～18 岁学生、学徒和孕妇	＜15	＜500
公众成员(含 16 岁以下学生、学徒 32)	＜1	皮肤和眼晶体＜50

年有效剂量当量限值:不包括医疗照射和天然本底照射。

工作人员:已接受异常照射(有效剂量当量＞250mSv)的工作人员、育龄妇女,未满 16 岁的个人,不得接受事先计划的特殊照射。

公众成员:如按终生剂量平均不超过表内限值,则在某些年份里允许以每年 5mSv 作为剂量限值。

2. 放射性污染防治

(1)放射性辐射防护

由于人体受到放射性辐射照射方式分为:外照射,即人体位于空间辐射场,如医疗透视 X 光照射等;内照射,人体摄入放射性物质,对人体或某些器官或组织造成的照射。针对这两种辐射其对应的防护也不同。

人体接受的外照射剂量与源强、受照射时间及与辐射源的距离密切相关。因此,放射性污染的外照射防护可采取时间防护、距离防护和屏蔽防护等方式。

①时间防护。缩短受辐射时间。因为人体外照射所接受的总剂量为剂量率按时间的积分,尽可能缩短受照射时间是一种最为简单和有效的外照射防护方法。

②距离防护。加大与辐射源的距离。在点源窄束情况下,空间辐射场中某点的剂量率与该点至源间距离之平方成反比。因此,距离源愈远则所受的照射剂量愈小。

③屏蔽防护。即对辐射源的射线加以屏蔽阻挡。常见屏蔽措施:屏蔽辐射源,如,将源置于特制屏蔽容器内,在其外部再套以混凝土、铸铁块、铅块等;屏蔽受照者,如佩戴橡胶或铅质手套、围裙和防护罩等。

内照射防护的基本原则是切断其进入人体的通道或减少其进入量。通常可采用如下两种方法。

①稀释、分散法。对气态或液态放射性污染物，可采用稀释、分散法降低其活度水平，从而减少其进入人体的剂量。例如，对含放射性的气体或气溶胶通过高烟囱排向高空等。

②包容、集中法。将分散的放射性物质存于备有工程防护设施的专门结构内，尽量减少其向外的释放。如将放射性物质存放在铅室或某种容器内；在通风橱、手套箱、温室或热室内进行放射性操作等。

(2)放射性污染处理

①放射性废液的处理。根据《中华人民共和国放射性污染防治法》，禁止利用渗井、渗坑、天然裂隙、溶洞或者国家禁止的其他方式排放放射性废液。常用的放射性废液处理方法有稀释排放方法，放置衰变法，化学沉淀法，离子交换法，蒸发法，水泥、沥青固化法，玻璃固化法等。图 7-3 是放射性废液的处理过程。

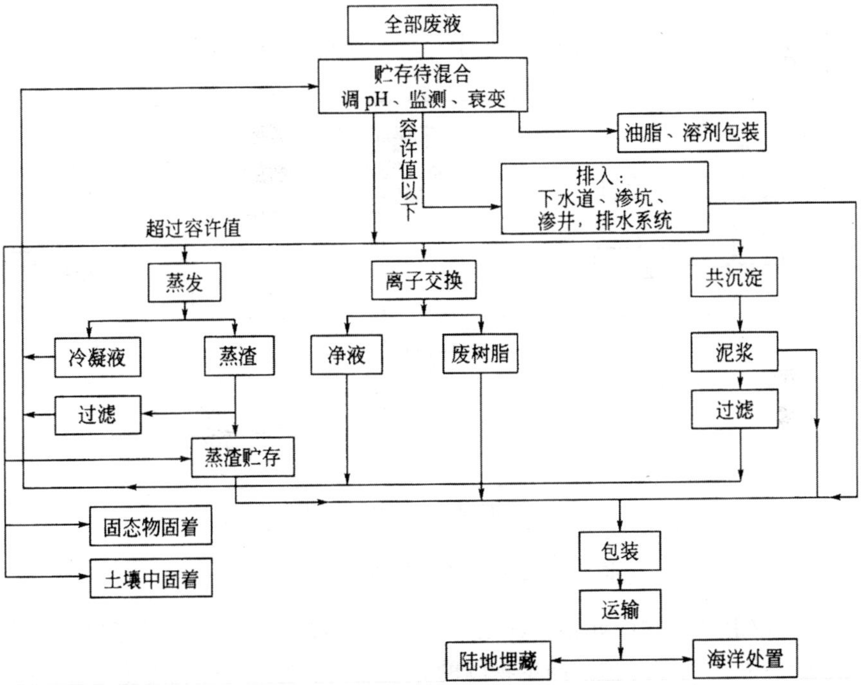

图 7-3　放射性废液的处理过程

②放射性废气处理。放射性废气主要由以下各物质组成：挥发性放射性物质(如钌和卤素等)；含氚的氢气和水蒸气；惰性放射性气态物质(如氪、氙等)；表面吸附有放射性物质的气溶胶和微粒。在核设施正常运行时，任何泄漏的放射性废气均可纳入废液中，只是在发生重大事故及以后一段时

间,才会有放射性气态物释出。通常情况下,采取预防措施将废气中的大部分放射性物质截留住甚为重要。可选取的废气处理方法有过滤法、吸附法和放置法。

③放射性固体废物的处理。图 7-4 所示为放射性固体废物的处理过程。放射性固体废物是指铀矿石提取后的废矿渣,被放射性物质玷污而不能再利用的各种器物,以及前述的浓缩废液经固化处理后所形成的固体废物。对于铀矿渣,常用土地堆放或回填矿井的方法处理,但不能根本解决污染问题,目前尚无更为有效可行的方法。对于被玷污的器物,可根据受玷污的程度及废弃物的性质不同采取不同的处理方式。

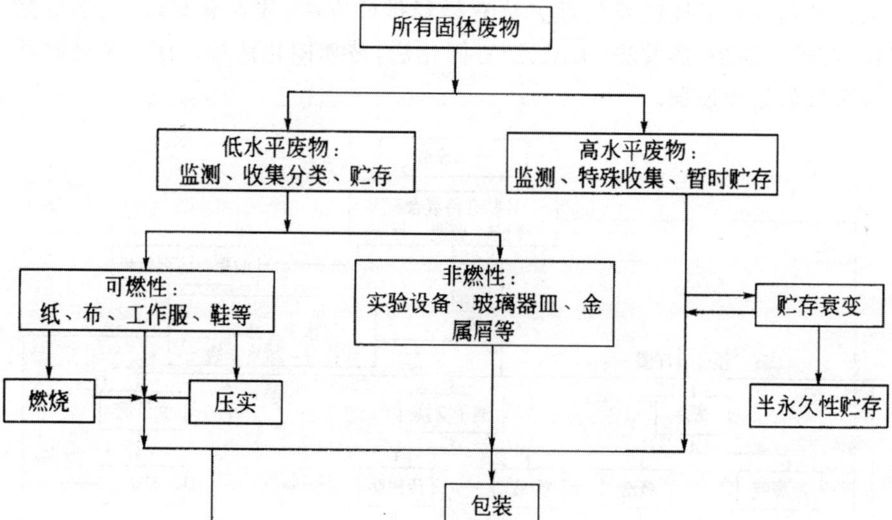

图 7-4 放射性固体废物的处理过程

④)放射性废物的处置。其基本方法是通过天然或人工屏障构成的多重屏蔽层以实现有害物质同生物圈的有效隔离。常见几种方法如下。

· 扩散型处置法。适用于比活度低于法定限值的放射性废气或废水,在控制条件下可向大气或水体排入。

· 管理型处置法。适用于不含铀元素的中、低放同体废物的浅地层处置。将废物填埋在距地表有一定深度的土层中,其上进行覆盖及种植植被,做出标记牌告。

· 再利用型处置法。适用于极低放射性水平的固体废物。经过前述的去污处理，在不需任何安全防护条件下可加以重复或再生利用。

・隔离型处置法。也称安全填埋法。适用于数量较少、比活度较高、含长寿命 α 核素的高放废物。废物必须置于深地质层或其他长期可与人类生物圈隔离的处所，以待其充分衰减。其工程设施要求严格，需特别防止核素的迁出。处置场的主要任务是保证这些放射性物质不会释放到周围环境中而对人类产生影响，直至其衰变到人类可接受的水平(300～500 年)。具体可见图 7-5 所示。

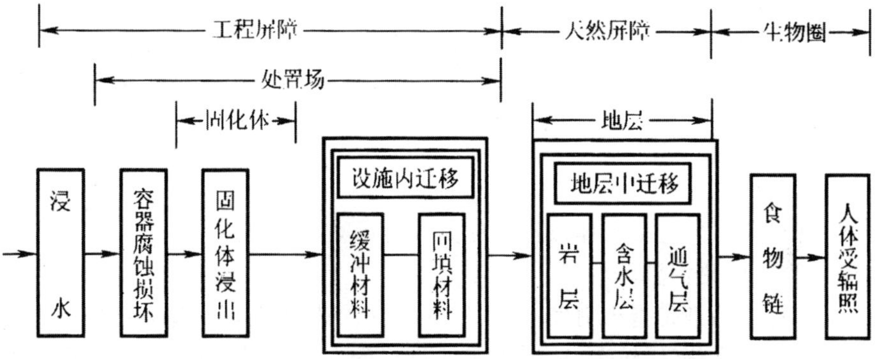

图 7-5　地质深层处置高放废物工程屏障设施及核素迁移途径

7.3　热污染与防治

7.3.1　热污染概述

1. 热污染定义

热污染是指日益现代化的工农业生产和人类生活中排放出的废热所造成的环境污染。热污染多发生在城市、工厂、火电站、原子能电站等人口稠密和能源消耗大的地区。当前世界各国能源消费正在不断地增加，由此而引起的热污染问题也日趋严重，对地球上的生物将会产生直接或潜在的威胁，其长期效应尚待进一步研究，但从环境保护的角度来看当前已处在一个热污染时代。

20 世纪 50 年代以来，由于社会生产力的发展，消费了大量的各种能源，在能源消费和转换过程中，不但产生直接危害人类的污染物，而且还产生对人体无直接危害的 CO_2、水蒸气、热废水等。这些对环境产生增温作用，使全球气候逐渐趋于变暖。像这种因能源消费而引起环境增温效应的污染,称为热污染(达到损害环境质量的程度)。

随着人口的增长、耗能量的增加,被排入大气的热量日益增多。近一个世纪以来,地球大气中的二氧化碳不断增加,使得温室效应加剧,全球气候变暖,大量冰川积雪融化,海水水位上升,一些原本十分炎热的城市,也变得更热。其中,人们最为关注的是城市的热岛效应。

热污染是异常热量的释放或被迫吸收所产生的环境"不适"造成的。近百年来全球气候变化主要影响因子按重要程度排队为 CO_2 浓度增大、城市化、海温变化、森林破坏、气溶胶、沙漠化、太阳活动、O_3、火山爆发、人为加热。使用化石燃料及核电站排出的废热是全球范围内热污染的主要来源。概括起来,热污染的原因包括异常气候变化带来的多余热量和各种有害的"人为热"。

2.热污染分类

热污染主要包括水体热污染和大气热污染两种类型。

(1)水体热污染

水体热污染是指火力发电厂、核电站、钢铁厂的循环冷却系统排出的热水,以及石油、化学、铸造、造纸等工业排出的含有大量废热的废水,排入地表水体后,导致受纳水体温度急剧升高的现象。以火力发电为例,在燃料燃烧的能量中,40%转化为电能,12%随烟气排放,48%随冷水进入到水体中。在核电站,能耗的33%转化为电能,其余67%均变为废热全部转入水中。据统计,排入水体的热量,大约80%来自发电厂。这些工业冷却水,如不循环使用,直接排入河流、湖泊等水体会产生严重危害。

(2)大气热污染

大气热污染是指大量燃料消费所产生的 CO_2 等温室气体排入大气,使温室效应加剧,导致大气平均温度升高的现象。大气热污染将改变大气环流,出现大范围天气异常,尤其旱涝等灾害天气增多。大气温度上升可导致全球气候变暖和极地冰层融化。

3.热污染危害

(1)危害人体

热污染对人体健康构成严重危害,降低了人体的正常免疫功能。高温不仅会使体弱者中暑,还会使人心跳加快,引起情绪烦躁、精神萎靡、食欲不振、思维反应迟钝、工作效率低。高温气候助长了多种病原体、病毒的繁殖和扩散,易引起疾病,特别是肠道疾病和皮肤病。

(2)影响全球气候变化

随着人口和耗能量的增长,城市排入大气的热量日益增多。人类使用的全部能量最终将转化为热，传入大气，逸向太空。这样，使地面对太阳热能的反射率增高，吸收太阳辐射热减少，沿地面空气的热减少，上升气流减弱，阻碍云雨形成，造成局部地区干旱，影响农作物生长。近一个世纪以来，地球大气中 CO_2 不断增加，气候变暖，冰川积雪融化，使海水水位上升，一些原本十分炎热的城市变得更热。专家预测，如按现在的能源消耗速度计算，每 10 年全球温度会升高 0.1℃～0.26℃，一个世纪后即为 1.0℃～2.6℃，而两极温度将上升 3℃～7℃，对全球气候会有重大影响。

整个地球的热污染可能破坏大片海洋从大气层中吸收 CO_2 的能力，热污染使得吸收 CO_2 能力较强的单细胞水藻死亡，而使得吸收 CO_2 能力较弱的硅藻数量增加。如此引起恶性循环，使地球变得更热。热污染使海水温度升高，使海藻、浮游生物和甲壳纲动物等物种栖息的珊瑚礁和极地海岸周围的冰架遭到破坏，同时滋生未知细菌和病毒，杀害海洋生物，威胁人类的健康。热污染引起南极冰原持续融化，造成海平面上升。这对于那些地势较低的海岛小国和沿海地区生活着大量人口的国家无疑是灾难性的。热污染引起冰川的融化最初可能导致洪水肆虐，储有冰川融水的冰川湖也可能泛滥成害，一旦冰川湖枯竭，河流就会断流。

由于全球气候变暖，空气中水汽相对较少，干旱地区明显增多，土地干裂，河流干涸，沙化严重，全世界每年都有超过 600 多万平方公里的土地变成沙漠，尤其是在副热带干旱区和温带干旱区。

(3)影响农业生产

钢铁厂、化工厂和造纸厂等工业生产及居民生活向大气排放的大量废热气或热水，使地面、水面等下垫面增温，形成逆温，导致地面上升气流减弱，阻碍云雨形成，造成局部地区干旱少雨，影响农作物生长。

(4)污染大气

进入大气的能量会逸向宇宙空间。在此过程中，废热直接使大气升温，同时煤、石油、天然气等矿物燃料在利用过程中产生的大量 CO_2 所造成的“温室效应”也会使气温上升。大气层温度升高将会导致极地冰层融化，造成全球范围的严重水灾。

城市的“热岛效应”：通常城区的年平均气温比城郊、周边农村要高 0.5℃～3℃。城市人口稠密、工业集中、交通工具多，生产、生活中排放的废水、废气、废渣形成低压区，吸引着周边地区热量向城市中心汇聚。其次是城市下垫面建设没有规划好，绿色面积较少。由于热岛中心区域近地面气温高，大气做上升运动，与周围地区形成气压差异，周围地区近地面大气向中心区辐合，从而形成一个以城区为中心的低压旋涡，造成人们生活、工业生产、交通工具运转等产生的大量大气污染物聚集在热岛中心，危害人们身体健康。

且由于城区和郊区之间的大气差异，一般可形成“城市风”。“城市风”可干扰自然界季风，使城区的云量和降水量增多；大气中的酸性物质形成酸雨、酸雾，诱发更加严重的环境问题。

（5）污染水体

火力发电厂、核电站和钢铁厂冷却系统排出的热水，以及石油、化工、造纸等工厂排出的生产性废水中均含有大量废热。

①影响水质。温度变化会引起水质发生物理的、化学以及生物化学等相关变化，温度升高，水的黏度降低、密度减小，水中沉积物的空间位置和数量会发生变化，导致污泥沉积量增多。水温增加，还会引起溶解氧减少，氧扩散系数增大，使水质恶化。

②水体富营养化。水体增温对富营养化的影响具体：其一是增温可增加水体中的氮、磷含量。研究表明，增温可以促进有机物的分解过程，使水体中无机盐浓度增高；同时增温又使水体中溶解氧下降，使底泥处于厌氧状态，而厌氧条件下又加快了底泥中氮磷的释放。其二是增温可改变浮游植物群落组成，使喜温的蓝藻、绿藻种类增加。这些种类是水体富营养化藻类的主要成分；同时，增温也使浮游植物繁殖加快，数量和生物量明显增加，进一步加剧水体的富营养化程度。

③影响水生生物。溶解氧的减少，存在的有机负荷因消化降解过程加快而加速耗氧，出现亏氧。鱼类会因缺氧而死亡。温度升高还会使水中化学物质的溶解度增大，生化反应加速，影响水生生物的适应能力。水体增温使水生生物群落结构发生变化，影响生物多样性指数。

④扩大传染病蔓延范围，增强有毒物质毒性。水温的升高为水中含有的病毒、细菌形成了一个人工温床，使其得以滋生泛滥，造成疫病流行。水中含有的污染物，如毒性比较大的汞、铬、砷、酚和氰化物等，其化学活动性和毒性都因水温的升高而加剧。

⑤加快水分蒸发。水温的升高使水分子热运动加剧，也使水面上的大气受热膨胀而上升，加强了水汽在垂直面上的对流运动，从而导致液体蒸发加快。陆地上的液态水转化为大汽水，加大陆地上失水量。

⑥增加能量消耗。冷却水水温升高，危害众多通过循环水生产的工厂的经济和安全。水温直接影响电厂的热机效率和发电的煤耗、油耗。水温超过一定限度，将严重影响发电机的负荷，成为发电机组安全的巨大隐患。

7.3.2　热污染标准与防治

随着现代工业的发展和人口不断增长，环境热污染日趋严重。但目前尚未有一个量值来规定其污染程度。因此，热污染防治的当务之急是尽快制定环境热污染的控制标准，同时采取切实可行的防治措施。

对水体热污染的控制，通常采用控制受纳水体温度升高范围办法。例如，《地表水质量标准》(GB 3838—2002)规定：人为造成的环境水温变化应限制在，周平均最大温升≤1℃、周平均最大温降≤2℃。《海水水质标准》(GB 3097—1997)规定：人为造成的海水温升夏季不超过当时当地水温1℃，其他季节不超过当时当地水温 2℃，最大不超过当时当地水温 4℃。有控制排放水水温的，如《污水排入城镇下水道水质标准》(CJ 343—2010)规定：超过 40℃的水不允许直接排入下水道和附近地表水体。现急需制定《冷却水排放标准》。大气热污染控制标准和相关法律法规目前几乎处于空白。

常见的防治热污染的措施如下。

(1)废热的综合利用

充分利用工业的余热，是减少热污染的最主要措施。生产过程中产生的余热种类繁多，有高温烟气余热、高温产品余热、冷却介质余热和废气废水余热等。这些余热都是可以利用的二次能源。我国每年可利用的工业余热相当于 5000 万 t 标准煤的发热量。在冶金、发电、化工、建材等行业，通过热交换器利用余热来预热空气、原燃料、干燥产品、生产蒸汽、供应热水等。此外还可以调节水田水温，调节港口水温以防止冻结。

对于冷却介质余热的利用方面主要是电厂和水泥厂等冷却水的循环使用，改进冷却方式，减少冷却水排放。对于压力高、温度高的废气，要通过气轮机等动力机械直接将热能转为机械能。

(2)加强隔热保温

在工业生产中，有些窑体要加强保温、隔热措施，以降低热损失，如水泥窑筒体用硅酸铝毡、珍珠岩等高效保温材料，既减少热散失，又降低水泥熟料热耗。

(3)寻找新能源

利用水能、风能、地能、潮汐能和太阳能等新能源，既能解决污染物问题，又是防止和减少热污染的重要途径。特别是对太阳能的利用上，各国都投入大量人力和财力进行研究，取得了一定的效果。

7.4 光污染

7.4.1 光污染概述

光为人类不可缺少的，但是过强、变化无常的光，也会对人体造成干扰和伤害。光污染是指光辐射过量而对生活、生产环境以及人体健康产生的不良影响。其主要来源于人类生存环境中日光、灯光以及各种反射、折射光源造成的各种过量和不协调的光辐射。通常可将光污染可分成三类，即白亮污染、人工白昼污染和彩光污染。

(1)白亮污染

现代城市中，宾馆、饭店、歌舞厅、写字楼等建筑物常使用玻璃、釉面砖、铝合金、磨光大理石等来装饰外墙，在太阳光的强烈照射下，这些装饰材料的反射光线明晃白亮、眩眼夺目，反射强度比一般的绿地、森林和深色装饰材料大 10 倍左右，大大超过了人体所能承受的范围，使人宛如生活在镜子世界中，分不清东南西北。

(2)人工白昼污染

夜幕降临后，商场、酒店上的广告灯、霓虹灯闪烁夺目，令人眼花缭乱。有些强光束甚至直冲云霄，使得夜晚如同白天一样。

(3)彩光污染

舞厅、夜总会安装的黑光灯、旋转灯、荧光灯以及闪烁的彩色光源构成了彩光污染。

另外，核爆炸、电焊、熔炉等发出的强光，以及一些专用仪器设备产生的紫外线也会造成严重的光污染。

7.4.2 光污染危害

人体在光污染中首先受害的是直接接触光源的眼睛和皮肤。

经过相关研究发现，长时间在白色光亮污染环境下工作和生活的人，视网膜和虹膜都会受到程度不同的损害，视力急剧下降，白内障的发病率高达 45%；还会导致头昏心烦，甚至失眠、食欲下降、情绪低落、身体乏力等类似神经衰弱的症状。夏天，玻璃幕墙强烈的反射光进入附近居民楼房内，增加了室内温度，影响人们的正常生活。烈日下驾车行驶的司机会出其不意地遭到玻璃幕墙反射光的突然袭击，眼睛受到强烈刺激，很容易诱发车祸。

过度的城市夜景照明将危及正常的天文观测。人工白昼污染使人夜晚难以入睡，扰乱人体正常的生物钟，导致白天工作效率低下。而且，人工白昼污染还会伤害鸟类和昆虫，强光可能破坏昆虫在夜间的正常繁殖过程。

据测定，黑光灯所产生的紫外线强度大大高于太阳光中的紫外线，且对人体有害影响持续时间长。人如果长期接受这种照射，可诱发流鼻血、脱牙、白内障，甚至导致白血病和其他癌变。彩色光源让人眼花缭乱，不仅对眼睛不利，而且干扰大脑中枢神经，使人感到头晕目眩，出现恶心呕吐、失眠等症状。科学家最新研究表明，彩光污染不仅有损人的生理功能，还会影响心理健康。

7.4.3 光污染防治

光污染很难像其他环境污染那样通过分解、转化和稀释等方式消除或减轻。因此，其防治应以预防为主。

(1)强化城市规划管理和控制

合理规划管理尽量让这些玻璃幕墙建筑远离交通路口、繁华地段和住宅区。我国已经针对城市玻璃幕墙起草了一个法规，它对玻璃幕墙的使用范围、设计和制作安装都有严格统一的技术标准。人们已普遍开始注意预防可能产生的光污染。北京市1999年否决的玻璃幕墙设计方案就有30余起，上海和南京等城市也对高层建筑的设计施工提出限制，防止产生新的光污染。

(2)适当的安全防护措施

对有红外线和紫外线污染的场所采取必要的安全防护措施。

(3)注重个人防护

采用个人防护措施，主要是戴防护眼镜和防护面罩。光污染的防护镜有反射型防护镜、吸收型防护镜、反射-吸收型防护镜、爆炸型防护镜、光化学反应型防护镜、光电型防护镜、变色微晶玻璃型防护镜等类型。

7.5 电磁辐射污染

7.5.1 电磁辐射概述

电场和磁场周期性地变化产生波动并通过空间传播的过程称为电磁

波,也称电磁辐射。正确利用电磁辐射可以使人类受益。如采用适当方式和强度,将电磁波照射人体的一定部位,可以帮助医生对病人进行诊断或对某些疾病进行治疗。这种生物学效应主要表现为热效应,即机体把吸收的辐射能转换为热能而达到治疗疾病的目的,但辐射过强也会由于过热而引起器官损伤。

电磁辐射污染,是指在作业和生活环境中的电磁辐射超过一定强度,人体受到长时间辐射时就会造成不同程度伤害。电磁辐射对人体危害的程度与电磁波波长有关。按对人体危害程度由大到小顺序排列,依次为微波、超短波、短波、中波、长波,即波长越短危害越大。

近年来全球移动通信广泛普及,人类可充分享受由电磁辐射带来的方便,活动空间也无限延伸,超越了国家乃至地球界线,但是电磁辐射的大规模应用使许多电磁辐射强度远远超过人体所能承受或仪器设备所能容许的限度,从而给人类和环境带来严重的电磁污染。

天然电磁辐射污染是某些自然现象引起的,如雷电,它除了可以对电器设备、飞机、建筑物等产生直接危害外,还可在广大地区从几百赫到几千赫的极宽频率范围产生严重的电磁干扰。此外,太阳和宇宙的电磁场源的自然辐射、火山喷发、地震和太阳黑子活动均会产生电磁干扰,天然的电磁辐射污染对短波通信的干扰特别严重。

人为的电磁辐射污染主要来自于以下 3 个方面。

· 脉冲放电:切断大电流电路进而产生的火花放电,其瞬时电流变率很大,会产生很强的电磁干扰。它在本质上与雷电相同,只是影响区域较小。

· 高频交变电磁场:在大功率电机、变压器以及输电线等附近的电磁场,它并不以电磁波形式向外辐射,但在近场区会产生严重电磁干扰,如高频感应加热设备(如高频淬火、高频焊接、高频熔炼等)、高频介质加热设备(如塑料热合机、高频干燥处理机,介质加热联动机等)等。

· 射频电磁辐射:无线电广播、电视、微波通信等各种射频设备的辐射,频率范围宽广,影响区域也较大,能危害近场区的工作人员。目前,射频电磁辐射已经成为电磁污染环境的主要因素。

具体人为电磁污染源可见表 7-11 所示。

表 7-11　人为电磁污染源

分类		设备名称	污染来源与部件
放电所致污染源	电晕放电	电力线(送配电线)	由于高电压、大电流而引起静电感应、电磁感应、大地漏泄电流所造成
	辉光放电	放电管	白光灯、高压水银灯及其他放电管
	弧光放电	开关、电气铁道、放电管	点火系统、发电机、整流装置等
	火花放电	电气设备、发动机、冷藏车、汽车等	整流器、发电机、放电管、点火系统等
工频辐射场源		大功率输电线、电气设备、电气铁道	污染来自高电压、大电流的电力现场电气设备
射频辐射场源		无线电发射机、雷达等	广播、电视与通风设备的振荡与发射系统
		高频加热设备、热合机、微波干燥机等	工业用射频利用设备的工作电路与振荡系统等
		理疗机、治疗机	医学用射频利用设备的工作电路与振荡系统等
家用电器		微波炉、计算机、电磁灶、电热毯等	功率源为主
移动通信设备		手持式移动电话机、对讲机	天线为主
建筑物反射		高层楼群以及大的金属构件	墙壁、钢筋、吊车等

7.5.2　电磁辐射污染危害

电磁辐射污染的危害，主要包括对人体健康的危害和对通信系统的干扰。

电磁辐射污染对人体健康的危害主要表现如下：

①能使人体组织温度升高，导致身体发生机能性障碍和功能紊乱。

②可使癌症发病率增高。

③可伤害眼睛，眼睛被强度为 $100mW/cm^2$ 的微波照射几分钟就可使晶状体出现水肿，严重的则造成白内障，强度更高的微波会使视力完全消失。

④可影响人的生殖功能。

⑤可影响人的遗传基因。

⑥可损害人的中枢神经。

⑦可引发心血管疾病。

高强度的电磁辐射以热效应和非热效应两种方式作用于人体，能使人体组织温度升高，导致身体发牛机能性障碍和功能紊乱，严重时造成植物神经功能紊乱，表现为心跳、血压和血象等方面的失调，还会损伤眼睛导致白内障。此外，长期处于高电磁辐射的环境中，会使血液、淋巴液和细胞原生质发生改变，影响人体的循环系统、免疫、生殖和代谢功能，严重的还会诱发癌症，并会加速人体的癌细胞增殖。

电磁辐射对于通信系统的干扰也会造成较大的危害。如果对电磁辐射管理不善，大功率的电磁波在室内会相互产生严重干扰而导致通信系统受损，从而造成严重事故发生。例如，1991 年奥地利劳拉航空公司一次飞机失事，导致机上 223 人全部遇难。据英国当局猜测，可能是由于飞机上的一台笔记本电脑或是便携式摄录机造成的。当舰船上使用的通信、导航或遇险呼救频率受到电磁干扰，就会影响航海安全；有的电磁波还会对有线电设施产生干扰而引起铁路信号的失误动作、交通指挥灯的失控、电子计算机的差错和自动化工厂操作的失灵，甚至还可能使民航系统的警报被拉响而发出假警报；在纵横交错、蛛网密布的高压线网、电视发射台、转播台等附近的家庭，电视机会被严重干扰；装有心脏起搏器的病人处于高电磁辐射的环境中，心脏起搏器的正常使用会受影响。

电磁辐射会引燃引爆，特别是高场强作用下引起火花而导致可燃性油类、气体和武器弹药的燃烧与爆炸事故。

此外，微波与无线电波一样，同属于电磁波，但微波的波长很短，频率很高。一方面，微波在广播、电视、电话和卫星地面间的通信、工业上的烤烘、军事上的雷达监测，以及家用微波炉的制造等方面有着广泛应用为人类造福。另一方面微波具有“电子烟雾”的作用，危害人体健康。人类长期处在微波环境中，会增加癌症发病率。强度 $100mW/cm^2$ 的微波照射眼睛几分钟，便可可使晶状体出现水肿，严重的则造成白内障，强度更高的微波，会使视力完全消失。强度 $5\sim10mW/cm^2$ 的微波，对皮肤的影响不大，但可使睾丸受到伤害，造成不育或女孩出生率明显增加。头部长期受微波照射后，轻则引起失明多梦、头痛头昏、疲劳无力、记忆力减退、易怒、抑郁等神经衰弱症候群，重则造成脑损伤。

微波的伤害作用，首先与微波的能量有关，其次与温度、照射部位等许多因素有关，为保护工作人员身体健康，我国规定了电磁波辐射的安全阈值，当环境中的功率密度大于 $5mW/cm^2$ 时，不允许工作。如果工作环境超过安全限度，就要采取防护措施，如在工作场所安装防护屏和个人穿用防护服等屏蔽防护的方法。采用我国最新研制的铝膜玻璃，制成网状或板状防护屏，均能有效地屏蔽中短电磁波。

7.5.3 电磁辐射控制

电磁污染主要通过两个途径传播：①通过空间直接辐射；②借助电磁耦合由线路传导。因此，控制电磁污染的方式可从两方面考虑：①将电磁辐射的强度减小到容许的强度，②将有害影响限制在一定的空间范围。

在电磁场传播的途径中安设电磁屏蔽装置，可使有害的电磁场强度降至容许范围以内。电磁屏蔽装置一般为金属材料制成的封闭壳体。当交变的电磁场传向金属壳体时，一部分被金属壳体表面所反射，另一部分在壳体内部被吸收，这样透过壳体的电磁场强度便大幅度衰减。电磁屏蔽的效果与电磁波频率、壳体厚度和屏蔽材料有关。一般来说，频率越高，壳体越厚，材料导电性能越好，屏蔽效果也就越好。电磁屏蔽可分有源场屏蔽和无源场屏蔽两类。前者是把电磁污染源用良好接地的屏蔽壳体包围起来，以防止它对壳体外部环境的影响；后者则是用屏蔽壳体包围需要保护的区域，以防止外部的电磁污染源对壳体内部环境产生干扰。

常见的电磁屏蔽装置如下。

①屏蔽罩。对小型仪器或器件适用，一般为铜制或铝制的密实壳体。对于低频电磁干扰，则往往用铁或铍钼合金等铁磁性材料制作壳体，以提高屏蔽效果。在低温条件下进行精密电磁测量，用超导材料可以起完满的电磁屏蔽作用。

②屏蔽室。对大型机组或控制室等适用，一般为铜板或钢板制成的六面体。当屏蔽要求较低时，可用一层或双层金属细网来代替金属板。

③屏蔽衣。屏蔽头盔和屏蔽眼罩：用于个人防护，主要保护微波工作人员。屏蔽衣和屏蔽头盔内夹有铜丝网或微波吸收材料。屏蔽眼罩通常为三层结构，中间一层为铜丝网。

除采用上述电磁屏蔽措施外，还可以积极采取其他综合性的防治对策。例如，工业合理布局，使电磁污染源远离稠密居民区，并在它们之间设立安全隔离带，隔离带内种植灌木与林木；加强管理，改进电气设备，以减少对周围环境的电磁污染；在近场区采用电磁辐射吸收材料或装置；实行遥控和遥测，提高自动化程度，以减少工作人员接触高强度电磁辐射的机会等。

第8章 人口、资源与环境

8.1 人口与环境

8.1.1 人口及相关概念

1. 人口[①]

人口是一切社会生活的基础和出发点，是构成生产力的要素和体现生产关系的生命实体。人口问题对于人类社会的发展来说，是个极为重要的问题。

2. 人口过程[②]

人口自然变动是指人口的出生和死亡，变动的结果是人口数量的增加和减少。人口机械变动是指人口在空间上的变化，即人口的迁入与迁出，变化的结果是人口数量在空间上发生人口分布和人口密度的改变。社会变动指人口社会结构的改变（如职业结构、民族结构、文化结构和行业结构等）。人口过程反映了人口与社会、人口与环境的相互关系。

反映人口过程的自然变动指标是人口出生率、死亡率和自然增长率。人口自然增长率与出生率和死亡率的关系是：

$$\text{自然增长率}=\frac{(\text{某地某年活产婴儿人数}-\text{死亡人数})}{\text{该地某年平均人数}}\times 1000‰$$

或

$$\text{自然增长率}=\text{出生率}-\text{死亡率}$$

反映人口过程、人口增长规律的指标还有指数增长、倍增期等。指数增长是指在一段时期内，人口数量以固定百分率增长。指数增长可用下式表达：

---

① 人口是生活在特定社会、特定地域、具有一定数量和质量，并在自然环境和社会环境中同各种自然因素和社会因素组成复杂关系的人的总称。

② 人口过程是人口在时空上的发展和演变过程，它大致包括自然变动、机械变动和社会变动。

$$A=A_0 e^{rt}$$

式中，A 表示某一增长值；A_0 表示某初始值；r 表示增长率；t 表示时间。

倍增期是表示在固定增长率下，人口增长 1 倍所需的时间。其计算公式为：

$$T_d=\frac{0.7}{r}$$

式中，T_d 表示倍增期；r 年增长率。

根据上式中，若人口增长率为 $r=1\%$，则 70 年后，人口增长 1 倍；若 $r=2\%$，则 35 年后，人口增长 1 倍；$r=7\%$，10 年后人口增长 1 倍；$r=10\%$，7 年后人口增长 1 倍。

3. 人口结构

人口结构(population composition)，又称人口构成。指依据人口所具有的自然、社会、经济和生理特征将人口划分成各组成部分。通常分为自然构成、地域构成和社会经济构成三类。

(1)人口的自然构成

人口的自然构成是根据人口的自然特征划分的，主要包括人口的年龄构成和性别构成。

值得注意的是：同出生率一样，年龄结构也是导致人口增长或减少的原因。在许多发展中国家，年轻人占很大的比例，这样，即便出生率下降甚至降到了“更替水平”，人口总量仍持续增长。例如，位于非洲西部的布基纳法索，出生率对年龄结构的影响就很大，每个妇女平均生育 7 个小孩。1995 年，这个国家年龄在 35～39 岁的人口为 458000 人，但年龄在 5 岁以下的却有 200 万人，5～9 岁的有 160 万人。

(2)人口的地域构成

人口的地域构成是根据人口的居住地区划分的，包括人口的城乡构成和行政区域构成等。

(3)人口的社会经济构成

人口的社会经济构成是根据人口的社会、经济特征划分的，包括人口的阶级构成、民族构成、宗教构成、职业构成、文化教育构成等。

人口构成是静态的时点指标，随着时间的推移，人口构成会不断发生变化。

4. 人口再生产

人口再生产(population reproduction)是人口不断更新，世代不断更替，人类自身得以延续和发展的过程。人口再生产是人口数量和质量延续、发展过程的统一，其中生物过程是人口再生产的自然基础，社会过程是人口再生产得以实现的形式，人口再生产过程本质上是社会过程。

人口再生产有广义和狭义之分。广义指包括人口的自然变动、迁移变动和社会变动3种人口变动在内的人口再生产过程；狭义仅指人口自然变动的人口再生产过程，即仅指人口的出生和死亡自然变动过程。

人口再生产与物质资料的再生产同属社会再生产。与物质资料再生产相比，人口再生产的特点表现为以下各方面：

①人口再生产的成果是人。

②实现人口再生产的单位是家庭。

③人口再生产过程有其惯性作用。

④人口再生产周期较长。

5.人口老龄化

人口老龄化(population ageing)又称人口老化，是指老年人所占人口比重日益上升的现象。人口老化有广义和狭义之分。广义的人口老化指人口中老年人的比重趋于上升；狭义的人口老化指老年人口比重超过一定的界限且社会已达到老年型人口，即60岁或65岁以上的老年人在总人口中的比重超过10%。人口老化的直接动因是人口出生率和死亡率的下降，它是社会经济发展到一定阶段的必然结果。随着人口老化，人口的年龄结构以及相应的社会抚养负担结构、劳动资源结构、消费结构等均会随之发生变化，对社会经济生活各方面都会发生广泛影响。

8.1.2 世界人口发展简史

1.过去的人口

一般认为，能够习惯性直立行走的人科成员包括南方古猿属。南方古猿生存在距今150～440万年前。人属出现在距今大约250万年。人属的分类与演化大致经历以下阶段：

(1)能人

生活在距今160～250万年前。能人是能够制造和使用工具的最早人科成员。根据目前掌握的证据，人类在距今250万年的能人阶段开始制造和使用工具。迄今已发现的可靠化石证据显示，南方古猿和能人只生活在非洲。

(2)直立人

直立人俗称猿人。生活在距今17～20万年前。直立人化石在亚洲、非洲和欧洲的许多地点都有发现。著名的爪哇猿人、北京猿人、蓝田猿人、元谋猿人均属直立人。直立人不仅能制造使用工具，而且还能够用火及狩猎。

(3)早期智人或古老型智人

生活在距今 10～20 万年前。尼安德特人、我国的金牛山人、大荔人、马坝人、丁村人都属于早期智人。

(4)晚期智人或解剖结构上的现代人

生活在距今 10 万年以内。法国克罗马农人、日本的港川人、中国的山顶洞人、柳江人、资阳人都属于晚期智人。

虽然现在可以推测人类起源的时间，但是对如此遥远的史前人口进行估测却非易事。各国学者根据不同的理论、资料与方法进行估算，结果差异很大，这是可以理解的。这些估算有两个共同点：

第一，早期人类留下的化石记录的数量非常少，据推断，那时全世界人口在几千至几万之间；

第二，几百万年来人口增长缓慢。

苏联学者根据下述两点推算出 1 万年前全球人口为 2～3 万人：

第一，10 万年前全世界能供渔猎与采集的陆地面积为 $4\times10^6\,km^2$；

第二，靠采集与渔猎为生，平均每平方千米只能养活 0.08 人。

各国学者对 9000 年以前至公元 2001 年世界人口的估算数字列于表 8-1。

表 8-1　世界人口发展　　单位：百万人

年份	人口数	年份	人口数	年份	人口数	年份	人口数
7000(公元前)	10	1700	623	1970	3696	1992	5480
5000(公元前)	30	1750	728	1975	4066	1993	5572
2500(公元前)	40	1800	906	1980	4453	1994	5630
0(公元，下同)	230	1850	1171	1981	4530	1995	5687
1000	275	1900	1608	1982	4607	1996	5768
1100	306	1920	1790	1983	4685	1997	5849
1200	348	1930	1996	1984	4762	1998	5901
1300	384	1940	2252	1987	5000	1999	5978
1400	373	1950	2525	1988	5115	2000	6055
1500	446	1955	2757	1989	5201	2001	6134
1600	486	1960	3037	1990	5292		
1650	545	1965	3354	1991	5385		

2. 世界人口增长的特点

(1)世界人口增长曲线呈现指数增长形式

从过去 50 万年人类人口增长现状来看，长期以来人口增长率非常低，整个人口增长是一个非常缓慢的过程，平均人口增长率仅为0.00011%。但从最近这几百年来看，世界人口增长率急剧上升，人口基数呈指数增长的态势。其重要标志为人口的倍增期越来越短，世界人口从5亿人增到10亿人用了200余年；从10亿人增至20亿人用了100多年，从20亿人到40亿人不到70年。20世纪人口在每10年间的增长数也在上升。目前世界人口有50%在25岁以下，这种年龄结构属于典型的增长型，这表示世界人口在今后相当长时期内仍会保持增长势头。而随之而来的将会是交通拥挤、住房紧张、就业困难、饥饿贫困等诸多问题。

(2)世界人口增长极不均衡

虽然世界人口不断增长，但在不同地区人口增长的水平确实存在着极端的不均衡。发达国家人口要么已经停止增长，要么增长缓慢，而很多发展中国家人口增长仍然很快，每年新增的7800万人口很大一部分分布在最贫穷的一些国家。自20世纪开始，发达国家的人口增长率就逐渐维持在一个较低水平，特别是20世纪70年代后，发达国家的人口增长率更是保持在极低水平，尤以德国、日本、意大利最为突出。目前，发达国家的生育率大大低于更替水平。2005—2010年，发达国家的总和生育率已经下降到1.6%，其中低于1.3%的国家有14个。在平均生育年龄为30岁的稳定人口中，1.3%的总和生育率意味着人口规模每年下降1.5%，人口规模45年就会减半。发展中国家的情况则截然不同，根据联合国最新的人口预测，到21世纪末世界人口会增加30亿人左右，其中97%的新增人口分布在发展中国家，其中非洲增长最快亚洲增长最多。非洲目前人口总数为10亿人，预计到21世纪中叶将增长到20亿人，是目前人口增长速度最快的地区。亚洲目前人口总数为42亿人，虽然增速赶不上非洲，但是由于巨大的人口基数，到21世纪中叶人口总数将达53亿人。拉美地区人口增长相对缓慢，在2050年人口会由目前的6亿人增长到7亿人。欧洲则基本保持不变，在7亿人的水平上下浮动。大多数发展中国家拥有较快的人口增长速度，人口结构偏年轻化。据联合国统计，西亚北非地区人口在1980年约为2.3亿人多到2010年增加到了4.4亿人，其中24岁以下的人口超过了50%表8-2和图8-1是发达国家和发展中国家人口增长情况的比较。

表8-2　近1000年来发达国家和发展中国家每年平均人口增长率

时期	平均人口增长率(%)		
	发达国家	发展中国家	全世界
1000—1750年			0.10

续表

时期	平均人口增长率(%)		
	发达国家	发展中国家	全世界
1750—1800 年	0.40	0.40	0.40
1800—1850 年	0.70	0.50	0.50
1850—1900 年	1.00	0.30	0.50
1900—1950 年	0.75	0.80	0.80
1950—2000 年	1.10	2.3	1.9
2005—2010 年	0.3	1.4	1.2

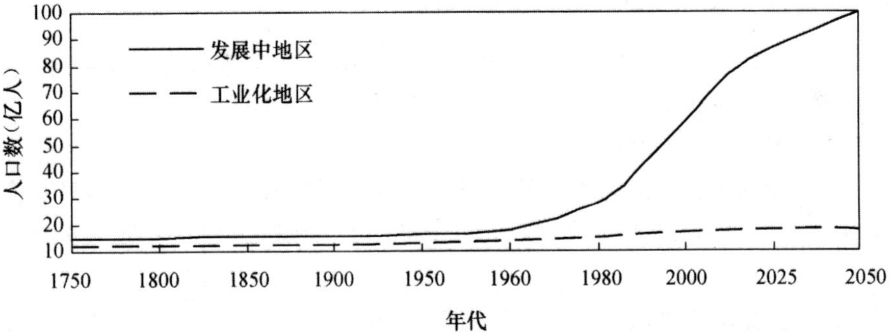

图 8-1　人口增长的区域差异

(引自钱易和唐孝炎,2000)

(3)年龄结构两极分化

人口年龄结构可分为 3 种基本类型:年轻型人口、成年型人口和老年型人口。从人口发展来看,3 种类型与增长型、静止型和缩减型相对应。

联合国把 65 岁以上(含 65 岁)或 14 岁以下(含 14 岁)人口在总人口中所占比例作为划分标准。65 岁以上的老年人占总人 4%以下为年轻型人口;占 4%～7%为成年型人口;占 7%以上为老年型人口(表 8-3)。发展中国家大多为年轻型人口,如 2008 年尼日利亚 14 岁以下儿童占其人口总数的 42.8%,印度 14 岁以下儿童占 32.2%。与此相反,发达国家少年儿童比例明显降低,2008 年英国为 17.7%,法国为 18.2%。这表明发达国家人口老龄化问题已经比较突出了。

世界银行 WDI 数据库提供的数据信息显示,2008 年全世界 14 岁以下儿童占总人口的 27.7%,15～64 岁人口占 64.9%,65 岁以上人口占 7.4%。预计世界人口年龄中值到 2025 年将超过 30 岁。值得注意的是,世界人口中65岁以上的老龄人口有55%来自发展中国家。到2025年,世界老龄化人口的68%将生活在这些国家。可以说,人口老龄化将成为21世纪的一个重要难题。

表8-3 人口年龄结构类型

	年轻型	成年型	老年型
少年儿童系数(%) (0~14岁人口占总人口的比重)	>40	30~40	<30
老年儿童系数(%) (65岁以上人口占总人口的比重)	<4	4~7	>7
年龄中值数	<20岁	20~30	>30岁

为唤起全人类关注这一重大问题,联合国从1990年起将每年的10月1日定为"国际老人节",并将1999年定为"国际老人年"。

(4)城市人口急剧膨胀

工业革命以来,达到100万人规模的城市,在1800年时,全世界只有伦敦1个城市,1850年有3个城市,1900年有16个城市,1950年增加到115个城市,1980年达到234个城市。城市人口的增长在近20年内达到了惊人的程度,如墨西哥城,在20世纪初只有30万人,到1960年增加到480万人,1970年增加到800万人,1985年则达到1800万人,约占全国人口的1/4。2005年2月16日联合国人口与发展委员会报告称,目前世界65亿人口中32亿人居住在城市,很多国家和地区城市人口的比重逐年增加,到2030年全球城市人口将增加到50亿人,占全球人口的61%。

3.世界人口增长的三个时期

冰期开始时,也就是在300万年前,人类首次出现在地球上。从那时起,人类实际上就在不断向地球的全部陆地表面扩散(图8-2)。

根据世界各国人类学者和人口学者所提供的资料,已有可能清楚地追溯世界人口发展的历史(图8-3,图8-4)。

从图8-3中可以看出世界人口发展历史至少有如下3个特点:

(1)长期以来人口增长率非常低

虽然目前世界人口增长率达1.7%~2.0%,但从全部人类史来看,平均增长率仅为0.00011%。

(2)整个人口增长史是一个非常缓慢的过程

从原始人发展到1亿人口,经历200~300万年,即到了公元前1000年前后，世界人口方达到 1 亿人。

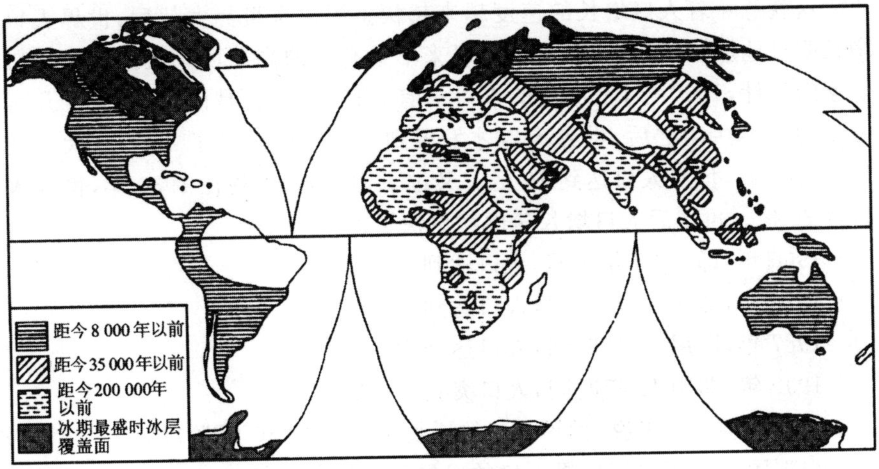

图 8-2　更新世人的分布

（摘自古迪 A. 人类影响——在环境变化中人的作用. 郑锡荣等译. 北京：中国环境科学出版社，1989）

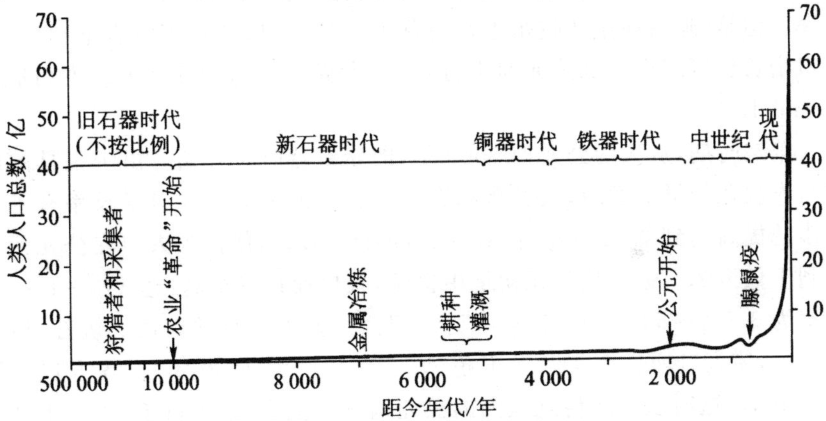

图 8-3　过去 50 万年人类人口增长

（摘自古迪 A. 人类影响——在环境变化中人的作用. 郑锡荣等译. 北京：中国环境科学出版社，1989）

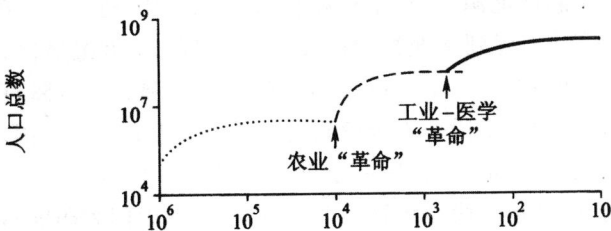

图 8-4　按对数绘制的人口总数增长曲线

（摘自古迪 A·人类影响——在环境变化中人的作用. 郑锡荣等译. 北京：中国环境科学出版社，1989）

(3)世界人口增长曲线呈现指数增长形式

这就意味着人口增长的速度越来越快。第二次世界大战后，世界人口增长明显地加快，出现了人类有史以来不曾有过的高速度。根据历史人口学家的估计，1650 年，全世界的人口只有 5 亿人，这就是说，在经历了几百万年的人类活动之后，世界人口才发展到 5 亿。以后过了 200 年，大约在 1830 年左右，世界人口达到 10 亿。又过了 100 年，大约在 1930 年，世界人口达 20 亿。再往后人口增长速度就更快了：

1960 年，即用 33 年时间，人口达到 30 亿。

1974 年，即用 14 年时间，人口达到 40 亿。

1987 年，即用 13 年时间，人口达到 50 亿。

1999 年，即用 12 年时间，人口突破 60 亿。

从任何意义上来说，世界人口的增长早已进入“起飞”阶段。

根据图 8-3，可以把世界人口的发展分成三个时期：

第一时期，从 50～60 万年前开始，人类进入旧石器时代，燧石刀片和矛头改良了狩猎工具，火的使用提高了食物质量，第一次较大地提高了人口增长率。但是，随后在生产技术上没有新的突破，人口增长率没有继续提高，人口增长仍较缓慢。到公元前 1 万年时，世界人口达到 500 万左右(D. E. Dumond，1975)。

第二时期，从大约公元前 8000 年，即新石器时代开始。由于工具的改进与农牧业的早期发展，人类食物有了较稳定的来源。人口增长率有了进一步的提高达到 0.03%左右(W. D. Borrie，1970)，使世界人口在公元元年达到 1 亿至 2.5 亿。从公元初至中世纪，人口死亡率很高，达 3%～4%，出生率为 3.5%～5%，增长率为 0.5%～1%。但由于经常出现的饥荒、瘟疫和战争，使人口增长率实际上不超过 0.1%。公元 1300 年，世界人口达到 3.84 亿，但这时从中亚传到欧洲的黑死病——鼠疫，使人口于 1400 年又剧减至 3.73 亿(表 8-2)。

第三时期，大约在 200 年前，人类实现了第二次技术革命——工业、医学革命，采用了新的能源，实现了机械化，发展了新医药。人口死亡率从农业社会的 3%～4%降到工业社会的 1%～1.5%，14 世纪那种大规模的瘟疫再也没有出现过。人口增长率从 17 世纪以前的 0.1%逐渐增加至 1%～2%。这个增长阶段一直延续到现在。虽然少数工业化国家已经达到了人口的零增长甚至负增长，但占全世界人口大多数的发展中国家人口增长尚未达到新的稳定阶段。尽管几个人口大国(如中国和印度)近年来已出现增长率稳定或略有下降的趋势，但是，即使按照 1.7%的平均增长率计算，20 世纪末世界人口仍然超过了 60 亿。

8.1.3　中国人口问题

所谓人口问题是影响人类生存与发展的各种问题的总称，是指人口发展的过程、规模、速度、质量同社会经济、生态环境等方面不相适应的问题。由于人类是社会性的动物，因而人口问题是全部社会问题的一个方面。通常，可以把人口问题区分为“质的人口问题”和“量的人口问题”。质的人口问题，是指人口在生物质的角度以及年龄、就业、社会阶级等的构成方面的问题；量的人口问题，是指某一特定区域人口量的大小、增加速度及增加是否均衡等。不论从质的方面看，还是从量的方面看，人口问题都随着时间的推移而有所变化。从这个意义上来看，人口问题又是属于历史范畴的。

中国是世界人口大国，人口总数约占世界人口的 19.6%。中国当前的人口问题表现在人口与经济、人口与社会、人口与生存等几个方面。

1. 中国人口增长的历史

中国是世界上最古老的国家之一，有着五千年古老的文明。同时，中国一直是世界上人口最多的国家。历代由于赋税、征兵的需要，都设有专管人口数字统计的官吏，如司民、户部等，定期稽查户口。各朝代都有关于人口数字的记载。中国人口发展经历了几次较大的起伏，大致可分为 4 个时期。

(1)第一个时期，从夏禹到秦统一中国

中国现存最早的人口数字是夏禹时期的。据史书《帝王世纪·郡国志》记载：“禹平水土，为九州，人口一千三百五十五万三千九百二十三。”说明中国在公元前 2200 年进入阶级社会时，已有 1000 多万人口。秦统一六国后，到秦始皇时期(公元前 205 年)，全国人口只有 1200 万。

这段时期是中国处于奴隶社会和由奴隶社会向封建社会过渡的时期，随着社会经济发展，人口数量有一定增长，但速度极其缓慢。

(2)第二个时期，从西汉开始到明末清初

这个时期共 1600 年左右，中国处于封建社会。这中间经过十几个朝代，农民起义和外族入侵等战争较多，所以人口有几次较大的波动。明万历元年达到 6659.6 万，为这一阶段人口的最高记录。

(3)第三个时期，从康熙赋税改革到新中国成立

清康熙 51 年(1712 年)实行赋税改革，人口急剧增长。乾隆 6 年(1741 年)，人口增至 14341.2 万；乾隆 29 年(1764 年)，人口突破 2 亿；乾隆 59 年(1794 年)，人口突破 3 亿(31328.2 万)。道光 14 年(1834 年)，人口已达到 4 亿(40100.9 万)。随后经过咸丰、同治、宣统几代，人口有所变动，但总趋

势是下降的，到了宣统年间（1909—1911 年），人口为 36814.6 万。民国 23 年（1934 年），人口为 46340 万。新中国成立时，1949 年全国人口为 54167 万。

可以看出，从奴隶社会初期到新中国成立，前后 4200 多年，中国人口增加近 5.3 亿，总平均每年增长人数只有 12 万多，平均年增长率为 0.88%，大部分是近 100～200 年增加的。

（4）第四个时期，新中国成立至今

这期间除了 1960 年、1961 年由于自然灾害，人口停止增长外，一直呈上升趋势。1951 年第一次全国人口普查，总人口数为 6.01 亿人；1964 年第二次全国人口普查，总人口数为 7.23 亿人；1982 年第三次全国人口普查，总人口数为 10.08 亿人；1990 年第四次全国人口普查，总人口数为 11.60 亿人；1999 年第五次全国人口普查，总人口数为 12.95 亿人；2010 年第六次全国人口普查，总人口数为 13.397 亿人。

这一段时期是中国人口迅速发展的时期。新中国成立 60 年来，人口净增 7 亿多，平均每年净增人口 1200 万～1300 万，每年增长率约为 1.4%。

2. 中国人口的特点

（1）人口基数大

2010 年中国人口已达 13.397 亿，居世界第一位。由于人口基数大，因此每年出生和净增的绝对数量很大，2009 年净增人口 672 万。

（2）增长速度变化大

从中国人口发展的几个具有代表性的历史时期来看，中国人口增长速度较快，尤其是新中国成立后，人口增长更是突飞猛进。从公元前 2245—前 207 年，人口增长率基本处于停滞状态；公元 2－1685 年，年平均增长率为 0.03%；1685—1849 年，年平均增长率为 0.86%；1849—1949 年，年平均增长率为 0.27%；1949—1982 年，年平均增长率为 1.97%。之后，随着中国计划生育工作的深入开展，人口增长率有所下降，1990 年人口增长率为 1.439%；2000 年在 0.758%以内；2008 年已降至 0.505%，进入低生育水平国家行列。

2006 年以来，受年龄结构影响，已婚育龄妇女人数增加，加之夫妻双方为独生子女可以生育两个孩子的家庭比例的提高，出生人口略有增加（图 8-5）。

（3）年龄结构趋于老龄化

新中国成立前，由于中国人口发展具有高出生率、高死亡率和低增长率的特点，因此，人口年龄结构表现为接近成年人口型。新中国成立后，由于长期保持高出生率、低死亡率和高增长率，加上两次生育高峰，这就使中国人口年龄构成发生了很大变化。根据第六次全国人口普查数据显示，同第5次全国人口普查相比，少年人口比重下降了6.29个百分点，老年人口比重上升了1.91个百分点。人口年龄结构趋于老龄化，目前正是加速发展阶段，到2025年老年人口比重将上升到12%；2025年至2050年将是高速发展阶段，老年人口比重将上升到20%以上。

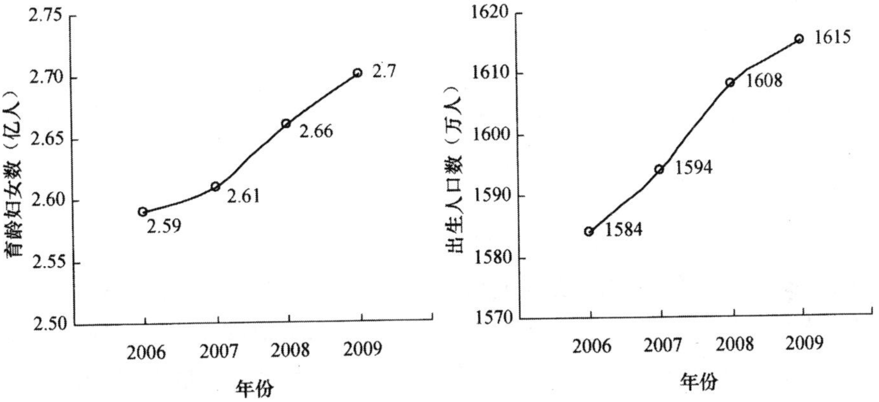

图 8-5 2006—2009 年已婚育龄妇女数和出生人口数

（资料来源：国家人口计生委和国家统计局统计年报）

(4)性别比例失调

我国人口男女性别比不仅显著高于发达国家，而且也稍高于某些发展中国家。出生婴儿男女性别比一般在103～107，但中国出生婴儿男女性别比一直处于较高的水平，5次全国人口普查数据分别为104.9(1953年)、103.8(1964年)、108.5(1982年)、111.3(1990年)、116.7(2000年)，随后，全国出生人口性别比继续攀升，但攀升势头趋缓。国家统计局公布数据显示，2009年全国出生性别比为119.45，比2008年下降1.11个百分点，是"十一五"以来首次出现下降(图 8-6)。

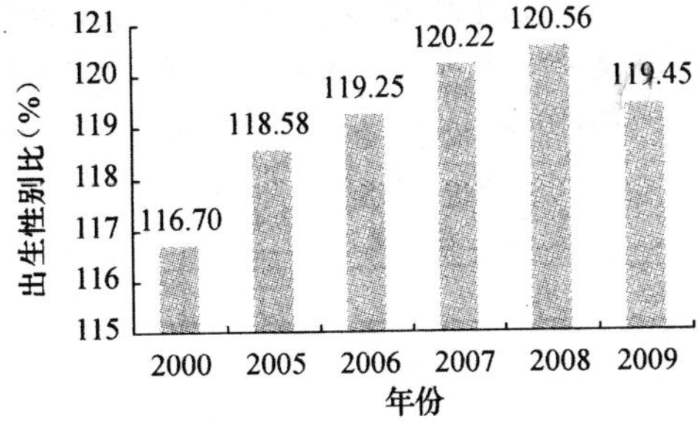

图 8-6 2000 年以来新生儿性别比变动情况

人口性别比失调是导致社会不稳定的重要因素之一，应该得到广泛的重视。

(5)人口素质比较低

人口素质也称人口质量。其内容包括人口的思想道德素质、文化技术素质以及身体素质3个方面。身体素质是人口的自然属性，文化水平、劳动技能、思想和道德品质是人口的社会属性。人口的素质是受社会生产方式的影响和制约的，随社会生产的发展而不断发展和提高。

我国优越的社会主义制度，为人口素质的不断提高提供了广阔的社会条件。新中国成立后，中国人口在身体素质和文化素质方面都有了较大的提高。在身体素质方面，人口平均寿命由新中国成立前的35岁提高到目前的73岁；婴儿死亡率由新中国成立前的200‰下降到2009年的13.8‰以下。

人文发展指数(HDI)是由反映人类生活质量的三大要素指标(即出生时预期寿命、受教育程度、实际人均GDP)合成的一个复合指数，通常作为衡量人类发展的综合尺度。该指数在0～1之间，数值越大表明发展水平越高。联合国开发计划署(UNDP)公布的《2009年人文发展报告》显示，2007年世界人文发展指数平均值为0.753。其中，中国的人文发展指数为0.772，高于世界平均水平，位居世界第92位，排名2006年提高7位，属于中等人文发展水平(HDI平均值为0.500～0.799)。

但是，从整体上来说，中国的人口素质还是比较低的。每年出生的缺陷儿约100万例，且出生缺陷发生率呈逐年上升势头。艾滋病病毒感染者和艾滋病病人约32万。虽然九年义务教育普及率达到95%以上，青壮年文盲率下降到5%以下，高等教育毛入学率达到21%，但与美国、日本等发达国家相比较，中国人口受教育状况存在明显差距，且人口素质各项指标的城乡差别较大，这里我们给出2007年人文发展指数表作为参考。

表8-4 人文发展指数(2007年)

人文发展指数排名		国家和地区	人文发展指数	出生时的预期寿命(岁)	15岁及以上成人识字率(%)	初等、中等和高等教育入学率(%)	人均国内生产总值(购买力评价法,美元)	预期寿命指数	教育指数	国内生产总值指数
2007	2006									
		世界	0.753	67.5	83.9	67.5	9972	0.71	0.78	0.77
		超高人文发展国家	0.955	80.1		92.5	37272	0.92		0.99

续表

人文发展指数排名		国家和地区	人文发展指数	出生时的预期寿命（岁）	15 岁及以上成人识字率（%）	初等、中等和高等教育入学率（%）	人均国内生产总值（购买力评价法，美元）	预期寿命指数	教育指数	国内生产总值指数
2007	2006									
		高人文发展国家	0.833	72.4	94.1	82.4	12569	0.79	0.9	0.81
		中等人文发展国家	0.686	66.9	80	63.3	3963	0.7	0.74	0.61
		低人文发展国家	0.423	51	47.7	47.6	862	0.43	0.48	0.36
92	99	中国	0.772	72.9	93.3	68.7	5383	0.8	0.85	0.67

(6)人口分布不平衡

中国人口分布不均衡主要表现在以下 3 个方面。

地理分布不均。由于自然环境条件限制，中国目前仍有 1/10 的地区无人居住。中国人口高度集中在东南部地区，而西北部人口很稀少。著名人口地理学家胡焕庸先生于 1935 年提出了体现我国人口地区分布差异的基本分界线。1982 年，中国科学院地理研究所进行了修改，将此线向南延伸，经过瑞丽止于中缅边界，约延伸 100km。按此新线划分，东南一侧占全国总面积的 42.9%，人口则占全国总人口的 94.4%；西北一侧占全国总面积的 57.1%，而人口只占全国总人口的 5.6%。可见东密西疏的人口分布格局在中国是很稳定的。

从海陆关系来看我国人口分布状况，体现了东南沿海密集而西北内地稀疏的特点。中国人口在垂直分布上也很不平衡。中国地势西高东低，人口分布集中在地势平坦的东部平原地区，故垂直方向也反映出人口东密西疏。

总之，中国人口地理分布的上述特征与世界人口地理分布情况基本一致，即由沿海到内地，由平原向山地、高原人口逐渐稀疏，这是由人类生存对环境的要求所决定的。同时，这种分布趋势也是与经济发展的布局相适应的。

农村人口比重大。中国是一个传统的农业大国，农村人口占大多数。尽管随着工业化和城市化进程加快，大批农村人口转为城镇人口，农村人口的比重1949年为89.4%；1980年为80.6%；1990年为73.8%；2000年为64%；2008年为54.3%，仍然高于世界农村人口比重的平均水平(50.1%)。大量的农村人口给土地等自然资源造成了巨大压力。

城市人口增长过快。人口城市化是指一个变农村人口为城市人口，或变农业人口为非农业人口，由农村居住变为城市居住的人口分布变动的过程。1980年以前，中国人口城市化进程缓慢，城市化程度处于较低水平。此后，随着经济的繁荣，工业化的发展，农村大量剩余人口涌入城市，使城市人口迅速增加。

1949年新中国成立时共有城市132个，1986年增加到353个，1991年达到479个。2008年末，中国设市城市655个，城镇人口总数达6.07亿人，占总人口比重为45.7%(表8-5)。

表8-5　城市发展规模的变化

城市人口数（万人）	1949年	1978年		2008年	
		城市数	比1949年增加(个)	城市数	比1978年增加(个)
城市合计	132	193	61	655	462
200以上人口	3	10	7	41	31
100～200	7	19	12	81	62
50～100	6	35	29	118	83
20～50	32	80	48	151	71
20以下	84	49	−35	264	215

注：人口规模的划分以城市市区总人口为标准。资料来源于国家统计局网站。

联合国经济社会事务部人口司发布的一份调查报告《世界城市化展望2009年修正版》显示，在过去30年中，中国50万以上人口城市的数量增长极快，超过了世界其他国家。全球拥有50万以上人口的城市中，有1/4都在中国。

8.1.4　人口动态学

人口学内容可以分为人口静态学和人口动态学两部分。人口静态学是研究分析特定地区或国家在特定时间内，不同性别、不同年龄、不同婚姻状况、不同文化程度、不同职业或就业情况、不同收入、不同民族、语言或宗教信仰等的人口数；而人口动态学的任务则是研究上述各种人口资料的时间变动率，分析其原因，并对将来人口的趋势作出预测。

1. 种群生态学的基本概念

(1)种群的定义

种群就是指占据一定面积并经常有品种或变种之间杂交的同一物种的一个群体。种群虽由个体组成，但具有其个体成员所没有的某些特征。如个体有出生、成长和死亡，但只有种群才有出生率、死亡率和增长率以及在时间上和空间上扩展的方式；个体不能演化，但种群能演化，即种群能随时间的进程而改变其特征，这是自然选择的结果。

(2)描述种群的主要参数

①种群的大小：指构成该种群的个体总数。

②种群的生物量：指一种群个体的总重量。

③种群的 3 种速率：出生率、死亡率和增长率。

出生率：指种群中出生个体的比率。可用两种方式表示：

第一，单位时间内(如 1 年)所出生个体的数目；

第二，单位时间内所出生个体占种群的比例。

死亡率：指种群中死亡个体的比率。与出生率一样，也可以用绝对数目或相对比例表示。增长率：指种群净增长的速率。可用 3 种方式表示：

第一，单位时间内净增长的个体数目；

第二，单位时间内净增长的生物量；

第三，单位时间内净增长的比例。

对于人口问题重要的是净增长的比例。

(3)种群的结构

种群的结构通常是指种群的年龄结构，此外，也可考虑其性别结构或世代结构等。年龄结构是指种群中的个体按其生命史不同阶段的分组。种群的年龄结构是种群的重要特征之一，它影响着种群的出生率、死亡率和增长率，同时还对其他物种与环境发生影响。

人口正是由不同的世代相互重叠而构成的。通常用不同年龄组的人口百分数表示这种结构，这就是所谓的年龄金字塔或人口百岁图。它为比较不同人口的年龄结构提供了一个简便的手段，而且也是预测人口未来趋势的重要依据(图 8-7 和图 8-8)。

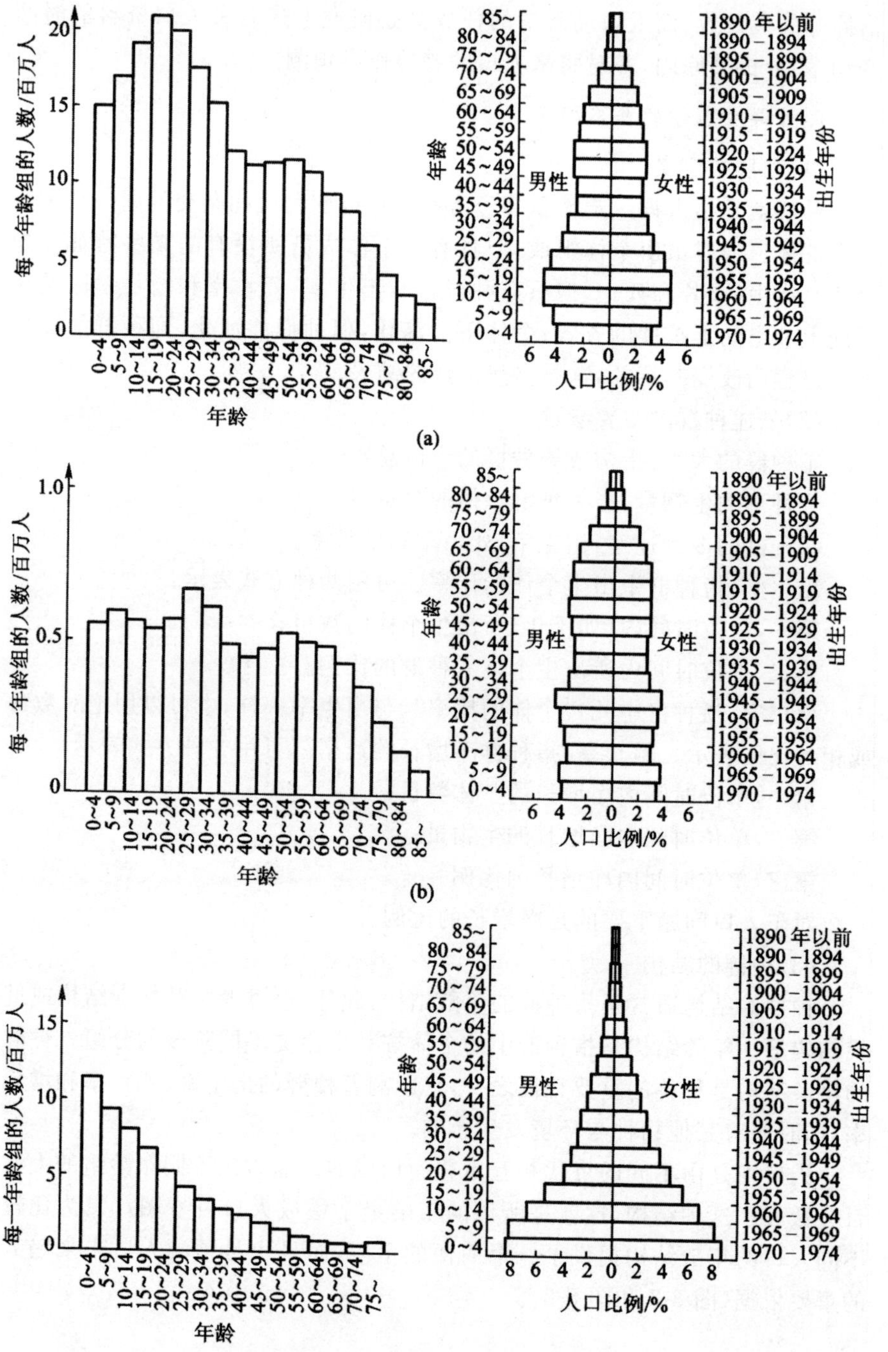

图 8-7 人口纵断面图

(a)美国(1977);(b)瑞典(1976);(c)墨西哥(1976)

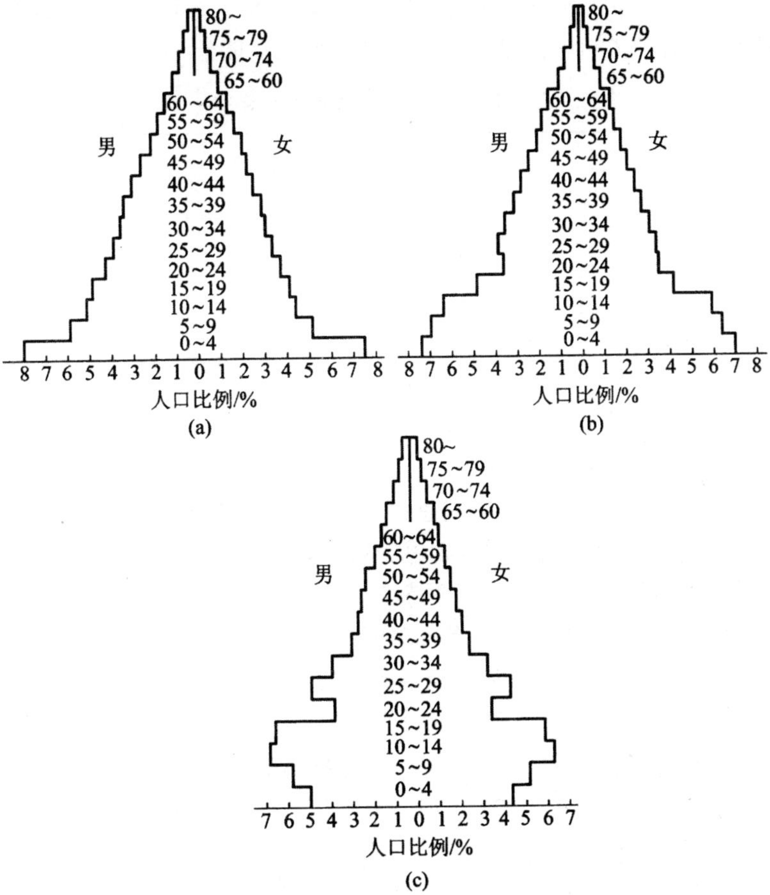

图 8-8　中国人口年龄金字塔

(a)1953 年;(b)1964 年;(c)1982 年

从图 8-7 和图 8-8 中可以清楚地看出美国、瑞典、墨西哥和中国人口结构的特点。以中国人口金字塔为例(图 8-8),1982 年人口金字塔上出现了两个外凸和两个内凹:25～34 岁年龄段和 10～19 岁年龄段出现扩张,而 20～24 岁和 0～9 岁两个年龄段出现收缩。两次外凸对应着建国初期和 1963—1968 年两个人口出生高峰时期。两次内凹对应着两次人口下降时期,一次是对应着 1960—1962 年三年困难时期生育率下降、死亡率上升,导致人口增长率突然下降;另一次是进入 20 世纪 70 年代以后,计划生育工作开展并取得成效,使人口增长得到控制的结果。

瑞典人口学家桑德巴将人口结构划分为 3 种类型:增长型、静止型和缩减型,分别代表着人口的不同发展趋势(表 8-6)。按照桑德巴的分类标准,中国从 20 世纪 30 年代开始到 1964 年,人口结构均属于典型的增长型人口。20世纪70年代人口增长速度趋缓，从增长型人口向静止型人口过渡。这种过渡状态的人口年龄结构仍有潜在的增长动能。

表 8-6　桑德巴人口类型划分标准　　单位：%

类型 年龄	增长型	静止型	缩减型
<15	40	26.5	20
15～49	50	50.5	50
>50	10	23	30

2. 生物种群的增长曲线

(1)指数曲线(S型曲线)

当一个量在一定时期内按其总量的一定比例增加时，这个量就表现为指数增长。但到达环境容量时，则停止增长，而保持稳定的种群数。指数增长是一种常见的过程，它具有两个特点：

①每一项都大于其前面所有各项的总和。

②开始时增长较慢，当基数积累到一定程度后，总量就飞速地增长，这就是通常所说的“起飞”，如图8-9(a)所示。

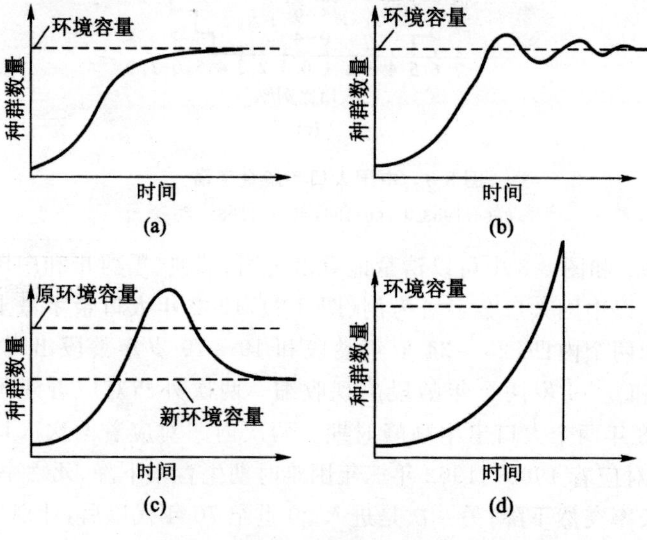

图 8-9　种群增长曲线

(a)指数曲线；(b)振荡返回曲线；(c)突跃下降曲线；(d)爆发-灭绝曲线

(2)振荡返回曲线(阻尼曲线)

这种增长呈波浪式在环境容量值附近变动，高于或低于环境容量值的幅度很小，最终又逐渐趋于稳定的种群数。这属于正常的增长曲线，其增长对环境容量没有影响，如图 8-9(b)所示。

(3)突跃下降曲线

这是一种不正常的增长曲线。种群增长超过环境容量很多，使环境中某些要素受到破坏，导致环境容量下降，种群数量减少，最后形成新的环境容量，以适应种群的发展，如图 8-9(c)所示。

(4)爆发-灭绝曲线(J 型曲线)

这也属不正常的增长曲线。开始时环境对种群生长繁殖有利，使种群数量猛增；但当灾难突然来临时，整个种群陷入几乎灭绝的境界，如图 8-9(d)所示导致这种惨局的原因是多方面的，包括天气突变、严寒袭击、食物耗竭、病毒传染、废弃物毒害或其他因素等。

8.1.5　人口与环境的相互影响

人类与环境的关系主要是通过人类的生产和消费活动表现出来的。人类的生产和消费活动也就是人类与环境之间物质、能量和信息的传递和交换过程，通过人类活动再以"三废"的形式排向环境。在这些过程中，人类活动无不受环境的影响，也无不影响环境，其影响的性质、深度和规模随着环境条件的不同而不同，随着人类社会的发展而发展。

1. 对土地资源的影响

土地资源是人类赖以生存的基础。在人类生存所需的食物来源中，耕地上生长的农作物占 88%；草原牧场占 10%；海洋占 2%。有人预测，随着对海洋的开发利用，海洋为人类提供的食物能量将会增加。从目前来看，全球适于人类耕种的面积约为 $30\times10^8 hm^2$，人均只有 $0.5hm^2$。但是，这有限的耕地资源仍在不断地减少。

2. 对水资源的影响

淡水是陆地上一切生命的源泉。地球上的淡水资源并不丰富。淡水资源主要来自大气降水，人类有可能利用的淡水只有 $9000km^3$。

由于人口分布极不均匀，降水的分配无论在空间上还是时间上也极不均匀。因此，世界上许多地区淡水不足。加上人口激增，用水量不断增加，使本来就不丰富的淡水资源显得更加紧张，目前全世界已有十几个国家发生水荒。

中国的淡水资源总量比较丰富，但按人均占有量计算，水资源并不多。目前，中国可利用水量年均只有 $1.1\sim10^{12} m^3$。由于人口分布不均匀，水资源分布不均匀，造成不少地区缺水。2000 年工农业总产值预计比 1980 年翻了两番，用水量也逐年增加。即使保持人均耗水量不变，由于人口的增加,每年至少应该增加1.2%的用水量,给本来已经十分紧张的水资源带来更大的压力。加上因“三废”排放而造成的水质污染,减少了有限的淡水资源,更突出了水资源的危机。

3. 对能源的影响

随着人口增加和工业现代化进展,人类对能源的需求量越来越大。据统计,1850—1950年的100年间,世界能源消耗年均增长率为2%。而20世纪60年代以后,工业发达国家年均增长率达到4%～10%,出现能源紧缺。当前使用的能源多属不可再生资源,储量有限,而世界能源消耗增长是必然趋势,因此,能源危机是世界性的,它的出现只是一个时间早晚的问题。

人口增长不仅使能源供应紧张,缩短了煤、石油、天然气等化石燃料的耗竭时间,而且还会加速森林资源的破坏。因为发展中国家的燃料主要依靠薪柴。

4. 对大气质量的影响

人口增长必然要消耗大量的能源、矿物资源和其他物料。

关于人口增长对环境的影响,D. L. Meadows 提出了一个“人口膨胀—自然资源耗竭—环境污染”的世界模型并作了形象的概括。该模型认为,人口激增必然导致下列三种危机同时发生:

①土地利用过度,因而不能继续加以使用,结果引起粮食产量的下降。

②自然资源因世界人口过多而发生严重枯竭,工业产品也随之下降。

③环境污染严重,破坏惊人,从而使粮食急剧减产,人类大量死亡,人口增长停止(图8-10)。

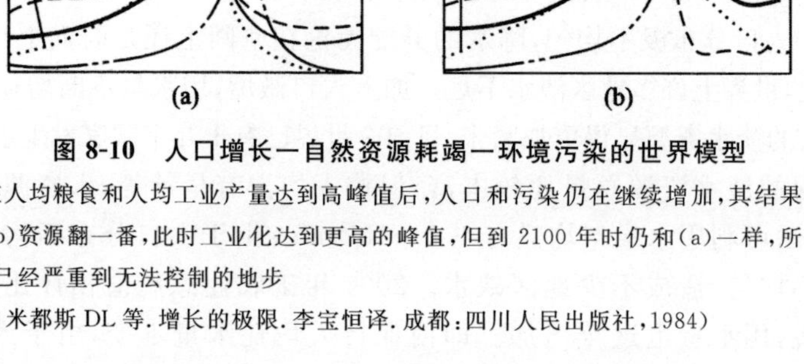

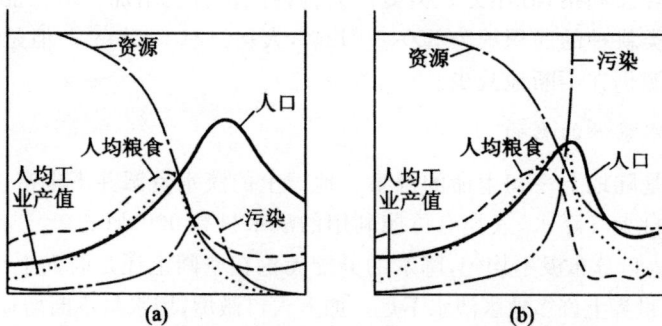

图8-10 人口增长—自然资源耗竭—环境污染的世界模型

(a)在人均粮食和人均工业产量达到高峰值后,人口和污染仍在继续增加,其结果是死亡率的剧增;(b)资源翻一番,此时工业化达到更高的峰值,但到2100年时仍和(a)一样,所不同的是环境污染已经严重到无法控制的地步

(摘自米都斯 DL 等. 增长的极限. 李宝恒译. 成都:四川人民出版社,1984)

应该承认，该模型只是一种纯数字计算的结果，它忽视了人类控制自身发展的主观能动性。该模型在某种程度上过分地宣扬了人多为患的论点，但也确实反映了生态平衡与人口增长的密切关系。

总之，人口增长对环境的冲击是巨大的、多方面的、有时甚至是灾难性的，切不可等闲视之(人口与能源、环境等相互牵连的领域见图 8-11)。

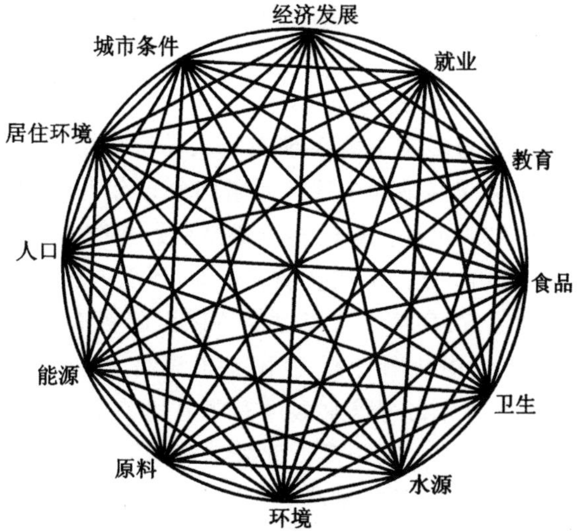

图 8-11 互相牵连的领域

(摘自：佩奇 A. 世界的未来——关于未来问题一百页. 王肖萍等译. 北京：中国对外翻译出版公司，1985)

5. 环境对人口的影响

(1)环境对人口数量及其分布的影响

首先，环境对人口数量产生重要的影响。在二万多年前的冰期，气候寒冷、生态环境恶劣，人类处在旧石器时期，以捕猎动物和采集野果为生，没有稳定的食物来源，全世界人口不过 500 万左右。到了一万年以后的冰后期，人类进入新石器时代，逐步以农耕和畜牧为主，有了比较稳定的食物来源，人口发展速度加快。人类社会进入工业革命以后，应用煤、石油等能源和机器生产，生产力大幅度提高，人口增长速度也随之加快。

其次，环境对人口分布产生重要的影响。人类起源于热带、业热带地区，而后逐步分布到温带地区，还有少量人口分布在寒带边缘地带，例如爱斯基摩人就生活在北冰洋沿岸。但是，直到今日，寒带的人口仍然十分稀少，而且南极洲至今无一人定居生活。人类还大部分分布在湿润、半湿润地带，干旱的荒漠和半干旱的草原人口数量都很少，特别是沙漠，只有在边缘的绿洲中才有人类定居。

最后，环境污染对人口数量与分布同样产生重要的影响。在人类发展的历史过程中，在某一时期的某一地区，环境的破坏和恶化对人类的生存和发展不利，造成人口减少甚至民族衰亡。例如古埃及、古巴比伦、南美洲古代的玛雅是由于破坏植被引起水土流失、生态环境恶化，进而使人口急剧减少、文明衰落。这从另一方面说明了环境对人口数量和分布的影响是十分巨大的。

(2)环境对人口素质的影响

环境对人口素质的影响主要表现在对人体健康的影响。人体血液中60多种化学元素的含量与地壳中这些元素的分布有明显的相关性。因此，某地区环境中各种化学元素含量的多少必然会影响到人体的生理功能，甚至可能对健康产生影响，进而形成疾病。例如，环境中缺碘可导致地方性甲状腺肿大的发生和流行；环境中含氟过高可以引起氟骨症；另外，还有克山病、大骨节病都与环境中缺硒有关；我国食道癌高发地区也有明显的环境原因；日本脑溢血病的分布与饮水酸度有明显的关系：饮用硬水的居民冠心病的发生率低、饮用软水则相反。此外，社会环境对人的身体素质也有明显的影响。由于社会环境的进步，人口的平均寿命提高，死亡率下降，身体素质也有提高的趋向。另外，社会环境对人的文化科学素质影响也很大。

6.人口控制与环境保护的对策和措施

根据联合国预测资料，按目前45年的人口倍增期计算，1990年世界人口为52.8亿。2035年增长到106.4亿，2080年达到212.8亿……800年后世界人口可达到千万亿的天文数字。如果届时地球上全部土地，包括山脉、沙漠，甚至南极洲都为人们所居住，平均每人占地1.5m^2，已经没有可供耕种的土地了。人口环境容量，即人口容量，又称人口承载量，可以理解为在一定的生态环境条件下，全球或者地区生态系统所能维持的最高人口数。所以，有时又称之为人口最大抚养能力或负荷能力。通常广人口容量并不是生物学上的最高人由数，而是指一定的生活水平下能供养的最高人口数，它随所规定的生活水平的标准而异。

关于中国的适度人口容量问题，不少学者做过一些有益的探索。早在1957年，马寅初先生就提出。同年，孙本文教授也从我国当时粮食生产水平和劳动就业角度提出中国最适宜的人口数量是7亿～8亿。制约人口容量的因素是多样的，但许多研究者都认为，自然资源和环境状况是人口容量的基本限制因素。近年来，我国的环境污染防治和自然生态保护，虽然都取得了显著的成效，但是我国的环境形势仍然不容乐观，对环境状况的基本估计是：局部有所改善，总体还在恶化，前景令人担忧。从环境保护角度判断，我国目前的人口数量已经远远超过了可以承载的适度人口数量，人口与环境的关系已经相当紧张。在未来相当长的时间里，中国的人口数量将进一步增加，而资源、环境的状况基本已定势，人口容量超负荷的状况将长期地存在下去。这将对中国社会经济的各方面产生极其深远的影响。

人口控制的意义是多方面的。

①促进经济发展。控制人口，无论在发达国家还是发展中国家都可以减轻国家负担、增加积累、促进经济发展。人是消费者，人口多消费大，人均资源相对就要减少。我国控制人口，执行计划生育政策，已取得了令人瞩目的成就，在缓解人口对环境的压力方面也起到了极其显著的作用。在 20 世纪 70 年代初期，我国人口自然增长率高达 2.3%，到 1990 年已降为 1.44%，远远低于其他发展中国家，也低于世界平均水平。

②有利于提高人口素质水平。人口素质大体可分为身体素质和科学文化素质两个大的范畴，前者包括体格、体力、健康状况和寿命等；后者则包括文化程度、劳动技术和特殊技能等。影响人口素质的因素是多样的，包括自然的、社会的，也包括经济的，其中，人口规模又反过来影响上述因素的变化，进一步影响人口素质。人口增长过速，给经济、环境带来极大的压力，制约着人口的营养条件，进而制约着儿童、少年的生长发育，影响未来劳动适龄人口的身体素质；人口增长过速，往往在相当程度上抵消教育投资和其他与提高人口科学素质有关的投资增长，从而使人均智力投资的增长速度下降。

③增加就业。要发展生产必须不断提高劳动生产率和提高技术设备水平，这样就应相对减少劳动人员，但由于人口增长过快，每年都有过量的新劳动力投入社会生产，要求安排工作的人数大大超过生产部门的需要，这就加剧了提高劳动生产率和充分安排就业之间的矛盾。

④改善人民生活。人类从诞生时候起，就与其生活环境息息相关。随着社会进步、科技发展，消费水平也迅速上升，然而，人口增加也扩大了有限资源与需求之间的矛盾。新中国成立后，人民生活水平有了很大的改善。城乡居住条件、社会福利、卫生状况、收入水平和消费水平都不断提高，然而，人口膨胀给生活环境也带来了巨大的压力和冲击。我国的国民经济和各项事业都有了很大发展，但由于人口增长过快，国民经济增加的相当一部分被新增人口消耗掉了。据研究，中国每年新增加的消费额中有 58%用于满足新增加的人口需要。每年增产的粮食中，有 52%用于新增人口。如果控制人口增长，就可以把更大的投入用于扩大再生产，经济发展就会更有成

效，人民生活水平就会比现在更显著地提高。同样，控制人口也可以减少消费人数，有利人民文化生活和城乡生活环境的提高。

⑤有利于环境保护。关于人口膨胀对环境的强大压力，前边已叙述了。控制人口必然使城乡生态环境问题得到缓解，减少压力，有利于生产，也保护了人民的身心健康，保护和改善生产和生活环境。

在控制人口保护环境方面可以采取的具体策略主要包括以下几方面。

(1)实行计划生育

从20世纪70年代开始，中国政府和人民为减轻庞大的人口对环境的压力和提高人民生活质量，做出了不懈的努力，国家确定了计划生育这项基本国策，围绕“控制人口数量，提高人口质量”这个总要求，采取了一系列的政策措施。其中包括：

①逐级落实人口计划指标，除少数民族聚居的地区外，实行基层单位的计划生育目标责任制，既启发自愿节育又形成具有约束力的制度，对符合或违反计划生育规定的家庭，分别给予鼓励或责令其向社会承担一定的经济责任。

②积极发展医疗、保险、养老等一系列社会福利事业，逐步调整人们的生育意愿，为计划生育提供安全良好的服务。

③实行优生优育，提高人口素质。法律规定，禁止早婚、近亲结婚，患有医学上认为不应当结婚的疾病的人禁止结婚，加强妇女产后服务。30多年来，中国计划生育基本国策的确立和各项具体政策富有成效的推行，取得了众所公认的成就，近年来的人口自然增长率稳定在1.1%～1.44%，低于世界平均增长率。

(2)有计划地迁移人口

控制人口的另一条途径是迁移人口。人口分布和迁移自古以来就同资源——环境承载力有着密切的关系。新中国成立以来，我国已向东北、西北、西南迁移了部分人口，为疏散东部人口和开发边疆做出了新贡献。2000年，党中央、国务院提出西部大开发的战略决策。不久，西部人口将有一个猛增的趋势。从各地资源——环境承载力来看，有的可适当实行人口“倒流，或环境移民，即把人口从相对稀疏但资源贫乏、生态恶劣的地区迁入人口相对密集但资源利用仍有潜力的地区。中国东部地区，也可适当引导、控制人口从山区流向平原、平原流向城镇的情况，同样可缓解人口生态压力，解决农村人口过剩的问题。因此，应该鼓励乡镇工业发展，引导他们适当集中，发展小城镇建设，便于发展基础设施和实行污染控制。

(3)提高人口环境意识

加强环境教育，提高人们的环境意识，正确认识环境及环境问题，使人的行为与环境和谐,是解决环境问题的一条根本途径。人们的环境意识对环境行为具有极大的反作用。正确的环境意识是保护环境防治污染的思想和心理准备条件,可以正确指导人们的环境行为,促进人们正确认识发展与环境的关系,也是正确执行环境保护各项法规、政策、方针、制度的动力。

(4)正确引导人口消费,保护资源和环境

中国人口多,消费还处在低水平;中国人均收入还相当低,为中等收入国家的下限水平;中国的消费结构单一,食物消费比例过大,文化等其他层次消费比例偏小;人口增长和人均资源减少的矛盾突出。因此中国人消费水平提高和消费结构改善是以合理消费模式为基础,不能重复工业化国家的模式,以资源的高消耗和环境的重污染来换取高速的经济发展和高消费的生活方式。中国只能根据自己的国情,逐步形成一套低消耗的生产体系和适度消费的生活体系,提倡增产节约型消费,减少对资源的浪费和环境的污染。

8.1.6 人口与环境关系的主方程

地球及其人口还远没有达到稳定状态,很可能还处在不可持续发展的状态。实现人口长期稳定有三种可能途径:

①控制人口增长速度,直到实现一个长期的人口、技术、文化的动态平衡状态(即承载容量,Carrying capacity)。

②逐步减少人口数量,以便在一个较低的技术活动水平上实现平衡。

③人口、社会和技术中的一个或多个因素不受控制地变化,甚至崩溃,最终在一个不希望的低水平上恢复稳定。

当我们客观地回顾最近的过去(从人类社会发展进程,或者从生物进化的角度来讲,200 年可以认为是最近的过去),可以肯定地说:我们不能延续目前的,特别是发达国家的资源消耗方式。

通过人口压力主方程的讨论可以从形成环境压力最主要原因的分析入手,来探索人类社会有效控制环境压力的途径。地球系统承受的压力,主要取决于地球上的人口数量以及人类期望的生活水平。主方程(Master equation)采用以下参数来描述环境压力:

$$环境影响=人口数量\times人均\ GDP\times(环境影响\div单位\ GDP)$$

其中,GDP 表示一个国家的国内生产总值(有时也用国民生产总值 GDP 表示),是对其产业和经济活动的衡量。主方程通常又被称为 IPAT 方程,其中 I 表示环境影响;P 表示人口数量;A 表示富裕程度(即人均国内生产总值);T 表示技术水平(即创造单位 GDP 的环境影响)。下面分别讨论该主方程中的3个变量及其随时间变化的趋势。

全球人口正在快速增长，对于一个特定的地区（城市、国家或洲），人口变化率表示如下：

$$R=(R_b-R_d)+(R_i-R_e)$$

其中，下标b、d、i、e分别代表出生、死亡、迁入和迁出。在生育高峰、战争、鼓励移民、瘟疫等不同时期，上述公式会受到不同因素的影响。当然，就整个地球而言，$R_i=R_e=0$。对于特定的人口变化率，可以预测未来某个时刻的人口数量：

$$P=P_0\mathrm{e}^{Rt}$$

式中，P_0表示目前的人口数量；t表示要预测的年数；R表示人口变化率。

如果R保持恒定，则这个公式预测在未来足够长的时间以后，人口数量会变为无穷大。显然这种情景不可能发生。在将来的某个时刻，R会等于零甚至变成负数，人口增长相应得到调整。

在实践中，人口学家根据人口年龄结构、文化演变和其他因素来预测R的变化趋势。当然，世界各国情况有所不同，地球人口最大值到来的时间和最终数量也有很大的不确定性。然而，即便最保守的人口预测也认为未来全球人口将大大超过目前的水平。

主方程的第2项变量，即人均国内生产总值，受当地和全球经济状况、历史和技术发展阶段、政府、气候等因素的影响，不同的国家和地区相差很大。总的来讲，其发展趋势是积极的。虽然GDP与生活质量并不完全等同，但我们希望GDP保持增长，尤其是在发展中国家。

主方程的第3项变量，即单位GDP的环境影响，反映了清洁技术的可获得性以及清洁技术的实际应用水平。

虽然主方程应该被看作是一个概念框架而非严格的数学公式，我们仍可以运用它来帮助制定技术和社会目标。假设我们的目标是把人类环境影响控制在目前的水平（有些人甚至号召应该制定更高的目标），下面逐个考察主方程三项变量可能的变化趋势。如上所述，在未来50年中，第1项变量（人口）可能增大1.5倍，第2项（人均GDP）可能会在这段时间内提高3～5倍。可见，如果要把人类环境影响维持在目前的水平上，就必须把第3项变量减少50%～90%。因此，一些学者倡导将单位经济产出的环境影响减小到目前的1/4，甚至是1/10。

对于主方程三项变量的变化趋势，公众对第2项变量的增长，即生活水平的逐步改善，最为支持。第1项变量——人口的增长，主要是社会问题而不是技术问题。虽然各个国家和各种文化对人口问题的对策不尽相同，但是人口增长的趋势明显很强劲。第3项变量——单位产出的环境影响，基本上是一个技术问题，尽管技术变化的速度和程度受到社会和经济因素的严重制约。主方程中的第 3 项变量是世界向可持续发展转变（特别是在短期内）的最大希望，因而改变第 3 项变量就成为产业生态学的中心任务。

8.2　能源与环境

8.2.1　能源及其分类

1. 能源的分类

能源是指可能为人类利用以获取有用能量的各种资源。如太阳能、风力、水力、电力、天然气和煤等。能源与人类有着密不可分的关系，它既能供人类使用，造福于人类，但又可给人类带来环境上的污染。随着经济的发展和人民生活水平的不断提高，能源的需求量会愈来愈多，必然会对环境产生极大的影响。

人们从不同角度对能源进行了多种多样的分类，如一次能源和二次能源，常规能源和新能源，可再生能源和不可再生能源等，具体分类见表 8-7。

表 8-7　能源分类表

一次能源	常规能源	可再生能源：水力
		不可再生能源：煤、石油、天然气、核裂变燃料
	新能源	可再生能源：太阳能、生物能、风能、潮汐能
		不可再生能源：核聚变能
二次能源		电能、氢能、汽油、煤油、重油、焦炭、沼气、丙烷等

2. 现代能源消耗的特点

现代能源消耗具有怎样的特点？

①各种不同的能源由于发挥的能量价值不同，为了便于计算，都以标准煤为单位来参照换算。1t 标准煤的燃烧值相当于 29.26×10^6U 的热量，即其换算当量 E 标煤－29.26×10^6U/t 标煤。

按人口平均，我国能耗量很低，1977 年统计只有 0.6t 标煤/人（1981 年 0.63t 标煤/人，1996 年 1.14t 标煤/人），英国是 12.6t 标煤/人，西德 6.3t 标煤/人，日本 4.7t 标煤/人，相当于我国的 4～11 倍。近几年产量有所增加，但人均能耗量仍然很低。发达国家人口少，能源消耗量却很大。如美国只占世界5%的人口，能源消耗却占世界的25%。

②自20世纪50年代以来，随着工农业的迅速发展和交通工具数量的增加，世界能源消耗速度急剧加快。近一百年世界能源消耗增长了20倍。

③能源的结构随着生产力的不断发展而发生明显变化。

3. 能源的供应

要注意区分储量与资源的概念。储量指的是在目前技术和经济条件下能够生产取得的原料，它可以分为已确证存在或合理地预料可以存在这两种。资源则包括全部储量，还包括尚未发现和已发现，但在目前技术、经济条件下还不能取得的自然原料。两者主要指的是地下的石化能源，包括煤、石油、天然气、核矿物燃料。

2000年探明石油可采量约1280亿t标煤，按现在的产量增长消耗下去，大约2015—2035年便要消耗掉80%。目前石油总储量为4310亿t标煤。随着勘探技术和开采技术的不断提高，探明的储量虽不断增加，但地球上不可再生能源总有耗尽的一天。

计算能源使用年数可以采用这样的公式：

$$T=\left(\frac{1}{R}\right)\ln\left(\frac{rR}{P}+1\right)$$

式中，T 表示现有能源储量可以维持的年数；R 表示储量；P 表示现在的消耗量；r 表示年平均耗用增长率。

8.2.2 绿色能源的开发

新型能源是指近期和将来被广泛开发和利用的能源。清洁能源是指能源在使用过程中，不会对环境产生污染的能源。这些能源的使用，不仅会缓解目前的能源危机状况，更主要是减轻环境的压力。在这些新能源及清洁能源中，包含有太阳能、风能、潮汐能、生物质能、水能、海洋能等以及氢能、地热能。这些能源的核心为太阳能（见图8-12）。

开辟核能等新的能源是解决当前能源短缺的一条出路。核能是一种比较安全、可靠、清洁的能源。现代世界上核能得到广泛应用。对核能的使用，法国占其全部能源的76%，日本占33%，美国占25%，中国台湾占50%，中国大陆只占不到2%。

尽管核能还算安全、可靠、清洁，但毕竟是不可再生能源。现代世界把思路转到大力开发可再生能源上。生物能与风能、太阳能等都属于可再生能源。

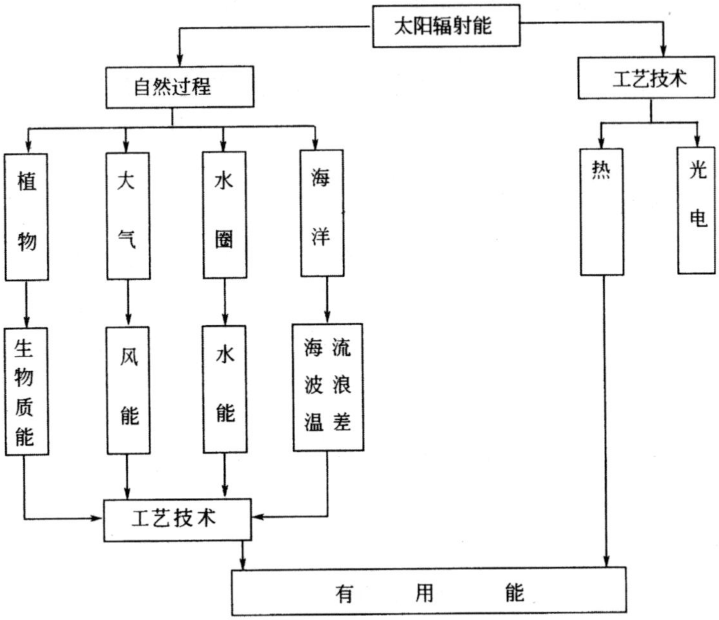

图 8-12　太阳能利用形式概念图

8.2.3　能源利用对环境的影响

1. 化石燃料对环境的影响

化石燃料由于其应用量很大，其利用时对环境的影响也很大，它对环境的影响包括开采和运输、加工与使用等。

(1)开采和运输时对环境的影响

开采煤的过程中对环境产生的影响有：当矿井中瓦斯处理不当时，瓦斯气体进入空气中而引起的大气污染；矿下开采破坏了地壳内部原有的力学平衡，引发地质灾害，如地面沉陷等现象；煤矿开采还会使地下水和地表水遭受严重污染；露天开采还会占用大量农田、草地等。

不合理的石油和天然气的开采会破坏地下空间的平衡，可能引发滑坡、山崩和地面沉降；石油开采时加入的各种化学试剂会对其周围环境的水体及农田造成不良的影响；油井事故还会污染当地环境，破坏生态平衡。天然气开采易产生污染大气的硫化氢和污染河流的伴生盐水。

煤炭运输时会造成大气的污染，石油的海运油船事故会造成严重的海洋污染等。

(2)加工时对环境的影响

煤在加工过程中，不仅会产生对水体的污染，在干燥时产生的灰尘、氮氧化物、硫氧化物也会对环境形成污染,煤在气化和液化过程中还会排出大量污染物。

石油在加工过程或炼制过程中,可产生的废气有硫氧化物、氮氧化物、一氧化碳和氨等,产生的废水中含有氯化物、悬浮固体、油脂、溶解固体、氨态氮、磷酸盐、痕量金属等,其污染物的数量较大。

(3)使用时对环境的影响

由于目前世界上的消耗以化石燃料为主,而化石能源除极少数用作化工原料外,大都用作燃料,其中煤炭主要用作取暖和发电,石油主要用于交通运输。化石燃料造成的污染为燃烧时产生的各种有害气体、固体废物和余热所造成的热污染。

①有害气体的危害。有害气体是指化石燃料燃烧时产生的硫氧化物、氮氧化物、一氧化碳、烃类和其他有机化合物等大气污染物。这些气体在大气中存在时,一方面污染空气,随着大气的环流作用向四外扩散;另一方面这些有害气体可以通过降水形成酸雨,污染水体和土壤。在这些气体污染物中苯并[a]芘是一种强烈的致癌物质,其毒性很大。

②热污染。化石燃料产生的大量的热能,这些热能可被利用的仅占总发热量的三分之一,有近三分之二的热量以余热的方式被排放到环境中去,其中有一大部分被排放到水体中,破坏水体生态系统,对水生生物的生存构成威胁。如水温升高,使藻类的繁殖速度加快,固氮藻的固氮速率增大,水体各类无机氮含量增加,水体发生富营养化,改变正常的水生生态系统。

③固体废物的影响。化石燃料燃烧后,产生的大量固体废物会对环境产生污染。如固体废物长期堆存,不仅占用大量土地,而且会造成对水体和大气的严重污染和危害。

2.水力发电对环境的影响

虽然水电是一种经济、清洁、可再生的能源,水电本身不会对环境产生污染问题,但是水力发电需要修建水库,水库的修建如不事先充分论证,周密安排好对策,可对环境产生如下几方面的影响。

(1)自然状况

建造水库将会引起流域水文上的改变和库区气候的改变。如使下游水位降低,甚至断流;由于来自上游泥沙减少,可能补偿不了海浪对河口一带的冲刷作用,使三角洲受到侵蚀;水库建成后,由于蒸发量大,气候凉爽且较稳定,降雨量减少,使水库地区的气候发生改变。巨大的水库可能引起地面沉降,甚至诱发地震。意大利的法恩特水坝于1963年坍塌,死亡2000多人，在坍塌的前几年中常常出现小的地震。此外，引起库区泥沙淤积、坡岸稳定性降低、土地盐渍化也是不可忽视的破坏因素。

(2)水质变化

由于水库中各层水的密度、温度、溶解氧的不同，因此流入、流出水库的水在颜色、气味等物理化学性质方面会发生改变。水库深层水的水温低，而且沉积库底的有机物不能充分氧化而处于厌氧分解，水体的二氧化碳、硫化氢含量明显增强，影响大气的质量。如巴西的依泰普水库因大量热带植物腐烂而发出硫化氢臭味，湖水也出现了酸化现象。

(3)生物方面

某些水库由于修建地理位置和季节的影响，会改变水库原来位置的生态系统状况，如上游原是陆地的生态系统，建成水库后则变为水域生态系统，下游则发生相反的变化。生态系统的急剧改变，势必破坏原有的生态平衡，将明显影响到原有的生物类群。

(4)社会经济方面

建造大型水库可获得巨大社会经济效益，但同时也会产生其他方面的问题，如居民需要搬迁重新定居，自然景观、文物古迹会被湮没与破坏等等。如果计划不周、措施不力，将会引起一系列的社会经济问题。如埃及修建阿斯旺水坝时，10万移民粮食安排不周，结果需世界粮食组织进行救济。

3.核能对环境的影响

核能源是一种清洁、安全、廉价的能源。随着化石燃料的日益匮乏与使用中对环境的严重污染，在未来的能源应用上占有重要的地位。目前，核能在世界一次能源消费构成中所占的比例虽还不太均衡，如1993年至1994年时，世界核能消费占总能源消费的7.2%左右，法国的一次能源消费中，核能占所占的比例最大占40%以上，而我国当时的核能消费仅占总能源消费的0.4%。但随着人口的激增与工业生产的飞速发展，核能以其他能源不可比拟的优越性，将被广泛地应用。

核能主要应用于发电。核能发电对环境的影响主要是原子核在裂变反应和衰变反应形成很强的放射性裂变产物对环境的影响。核能发电可能对环境的影响主要来自于以下三个方面。

(1)核反应堆的安全问题

核反应堆的主要部分是核燃料、慢化剂、冷却剂、反射层、屏蔽层和控制棒等。核电站所使用的是低浓铀(^{235}U只占3%左右)，组装疏松，总质量远未达到核爆炸的临界值，而且有调控装置，因此不会产生核爆炸那样大的危害。但是，如果冷却系统失灵，会使反应堆芯温度不断升高，以至堆芯自身熔融，造成放射性物质外溢，此时，如果没有壳密闭就容易造成严重危害。如 1986 年前苏联发生的切尔诺贝利核电站事故就是迄今为止最大的核电事故。

(2)慢性辐射的影响问题

实际上生物圈总是在受到低水平电离辐射。核电站对周围居民的辐射剂量，只相当于天然辐射剂量的 1/5～1/6，比一次胸胃 X 光透视所受剂量少 11 倍。而核电站每天对人的辐射剂量比每天看半个小时电视的辐射剂量还小。因此这种慢性辐射对人体的影响是很小的。但反应堆和核处理车间通过水或空气，释放出的放射性物质可在人体内各器官产生富集，对人体产生的危害要引起足够重视。

(3)放射性废物的环境问题

核电的放射性废物即指核反应堆的核废料，如果这些核废料处理不好产生泄漏，将会严重污染环境，对人类的健康构成危害。

8.2.4 我国能源的现状

1. 能源丰富而人均消费量少

我国是一个能源比较丰富的国家，从几种广泛利用的常规能源来看，储量都比较大。如表 8-8 所示，煤炭的探明储量居世界第 3 位；石油居第 6 位；天然气目前较少，居第 16 位；而水力资源则居世界第 1 位。

表 8-8 我国能源的探明储量和生产情况

储量与产量 能源	探明储量		产量占能源生产总量的比重/%	
	数量	在世界中的地位	1999 年	2001 年
煤	15000 亿 t	第 3 位	68.3	68
石油	70 亿 t	第 6 位	21.0	20.2
天然气	33.3×10^4 亿 m^3	第 16 位	3.1	3.4
水电	6.8 亿 kW	第 1 位	7.6	8.4

说明：将我国能源生产总量折算成标准煤，1999 年约为 109126 万 t，2001 年约为 121000 万 t。

我国能源虽然丰富，但分布很不均匀，煤炭资源 60%以上在华北，水力资源 70%以上在西南；而工业和人口集中(占全国人口 36.5%)的南方八省一市能源缺乏(煤占全国 2%，水力占 10%，见图 8-13、图 8-14)。为适应能源的需求，全国煤和石油的运输已占铁路和水运量的 40%以上，而煤的运输量在某些铁路干线中竟占货运量的50%～70%，今后这一问题将显得更加突出。

在生产方面，1949年全国一次能源的生产总量只有2400万t标准煤。到1953年，经过建国初的经济恢复，一次能源生产总量已经达到5200万t标准煤，一次能源消费也达到了5400万t标准煤。随着中国社会主义经济建设的展开，中国的能源工业得到了迅速的发展，到1980年一次能源生产和消费分别达到了6.37亿t和6.03亿t标准煤，同1953年相比，平均年增长9.7%和9.3%。改革开放以后，中国能源工业无论从数量上还是质量上均取得了空间的进步，进入了世界能源大国的行列。1996年一次能源生产和消费分别达到了13.1亿t和13.9亿t标准煤，跃居世界第2位。

新中国建立以来，中国能源工业在许多领域已接近或赶上世界先进水平，我国1997年一次能源生产量为13.34亿t标准煤，人均能源消费量仅为1.165t标准煤，人均电量为893kW·h，不足世界人均能源消费水平2.4t标准煤的一半，居世界第89位。北美人均能源消费量超过10t标准煤，欧洲及独联体人均能源消费量为5t标准煤。随着我国经济的快速发展和人民生活水平的不断提高，我国年人均能源消费量将逐年增加，到2050年将达到2.38t标准煤左右，相当于目前世界平均值，远低于发达国家目前的水平。人均能源资源相对不足，是中国经济、社会可持续发展的一个限制因素，这也是发展新能源与可再生能源，开辟新的能源供应渠道的一个重要原因。

图例：A—最丰富区，$R>10$；B—丰富区，$1<R<10$；

C—不丰富区，$0.1<R<1$（人口占40.1%，产量占40%）；

D—贫乏区，$R<0.1$（人口占36.6%4，产值占40.5%）

$$R=\frac{\text{资源比例}}{\text{人口比例}}$$

图8-13 我国煤炭资源的不均匀分布

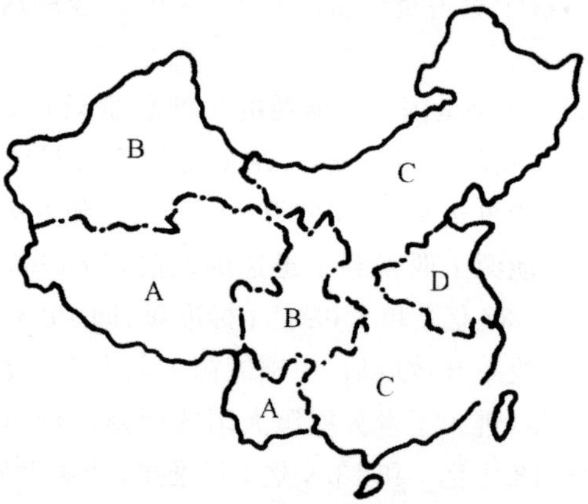

图例：A—最丰富区，$R>5$；B—丰富区，$1<R<5$；

C—不丰富区，$0.1<R<1$；D—贫乏区，$R<0.1$

$$R=\frac{资源比例}{人口比例}$$

图 8-14　我国水利资源的不均匀分布

2.能源构成以煤为主

从目前情况看，煤炭仍然在我国一次能源构成中占75%以上，成为我国主要的能源(图8-15)。我国工业燃料动力的80%依靠煤炭。全国每年用于直接燃烧的煤炭占总煤耗的84%，其中农村生产和生活耗煤1.2亿t，占煤产量的20%；城市居民燃煤1.5亿t，占全年煤产量的25%。同时还要指出，煤炭在我国城市的能源构成中所占的比例也是相当大的。据26个城市的统计资料，其中超过90%的有8个市，80%～90%的有7个市，70%～79%的有3个市，60%～69%的有5个市，50%～59%的有2个市，40%～49%的有1个市(见表8-9)。这个统计虽然没有包括全部城市，但也足以说明我国城市以煤炭为主要能源的特点。

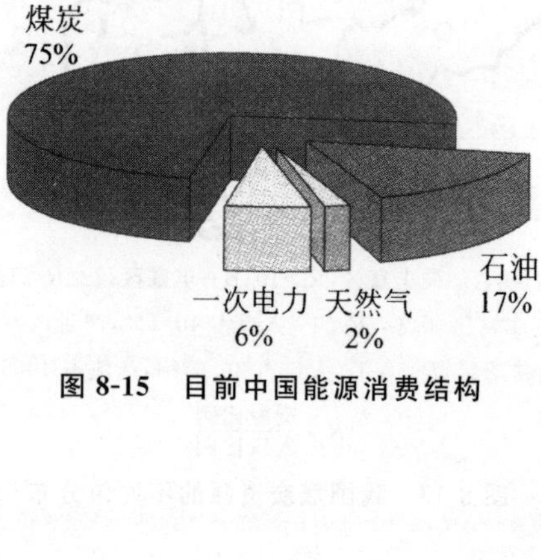

图 8-15　目前中国能源消费结构

表 8-9 部分城市煤炭在能源构成中的比例 %

城市	济南	呼和浩特	太原	唐山	南宁	贵阳	郑州	乌鲁木齐	合肥
比例	99.4	98.9	97.9	96.7	95.8	91.5	91.1	90.4	89.1
城市	昆明	青岛	长沙	杭州	兰州	秦皇岛	长春	包头	石家庄
比例	88.1	87.8	87.7	84.1	84.0	81.8	77.4	75.2	70.1
城市	重庆	北京	广州	南京	吉林	哈尔滨	沈阳	成都	
比例	66.8	64.7	64.3	62.3	60.5	59.5	55.2	40	

3.燃煤严重污染环境

以煤为主的能源构成以及多在陈旧的设备和炉灶中沿用落后的技术直接燃烧使用，而且这种使用方式竟占直接燃煤总量的62%，成为我国大气污染严重的主要根源。据历年的资料估算，燃煤排放的主要大气污染物，如粉尘、二氧化硫、氮氧化物、一氧化碳等，总量约占整个燃料燃烧排放量的96%。其中，燃煤排放的二氧化硫占各类污染源(燃料燃烧源、工业废气源、流动源)总排放量的87%(占燃料燃烧排放量的93%)；排放的粉尘占总排放量的60%（占燃料燃烧排放量的99%)；排放的氮氧化物占总排放量的67%(占燃料燃烧排放量的87%)；排放的一氧化碳占总排放量的71%(占燃料燃烧排放量的87%)。

同时，必须指出，燃煤对我国城市的大气污染作用更为突出。表8-10、表8-11比较了我国一些大城市的大气污染情况。我国城市大气污染均比国外严重，尤其降尘量比国外城市高10～30倍；冬天又比夏天严重。这种情况的产生也与我国城市居民多用烟囱低矮的小炉灶有很大关系。居民生活和小火炉取暖燃煤对地面的污染效果为同等燃耗160m高架源的63倍。而我国南方烧高硫煤，又产生另一种污染——酸雨，在25个检测的城市中，22个城市出现酸雨，损害农、林作物，污染江河湖泊。此外，我国能源的利用率仅为33%，比世界先进水平低10个百分点(参见表8-12)，节能空间和潜力很大，尤其是民用煤的利用率只相当于国外的1/4，这不但增加煤的消耗量，更是大气污染和热污染比国外严重的原因。

表 8-10　47 个环境保护重点城市空气污染状况

年份	1995	1998	2002
SO_2 平均浓度/mg/m^3	0.076	0.060	0.047
TSP/PM10 平均浓度/mg/m^3	0.287	0.252	0.110
NO_x/NO_2 平均浓度/mg/m^3	0.051	0.051	0.037
SO_2 超标城市比例/%	48.9	36.2	23.4
颗粒物超标城市比例/%	72.3	63.8	61.7
空气质量达标城市比例/%	21.3	27.7	38.3

表 8-11　全国近年废气中主要污染物排放量　万 t

年　份	二氧化硫排放量			烟尘排放量			工业粉尘排放量
	合计	工业	生活	合计	工业	生活	
1998	2091.4	1594.4	497	1455.1	1178.5	276.6	1321.2
1999	1857.5	1460.1	397.4	1159	953.4	205.6	1175.3
2000	1995.1	1612.5	382.6	1165.4	953.3	212.1	1092
2001	1947.8	1566.6	381.2	1069.8	851.9	217.9	990.6
2002	1926.6	1562	364.6	1012.7	804.2	208.5	941
增减率/%	−1.1	−0.3	−4.4	−5.3	−5.6	−4.3	−5

表 8-12　我国能源利用率与国外的比较

项目	数值	比国际平均值	统计年份
加工、储运到终端利用效率/%	33.4	−10	2000
开采到利用的总数率/%	11.2		2000
发电用煤比例/%	14.47	−30～−40	1999
单位产值能源	1274TOE/100 万元	世界均值 3.38 倍	2000

4. 农村能源供应短缺

我国农村的能源消耗，主要包括两个方面，即农民生活和农业生产的耗能。我国农村人口多，能源需求量大，但农村所用电量仅占总发电量的14%左右。在目前世界上桌用直接烧柴草做饭的大约 1 5 亿人口中，50%以上在我国。1991 年我国有 1.2 亿农户，如果按每天每户烧柴草 10kg 计算，一年就需要 4.3 亿 t，折合标准煤 2.76 亿 t，相当于 1991 年我国能源总产量的 25%。1991 年一年所生产的农作物秸秆总共约 5 亿 t；除去饲料和工业原料的消耗，剩下供农民作燃料的就不多了。即使加上供应农民生活用的煤炭，以及砍伐薪柴、拣拾干畜粪等，也还不能满足对能源的需求。

此外，秸秆、薪柴、畜粪等生物质能，一般占农村能源总消耗量的一半以上，如此大量的生物质能被作为燃料烧掉，势必降低土壤肥力。同时，由于能源短缺，农民必然会砍伐林木，甚至铲草皮、挖草根作为柴烧。这样，树林和植被遭破坏，引起土地沙化和水土流失，使自然生态系统失去平衡。因此，必须注意解决农村的能源问题。

第 9 章 环境监测、评价与管理

9.1 环境监测、评价与管理概述

9.1.1 环境监测概述

环境监测就是通过对影响环境质量因素的代表值的测定，确定环境质量（或污染程度）及变化趋势的过程。

1. 环境监测的分类

（1）按监测目的分类

可分为常规性监测、事故性监测、研究性监测和监督监测。常规性监测指监测环境中有害污染物的变化趋势，评价控制措施的效果，判断环境标准实施的情况。它在环境监测工作中，量最大面最广。事故性监测指对事故性污染（如石油溢出事故）进行监测，确定污染范围及其严重性。这类监测期限短，随着事故的完结而结束，常采用流动监测、空中监测或遥感等手段。研究性监测指研究污染物扩散情况，确定污染对人体、生物和其他物体的影响。研究性监测周期长，监测范围广。监督监测是以各种固定污染源为对象的监测，其目的是控制污染，防止污染物浓度和总量超标排放。

（2）按监测对象分类

可分为空气和废气监测、水和废水监测、土壤和固体废物监测及生物和物理监测等。

2. 环境监测的特点

环境污染因子具有污染物质种类繁多、污染物质浓度低、污染物质随时空不同而分布、各污染因子对环境具有综合效应的特点。据此，环境监测具有以下 4 个特点。

（1）综合性

监测对象包括水、大气、土壤、固体废物、生物等，只有对它们进行综合分析，才能确切描述环境质量状况；监测手段包括化学、物理、生物、物理化学、生物化学及生物物理等一切可以表征环境因子的方法；对监测数据进行统计处理、综合分析时，需涉及该地区的自然、社会发展状况，因此必须综合考虑才能正确阐明数据的内涵。

(2)微量或痕量性

污染物进入环境后，经过水、大气的稀释，其在环境中的含量很低，浓度往往是微量级，甚至是痕量级。这就对环境监测方法的灵敏度、检测限提出了很高的要求，要对环境样品进行分离、富集等预处理后，才能满足环境监测的要求。

(3)连续性

污染源排放的污染物或污染因子的强度随时间而变化，污染物或污染因子进入环境后，随空气和水的流动而被稀释、扩散，其扩散速度取决于污染物或污染因子的性质。

(4)追踪性

环境监测是一个复杂而又有联系的系统，包括监测项目的确定，监测方案的设计，样品的采集、运送、处理，实验室测定和数据处理等程序，其中每一步骤都将对结果产生影响。

3. 环境监测的目的

①评价环境质量，监测环境质量变化趋势。通过环境监测，提供环境质量现状数据，判断是否符合国家制定的环境质量标准。同时，通过掌握环境污染物的时空分布特点，追踪污染途径，寻找污染源，预测污染的发展动向。最后，通过环境监测可以评价污染治理的实际效果。

②为制定环境法规、标准、环境规划、环境污染综合防治对策提供科学依据。通过环境监测，可积累大量的不同地区的污染数据，依据科学技术和经济水平，制定出切实可行的环境保护法规和标准。同时，根据监测数据，预测污染的发展趋势，为环境质量评价提供准确数据，为作出正确的决策、制定环境规划提供可靠的资料。

③收集环境本底值及其变化趋势数据，积累长期监测资料，为保护人类健康和合理使用自然资源，以及为确切掌握环境容量提供科学依据。

4. 环境监测的原则

由于环境中污染物质种类繁多，且同一种物质亦会以不同的形态存在，并且环境监测还会受到人力、监测手段、经济条件和设备仪器等的限制，因此环境监测不能包罗万象地监测分析所有的污染物。环境监测应根据需要和可能，坚持如下原则。

(1)合理选择监测对象的原则

选择监测对象时应考虑：在实地调查的基础上，选择毒性大、影响范围大的污染物；对选择的污染物必须有可靠的测试手段和有效的分析方法。

对监测数据能作出正确的结论和判断。

(2)优先监测的原则

环境监测应遵循“优先监测”的原则，考虑污染物本身的重要性和迫切性，以及监测项目的代表性，对影响范围大的污染物要优先监测。例如，造成局地污染严重的污染物与大规模世界性污染物相比，后者具有优先监测的必要。同时，对于毒性大或具有潜在危险且污染趋势有可能上升的项目，也应列入优先监测的范围。我国于1989年提出了包括14类68种污染物的“中国环境优先污染物黑名单”，如表9-1所示。

表9-1 中国环境优先污染物黑名单

化学类别	名称
卤代(烷、烯)烃类	二氯甲烷、三氯甲烷、四氯化碳、1,2-二氯乙烷、1,1,1-三氯乙烷、1,1,2-三氯乙烷、1,1,2,2-四氯乙烷、三氯乙烯、四氯乙烯、三溴甲烷
苯系物	苯、甲苯、乙苯、邻-二甲苯、间-二甲苯、对-二甲苯
氯代苯类	氯苯、邻-二氯苯、对-二氯苯、六氯苯
多氯联苯类	多氯联苯
酚类	苯酚、间-甲酚、2,4-二氯酚、2,4,6-三氯酚、五氯酚、对-硝基酚
硝基苯类	硝基苯、对-硝基甲苯、2,4-二硝基甲苯、三硝基甲苯、对-硝基氯苯、2,4-二硝基氯苯
苯胺类	苯胺、二硝基苯胺、对硝基苯胺、2,6-二氯硝基苯胺
多环芳烃	萘、荧蒽、苯并[b]荧蒽、苯并[a]芘、茚并[1,2,3-c,d]芘、苯并[ghi]芘
酞酸酯类	酞酸二甲酯、酞酸二丁酯、酞酸二辛酯
农药	六六六、滴滴涕、敌敌畏、乐果、对硫磷、甲基对硫磷、除草醚、敌百虫
丙烯腈	丙烯腈
亚硝胺类	N-亚硝基二丙胺、N-亚硝基二正丙胺
氰化物	氰化物
重金属及其化合物	砷及其化合物、铍及其化合物、镉及其化合物、铬及其化合物、铜及其化合物、铅及其化合物、汞及其化合物、镍及其化合物、铊及其化合物

5. 中国环境监测网络

环境监测日益成为全球规模的活动，1975 年正式成立的全球环境监测系统（GEMS）是联合国环境规划署（UNEP）下属的全球和地区环境监测的协调中心。它系统地收集、分析世界上各种环境状况变化的数据，全面评价全球环境，每年 6 月 5 日的"世界环境日"都发布全球环境质量状况公报。联合国的其他机构，如世界卫生组织（WHO）、世界气象组织（WMO）、联合国粮农组织（FAO）以及联合国教科文组织（UNESCO）等都积极参与并开展了许多全球性的环境监测工作。我国从 1978 年起先后参加了大气污染监测、水质监测、食品污染监测、人体接触环境污染物评价点监测等全球环境监测活动。目前更致力于加强对大气环境中的臭氧耗损、温室效应及酸性污染越界输送等全球性重大环境问题的监测科研工作。

我国的环境监测系统形成了有效的网络组织体系，全国性的环境监测网络由国家、省、地、县四级环境监测机构构成，另由国家资源管理、工业、交通、军队、公安和公益事业等部门组建本行业环境监测网。环境质量监测的网络体系具有开展大范围环境污染状况调查的能力，通过开展一系列全国性环境污染调查基础研究项目，如全国范围的土壤污染调查、酸雨普查、饮用水源地有机污染调查等，可以清查全国环境污染现状，为制定环境保护方针战略、编制环境污染防治规划、加强环境监督管理等提供重要的科学依据。现依据监测的环境要素类型，简介我国的环境监测网络体系如下。

（1）城市空气质量监测网

为评价全国城市空气环境质量的变化趋势，我国组建了城市空气质量监测网络。实现了全国 180 个地级以上城市的环境空气质量日报，其中 90 个地级城市实现了环境空气质量预报，监测项目为 SO_2、NO_2 和 PM10，并以空气污染物指数、首要空气污染物、空气质量级别和空气质量状况等形式通过各种媒体向社会发布。

（2）酸雨监测网

中国气象局自 1989 年起开始组建包括 88 个站点的酸雨监测网，覆盖了我国除台湾以外的全部省、市、自治区。1998 年我国正式参加由日本发起并组织的东亚酸沉降监测网。重庆、西安、厦门、珠海等四城市组成了东亚酸沉降监测中国网，2001 年起正式运行。目前东亚酸沉降监测网共有 44 个湿沉降（降水）监测点、34 个干沉降监测点、12 个内陆水监测点。通过这种国际间的合作监测，了解评估东亚地区酸沉降状况，防止跨国界酸沉降污染危害。

为了解国内酸雨污染现状和发展趋势，我国在 2002 年及 2004—2005

年分别开展了全国酸雨普查工作，参加的城市共有679个，点位1122个。全国目前有190个监测点安装了降水自动采样器，开展离子组分监测的城市有301个，能够开展8项离子测定的城市有201个，为测定酸雨，进一步掌握酸雨污染规律、各区域分布和污染程度奠定了基础。

(3)地表水环境质量监测网

为评价全国地表水质变化的趋势，环境保护部在全国重点水域长江、黄河、淮河、海河、辽河、松花江、珠江七大水系及湖泊、水库共布设759个国控断面进行监测。在河流省界和市界断面，国家和地方建设了近300个水质自动监测站，并于2009年7月1日起向社会公开发布100个国家地表水水质自动监测站的实时监测数据，主要指标包括pH、溶解氧、COD氨氮、TOC。

(4)近岸海域环境监测网

为加强近岸海域的环境管理，防止陆域污染源对海洋产生污染侵害，国家环保总局于1994年成立了全国近岸海域环境监测网，共有网络成员单位74个，形成了点、面相结合的监测网。《全国近岸海域环境质量监测实施方案》中确定了299个环境质疑监测站位，2007年监测站位296个，监测面积近$28\times10^4km^2$，完成对607个污水日排量大于100d的直排海污染源和169个入海河流断面进行了污染物入海量监测，全面评价我国近岸海域水质状况与变化(《中国近岸海域环境质量公报》,2007)。

此外，我国有近400个城市开展城市区域、道路交通、城市功能区噪声监测工作；已有20多个省完成了土壤样品采集和分析测试，土壤环境监测网络将于2010年初步建立。各部门监测网络也不断得到发展，国家海洋局组织成立全国海洋环境污染监测网；水利部门建立了七大水系的水文水质监测网；地质矿产部门建立地下水质监测网；农、林、渔业等部门分别建立了有关生态环境监测或研究网络。

2008年9月我国成功发射"环境与灾害监测预报小卫星"系统，在世界上开创了环境卫星业务化运行的先例，星上载有光学、红外、超光谱和雷达等多种遥感探测设备，与地面监测网络形成天地一体化的环境监测大格局，使我国环保事业迈上一个新的台阶。

9.1.2 环境评价概述

环境评价是环境科学的一个分支，也是环境保护中的一项重要的工作。环境评价就是对环境质量按照一定的标准和方法给予定性和定量的说明和描述。

1.环境评价的主要内容

环境评价的内容十分广泛，各国的要求也不完全一致。我国环境影响评价的主要内容概括起来主要包括以下几个方面：

①总则。包括编制环境影响报告书的目的、依据、采用的标准以及控制污染与保护环境的主要目标。

②建设项目概况。包括建设项目的名称、地点、性质、规模、产品方案、生产工艺方法、土地利用情况及发展规划、职工人数和生活区布局等。

③工程分析。包括主要原料、燃料及水的消耗量分析；工艺过程、排污过程；污染物的回收利用、综合利用和处理处置方案；工程分析的结论性意见。

④建设项目周围地区的环境现状。包括地形、地貌、地质、土壤、大气、地表水、地下水、矿藏、森林、植物、农作物等情况。

⑤环境影响预测。包括预测环境影响的时段、范围、内容以及对预测结果的表达及其说明和解释。

⑥评价建设项目的环境影响包括建设项目环境影响的特征、范围、大小程度和途径。

⑦环境保护措施的评述及技术经济论证，提出各项措施的投资估算。

⑧环境影响经济损益分析。

⑨环境监测制度及环境管理、环境规划的建议。

⑩环境影响评价结论。

3.环境评价的类型

环境评价的分类方法较多，按不同的分类依据主要包括以下几种。

根据评价的环境要素，环境评价可分为大气环境质量评价、水环境质量评价、声环境质量评价、土壤环境质量评价、生态环境质量评价等。

根据评价的时间，环境评价可分为回顾性评价、现状评价和影响评价三种类型。

①通过回顾评价可以了解区域环境污染的发展变化过程，推测今后的趋势。

②通过现状评价，可以阐明环境的污染现状，为区域环境污染综合防治、区域规划提供科学依据。

③影响评价是指对一项拟议的开发行动方案或规划所产生的环境影响进行识别、预测和评价，并在评价基础上提出合理避免和消减负面环境影响的对策。环境影响评价包含了很广泛的内容，它的评价结论是环境保护决

策的重要依据。这类评价也包括新产品和技术开发所产生的环境影响评价。

从理论上说,回顾评价和现状评价可以归入环境影响评价的范畴。

根据评价的区域类型,环境评价可分为行政区域评价(如北京市环境评价)和自然地理区域评价(如长江中下游水环境质量评价)。

根据所选择的评价参数,环境评价可分为卫生学评价、生态学评价、污染物评价、物理学评价、经济学评价、地质学评价等。

根据评价的层次和性质可分为战略性环境影响评价、区域环境影响评价、建设项目环境影响评价、新产品和新技术开发的环境影响评价和生命周期评价。

①战略性环境影响评价是一个国家或地区在拟定立法议案、重大方针、战略发展规划和采取战略行动前开展的环境影响评价,如公共政策的环境影响评价。近年来,一些国际组织在采取重大行动前也开展了战略性环境影响评价。

②区域环境影响评价。这里所指的区域的范围比国家和地区小,如城市或其开发区的环境影响评价就属这种。以区域为单元进行整体规划和开发是近代世界各国发展的重要方式。而区域环境规划的基础工作就是区域环境影响评价。近年来,区域环境影响评价已在我国普遍开展。

③建设项目环境影响评价拟议建设项目的环境影响评价是为其合理布局和选址、确定生产类型和规模以及拟采取的环保措施等决策服务的。这类环境影响评价的种类最繁杂,数量最大。

④新产品和新技术开发的环境影响评价是新产品和新技术在开发、生产和应用过程中的潜能影响。其特点是范围广,涉及应用该产品和技术的广大区域;时间跨度大,从“立即”到久远的未来。

⑤生命周期评价也称产品的生命周期分析,是详细研究一种产品从原料开采、生产到产品使用后最终处置的全过程,即生命周期内的能源需求、原材料利用、生产过程产生的废物、产品在消费和报废后的处置中能量和材料的流失及其环境影响定量化。

4. 中国环境评价发展历程

从发展阶段来看,中国环境评价经历了以下四个阶段。

(1)引入和确立阶段(1973—1979 年)

1973 年第一次全国环境保护会议后,环境评价的概念开始引入我国。1979 年 9 月,《中华人民共和国环境保护法(试行)》颁布,标志着我国的环境影响评价制度正式确立。在此期间,各高校和科研院所也逐步开始展开环境评价的研究工作。

(2)规范和建设阶段(1979—1989 年)

环境影响评价制度确立后,相继颁布的各项环境保护法律、法规不断对环境影响评价进行规范,并通过部门行政规章,逐步明确了环境影响评价的内容、范围和程序,环境影响评价的技术方法也不断完善。在这个阶段,对环境影响评价的理论和实施也进行了探讨,并以环境保护法为依据,颁布了许多关于环境影响评价的法规或法规性文件。同时,我国在此期间开始了大、中城市的环境质量评价工作。

(3)强化和完善阶段(1989—1998 年)

1989 年 l2 月 26 日通过《中华人民共和国环境保护法》和 1998 年国务院颁布《建设项目环境保护管理条例》是这一阶段的两个分界点。1990 年,国家环境保护总局与国际金融组织合作,开始对环境影响评价人员进行培训,实行持证上岗制度,颁布了《建设项目环境保护管理程序》。1998 年颁布实施的《建设项目环境保护管理条例》是建设项目环境管理的第一个行政法规。

(4)提高和拓展阶段(1998 年至今)

在这一阶段,颁布了一系列环境评价管理办法,对建设项目环境保护分类管理及其涉及的环境影响评价程序、审批及评价资格等问题进一步明确。2002 年,《中华人民共和国环境影响评价法》的通过标志着中国的环境影响评价、评估工作全面走上了法制化轨道。2004 年,人事部、国家环保总局决定在全国环境影响评价系统建立环境影响评价工程师职业资格制度,标志着中国的环境评价工作全面走上了法制化轨道。

9.1.3　环境管理概述

1. 环境管理的概念和目的

20 世纪中叶,西方发达国家爆发了大规模的环境污染,随之人们通过开发环境污染治理技术开展环境污染治理工作,虽然取得了很大的成效,但并没有从根本上解决环境污染问题,同时治理环境污染的费用居高不下,给政府和企业增加了巨大的财政负担。进入 70 年代,其他环境问题如生态破坏、自然资源枯竭等也陆续凸显出来,于是人们开始尝试通过规划、组织、协调、指导和监督的途径,对于人类自身的经济发展活动、环境和生态系统实施以实现经济发展和环境保护双赢为目标的管理。在这种形势下,环境管理(enviromental management)应运而生,并成为环境保护工作的一个重要手段，也逐渐发展成为环境科学体系的一个重要组成部分。目前，关于环境管理尚无完全统一的定义，中外学者给出了不同的描述，但其核心内容是一致的，即通过管理的方法达到环境污染和破坏的预防，并改善人类生存的环境质量，实现人类社会发展与自然环境相协调。

环境管理的最终目的是通过对人们自身思想观念和行为进行调整，以求达到人类社会发展与自然环境承载能力相协调。

2.环境管理的对象

环境管理的对象既包括人类的社会经济活动，也包括人类社会经济活动所影响的环境要素和生态系统。管理好人类的社会经济活动，就必须首先把管理的目光集中在"活动的主体"的身上。

(1)个人

个人作为社会经济活动的主体，一般来说，消费对环境的负面影响可以分为以下几种情况：

①在运输和保存消费品时使用的包装物也将成为废物。

②消费品使用后也成为废物进入环境。

(2)企业

企业生产活动对环境的负面影响主要有以下几种情况：

①从环境中索取各种自然资源，影响到环境的功能。

②在生产过程中，很大部分原材料都将以废物的形式进入环境，造成环境污染。

环境管理同时也特别强调对于受人类影响的环境要素和生态系统的管理。这里既包括所谓的"部门分析管理"，也包括生态系统方法管理。前者包括对水资源、土壤、大气质量、噪声、废弃物等的管理，后者主要指运用生态系统的方法进行城市环境、农村环境、海滨环境、河流与湖泊环境以及山地环境等的管理。

9.2 主要环境要素污染监测技术

9.2.1 空气质量监测技术

1.空气样品的采集

我国已积极布设环境空气质量监测网络，各地区以其多年的环境空气质量状况及变化趋势、产业和能源结构特点、人口分布情况、地形和气象条件等因素为依据，布设具有代表性的监测站点。

2007 年国家环保总局公告试行的《环境空气质量监测规范》将监测点分为四类：污染监控点、空气质量评价点、空气质量对照点和空气质量背景点。污染监控点即监测地区空气污染物最高浓度或主要污染源影响的监测点；空气质量评价点即监测地区的空气质量趋势或各功能区代表性浓度的监测点；空气质量对照点即监测不受当地城市污染影响的城市地区空气质量状况的监测点；空气质量背景点即监测国家或大区域范围的空气质量背景水平的监测点。

(1)采样点数量确定

空气质量评价点测定值反映评价区域空气污染物浓度，对比环境质量标准来评价区域环境空气质量。点位的设置数目由监测区域的大小、地形地貌条件、污染物的分布、区域人口的分布和密度等多因素决定，甚至需要考虑经济条件和监测精度的要求确定。我国环境空气质量监测的评价点数目要求如表 9-2 所示。如按城市人口和按建成区面积确定的最少点位数不同时，取两者中的较大值。城市区域环境空气质量监测必测项目中存在年平均浓度连续三年超过国家环境空气质量标准二级标准 20％以上的，点位的最少数量应为表中规定数量的 1.5 倍以上。在划定环境空气质量功能区的地区，每类功能区至少应有 1 个监测点。

表 9-2　环境空气质量评价点设置数量要求建成区城市

人口/万人	建成区面积/km^2	监测点数
＜10	＜20	1
10～50	20～50	2
50～100	50～100	4
100～200	100～150	6
200～300	150～200	8
＞300	＞200	按每 25～30km^2 建成区面积设 1 个监测点，并且不少于 8 个点

(2)采样点布设

采样点的位置可按功能区划分布设，也可根据监测区域监测数据资料的积累情况、污染源的分布状况等采用其他不同的布点方法。如区域内没有建立监测体系，监测资料积累不多，可凭经验对多个污染源且污染源分布较均匀的区域用网格布点法设置采样点位；多个污染源构成污染群，大污染源集中分布的区域采用同心圆布点法；具有孤立的高架点源，且主导风向明显的地区用扇形布点法。如区域内积累了多年监测数据，则可以选用数学统计或模拟的方法寻找具有代表性的采样点位。

无论选用何种方法，都应注意以下两点：

①采样点的位置相对均匀分布，具有较好的代表性，能客观反映一定空间范围内的环境空气污染水平和变化规律。

②各监测点之间设置条件尽可能一致，使各个监测点获取的数据具有可比性。

(3)采样时间和采样频率

有条件的各级环境监测站及其他环境监测机构均采用自动监测系统对环境空气质量进行监测。尤其是国家环境空气质量监测网中的空气质量评价点、空气质量背景点优先选用自动监测方法，采用连续自动监测仪器对环境空气进行连续的样品采集，符合表9-3列出的国家环境保护总局颁布的空气质量采样频率和时间的规定。

表9-3 空气环境质量监测采样时间和频率

必测项目	监测周期与频率
SO_2	隔日采样，每次采样连续(24±0.5)小时，每月采样14～16天，每年12月
NO_x	同上
总悬浮颗粒物	隔双日采样，每天(24±0.5)小时连续监测，每月监测5～6天，每年12月
降尘	每月(30±2)天，每年12月
硫酸盐化速率	每月(30±2)天，每年12月

(4)采样方法

空气中的污染物浓度都较低(数量级为10^{-6}～10^{-9})，直接采样往往不能满足测定方法检测限的要求，需要采用富集采样法对空气中污染物进行浓缩。可以使大量气体样品通过吸收液或固体吸收剂得到吸收或阻留，实现浓缩富集的目的。采集空气中气态、蒸汽态及某些气溶胶态污染物质常用溶液吸收法、填充柱阻留法采样，空气中的颗粒物质则可通过过滤材料阻留。而测定沸点较低的气态物质如烯烃类、醛类等，常用低温冷凝法借制冷剂的制冷作用达到浓缩的目的。自然积集法则用于测定自然降尘量和硫酸盐化速率等空气样品的采集，使测定结果能较好地反映空气污染情况。

2. 空气质量监测项目及分析方法

环境空气质量常规监测项目应从环境空气质量标准规定的污染物中选取。《环境空气质量监测规范(试行)》中规定的必测和选测项目如表 9-4 所示。国家环境空气质量监测网的测点,须开展必测项目的监测;地方环境空气质量监测网的测点,可根据各地环境管理工作的实际需要及具体情况确定其必测和选测项目。监测的特殊目的可以确定监测的特殊污染物,如硫酸烟雾等。

表 9-4　国家环境空气质量监测网监测项目

必测项目	选测项目
氧化硫(SO_2)	总悬浮颗粒物(TSP)
二氧化氮(NO_2)	铅(Pb)
可吸入颗粒物(PM10)	氟化物(F)
一氧化碳(CO)	苯并(a)芘[B(a)P]
臭氧(O_3)	有毒有害有机物

环境空气质量监测以自动监测方法为主,但在监测点位用采样装置采集一定时段的环境空气样品,将采集的样品在实验室用分析仪器分析、处理的手工监测方法也是必不可少的补充。手工进行环境空气质量监测,应按《环境空气质量手工监测技术规范》(HJ/T 194—2005)所规定的方法和技术要求进行。自动和手动监测环境空气质量主要测定项目的分析方法如表 9-5 所示。

9.2.2　地表水环境质量监测技术

江河、湖泊、运河、水库、渠道等具有使用功能的地表水水域,进行水质监测可参考《地表水环境质量标准》(GB 3838—2002)和《地表水和污水监测技术规范》(HJ/T 91—2002)中的相关内容。目前,地表水监测仍以手工采样、实验室分析技术为主体。下面以河流为例,说明地表水环境质量监测的技术方法,着重介绍采样与分析测试方法。

1. 地表水水质监测采样技术

(1)监测网点的布设

评价地表水环境质量,需要布设监测断面,在断面上设置采样垂线,进而确定采样点。河流水质监测布点方法如图 9-1 所示。

表 9-5 空气主要污染物监测分析方法

监测项目	自动监测	连续采样-实验室分析
SO_2	紫外荧光法（ISO/CD10498）	四氯汞盐吸收副玫瑰苯胺分光光度法（GB 8970—88）
	差分吸收光谱法（DOAS）	甲醛吸收副玫瑰苯胺分光光度法（GB/T 15262—94）
NO_2	化学发光法（ISO7996）	Saltzman 法（GB/T 15435—95）
	差分吸收光谱法（DOAS）	
PM_{10}	微量振荡天平法（TEOM）	重量法（GB/T 15432—95）
	β射线法	
CO	非分散红外法（GB 9801—88）	非分散红外法（GB 9801—88）
O_3	紫外光度法（GB/T 15438—95）	靛蓝二磺酸钠分光光度法（GB/T 15437—85）
	差分吸收光谱法（DOAS）	
TSP	—	大流量采样-重量法（GB/T 15435—95）
Pb	—	火焰原子吸收光度法（GB/T 15264—94）
氟化物（F）	—	滤膜-酸溶-氟离子电极法（GB/T 15434—95）
		石灰滤纸法（GB/T 15433—95）
苯并(a)芘[B(a)P]	—	乙酰滤纸层析-荧光分光光度法（GB 987—88）
		高效液相色谱法（GB 15439—95）
有毒有机物	—	气相色谱法/气相色谱质谱法/高效液相色谱法等

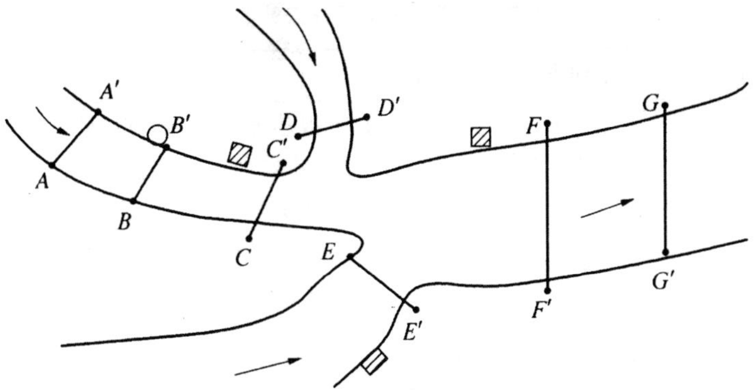

图 9-1　河流水质监测断面的布设

↘ 水流方向；○ 饮用水取水点；▨ 排污口；A－A′对照断面；

B－B′、C－C′、D－D′、E－E′、F－F′控制断面；G－G′消减断面

流经城市或工业区等污染较重的河段，一般设置三类断面。第一类为对照断面，该断面反映进入本地区河流水质的初始情况，布设在不受污染物影响的城市和工业排污区、生活污水排放口的上游。一个河段可只设一个对照断面。第二类为控制断面，该断面反映本地区排放废水对河流水质的影响，布设在河段内有控制意义的位置，如支流汇入河段、废水排放口下游、污水和河水能充分混合的河段，可设一至数个控制断面。根据水体功能区设置控制监测断面，同一水体功能区至少要设置一个监测断面。第三类为消减断面，反映河流对污染物的稀释净化情况。在各控制断面下游，如果河段有足够长度（至少 10km），污染物浓度有显著下降处，应设消减断面。

设置监测断面后，根据水面的宽度确定断面上的采样垂线，再根据采样垂线处水深确定采样点的数目和位置（表 9-6、表 9-7）。

表 9-6　采样垂线数的设置

水面宽/m	垂线数	说明
≤50	一条（中泓）	1. 垂线布设应避开污染带，要测污染带应另加垂线 2. 确能证明该断面水质均匀时，可仅设中泓垂线 3. 凡在该断面要计算污染物通量时，必须按本表设置垂线
50～100	二条（近左、右岸有明显水流处）	
>100	三条（左、中、右）	

表 9-7　采样垂线上采样点数的确定

水深/m	采样点数	说明
≤5	上层一点	1.上层指水面下 0.5m 处，水深不到 0.5m 时，在水深 1/2 处 2.下层指河底以上 0.5m 处 3.中层指 1/2 水深处 4.封冻时在冰下 0.5m 处采样，水深不到 0.5m 时，在水深 1/2 处采样 5.凡在该断面要计算污染物通量时，必须按本表设置采样点
5～10	上、下层两点	
>10	上、中、下三层三点	

(2)采样时间和频率

采样时间和频率见表 9-8。

表 9-8　地表水监测采样频率和时间

水体	采样频率/(次/a)	采样时间
饮用水源地 省际交界断面(重点控制)	不少于 12 次	据具体情况选定
背景断面	1	在污染可能较重的季节进行
国控水系河流	6	逢单月采样
国控监测断面	12	每月 5～10 日内采样
流经城市或工业区，污染较重的河流 游览水域	不少于 12 次	每月一次或视具体情况选定

2.水质监测项目及分析方法

河流水质常规监测的必测项目为水温、pH、溶解氧、高锰酸盐指数、化学需氧量、BOD_5、氨氮、总氮、总磷、铜、锌、氟化物、硒、砷、汞、镉、铬(六价)、铅、氰化物、挥发酚、石油类、阴离子表面活性剂、硫化物和粪大肠菌群等 24 项。选测为总有机碳和甲基汞。其他项目根据水体纳污类型，参照工业废水监测规定项目，由各级相关环境保护主管部门确定。

水温、pH、溶解氧为要求现场测定项目。除此，需现场测定的项目还有透明度、电导率、氧化还原电位、浊度、颜色、气味(嗅)、水面有无油膜等；水文参数、气象参数也应做现场记录。采样后，将采样现场描述与现场测定项目等内容，填入水质采样记录表。

项目测定方法执行《地表水环境质量标准》(GB 3838—2002)中规定的标准分析方法，其他方法参考中国环境科学出版社 2002 年《水和废水监测分析方法》(第四版)。

3. 底质样品监测

完整的水环境体系包括水、水中生物和水体底质。底质是水体底部表层沉积物质，可以反映水体中易沉降、难降解污染物的累积情况，一定程度地反映水环境污染的历史。为了追溯污染物沉积、迁移、转化的过程，预测水质变化趋势和潜在危险，全面评价水体质量，还要进行底质监测。

9.2.3　土壤污染监测

1. 土壤样品的采集

土壤与大气、水体不同，是由固、液、气三相组成的分散体系，是不均匀介质(图 9-2)，污染物进入土壤后流动、迁移、混合都比较困难，分布很不均匀。所以土壤污染监测中，样品的采集比较复杂，常常出现采样误差大的问题，要特别注意采样的代表性。布点、采样方法是由不同监测目的(如区域土壤环境背景值监测、建设项目土壤环境评价监测和污染事故监测等)和不同监测类型(农田土壤、城市土壤等)来决定的。监测目的和土壤类型不同，

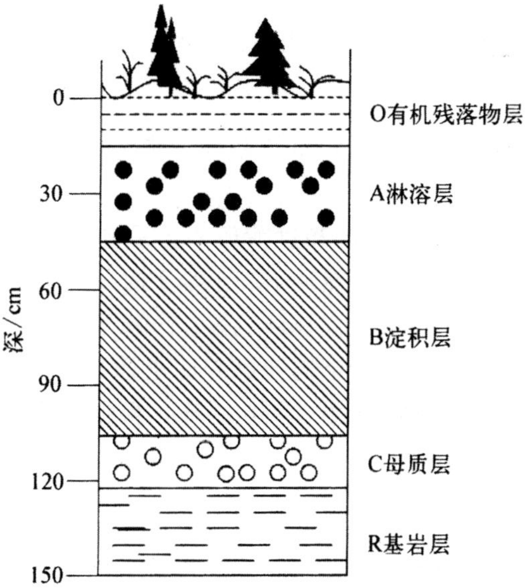

图 9-2　土壤剖面示意图

监测布点的深度、位置和点位个数、样品类型等均不同。首先划分采样单元、对照采样单元，进而确定采样点。

土壤采样单元是按照地形、成土母质、土壤类型、土壤接纳污染物的途径、农作物种类、耕作制度等划分的能够代表调查地区的地块。每个采样单元中，在不同方位上，采用对角线布点法、梅花形布点法、棋盘形布点法、蛇形布点法等方法布设一定数量的采样点。一般要求每个监测单元最少设三个点。

采样点可采表层样或土壤剖面。挖掘土壤剖面要使观察面向阳，表土和底土分两侧放置(图 9-3)。

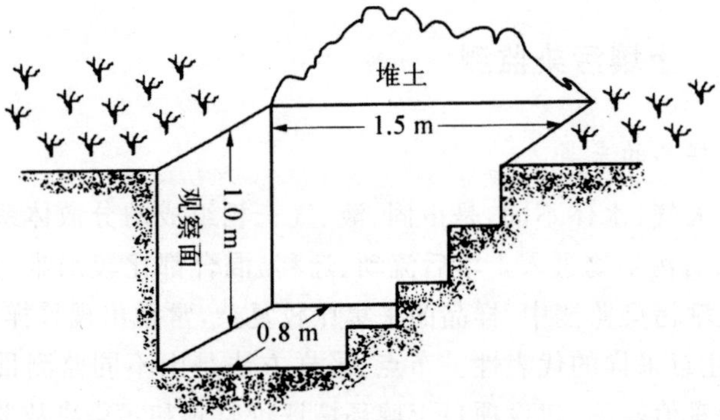

图 9-3　土壤剖面采样示意图

土壤样品为多样点均量混合样，采用四分法缩分至样品量为 1～2kg，预处理后存储备用。采样的同时，由专人填写样品标签、采样记录。

2. 土壤样品制备

除测定游离挥发酚、硝态氮、低价铁等不稳定项目需要新鲜土样，土壤样品采集后往往需要进行制备。

土样的制备包括风干、磨碎和过筛环节。采得的土壤样品应立即倒在塑料薄膜或瓷盘内在阴凉处自然风干。至半干时压碎土块，除去植物根茎、砂石等杂物。充分风干后的土样，碾碎后过 2mm 孔径筛，用作土壤颗粒分析及物理性质分析。化学分析则需使磨碎的土样过更细的筛，如分析有机质、全氮项目则继续研细后通过 0.25mm 筛。根据测定要求研磨过筛后，将样品均匀混合，装瓶待测。

3. 土壤监测项目及分析方法

土壤常规监测项目原则上为《土壤环境质量标准》(GB 15618—1995)中所要求控制的污染物，包括 pH、阳离子交换量、Cd、Cr、Hg、As、Pb、Cu、Zn、Ni 和有机氯农药(六六六、DDT)共 12 项。可每三年监测一次。表 9-9

列举了土壤常规监测项目的标准测定方法，以供参考。

表 9-9　土壤常规监测项目的测定方法

监测项目		测定方法	方法来源
基本项目	pH	森林土壤 pH 测定	GB 7859—1987
	阳离子交换量	乙酸铵法滴定仪	—
重点项目	铬	火焰原子吸收分光光度法	GB/T 17137—1997
	汞	冷原子吸收分光光度法	GB/T 17136—1997
	砷	硼氢化钾-硝酸银分光光度法 二乙基二硫代氨基甲酸银分光光度法	GB/T 17135—1997 GB/T 17134—1997
	铅、镉	KI-MIBK 萃取火焰原子吸收分光光度法 石墨炉原子吸收分光光度法	GB/T 17140—1997 GB/T 17141—1997
	铜、锌	火焰原子吸收分光光度法	GB/T 17138—1997
	镍	火焰原子吸收分光光度法	GB/T 17139—1997
	六六六、滴滴涕	气相色谱法	GB/T 14550—1993

9.3　环境质量现状及环境影响评价

9.3.1　环境质量现状评价程序

环境质量现状评价工作基本上可以分为三个方面，即污染源、环境污染现状和生态效应的调查、监测和评价。一般工作程序是调查、监测、评价、规划。规划的内容包括土地利用，治理措施及投资，有关环境保护的法律、条例、标准等。

由于区域环境的复杂性，在进行环境质量现状评价时应设计合理的科学程序，以确保评价工作的顺利进行。环境质量现状评价一般程序如图 9-4 所示。

1. 确定评价对象，明确评价目的

进行环境质量现状评价首先要确定评价对象和明确评价目的，主要包括评价的性质、要求、评价结果和作用。评价目的决定了评价区域的范围、评价参数、采用的评价标准。如某城市发电厂的环境质量现状评价的目的是掌握该电厂在不同气候条件下对该城市的大气污染程度及污染物的分布,为大气污染控制提供依据。因此,评价区域重点为城市市区(在一定气象条件时的下风向),评价参数为 SO_2、NO_x 和飘尘,评价标准为大气标准质最标准。同时,制定评价工作大纲及实施计划。

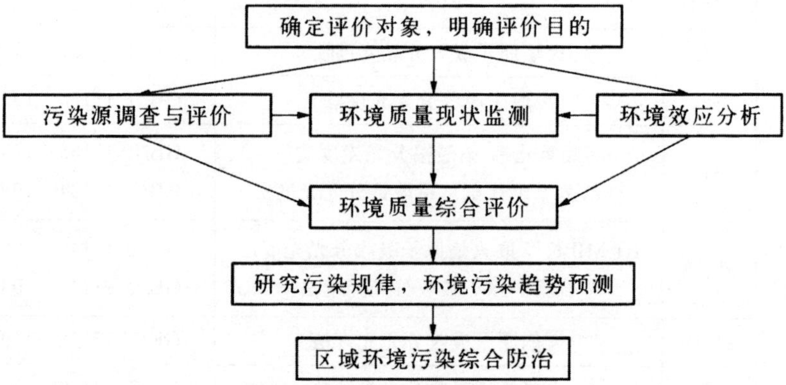

图 9-4　环境质量评价程序图

2. 环境质量现状监测

在背景资料收集、整理、分析的基础上,确定主要监测因子。监测项目的选择因区域环境污染特征而异,但主要应依据评价的目的而定。

3. 污染源调查与评价,收集与评价有关的背景资料

进行污染源调查与评价,确定主要污染源和污染物及其排放方式和规律,并进行综合评价。因评价的目的和内容不同,所收集的背景资料也要有所侧重。

4. 建立环境质量指数系统,进行综合评价

根据环境质量现状评价的目的,选择评价标准,对监测数据进行统计处理,运用评价模式,计算环境质量指数,综合评价环境质量现状。

5. 建立数学模型,进行环境污染趋势预测

将监测数据与室内模拟实验结论相结合,选取符合地区特征的环境参数,建立相应的数学模型。结合未来区域发展规模,进行环境污染变化趋势的预测。

6. 给出评价结论,提出区域环境污染综合防治建议

对环境质量现状给出结论并提出区域环境污染综合防治建议。

9.3.2 环境质量现状评价的基本内容

环境质量现状评价的内容随不同的研究对象和不同的类型而有所区别,基本内容包括如下几个方面。

1. 污染源调查与评价

通过对各类污染源的调查、分析和比较,研究污染的数量、质量特征,研究污染源的发生和发展规律,找出主要污染物和主要污染源,为污染治理提供科学依据。

2. 环境质量的功能评价

环境质量标准是按功能分类的,环境质量的功能评价就是要确定环境质量状况的功能属性,为合理利用环境资源提供依据。

9.3.3 环境影响评价的程序

环境影响评价工作大体分为三个阶段,主要程序如图9-5所示。

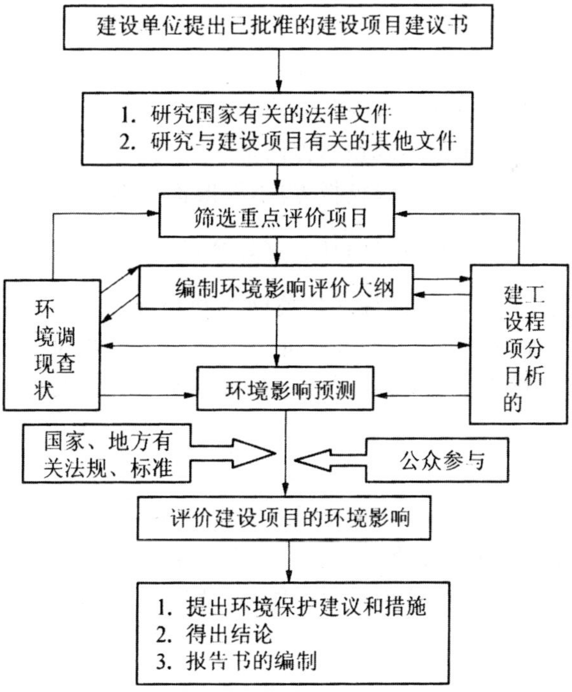

图9-5 环境影响评价程序图

第一阶段为准备阶段，主要工作为研究有关文件，进行初步的工程分析和环境现状调查，筛选重点评价项目，确定各单项环境影响评价的工作等级，编制评价工作大纲。

第二阶段为正式工作阶段，主要工作是进一步做工程分析和环境现状调查，并进行环境影响预测和环境影响评价。

第三阶段为报告书编制阶段，主要工作为汇总、分析第二阶段工作所得到的各种资料、数据，得出结论，完成环境影响报告书的编制。

9.3.4 环境影响评价的主要方法

1.环境影响的识别方法

环境影响识别就是找出所有受影响（特别是不利影响）的环境因素，以使环境影响预测减少盲目性，环境影响综合分析增加可靠性，污染防治对策具有针对性。

2.环境影响评价的预测方法

进行环境影响识别后，确定了主要环境因子。这些环境因子在人类活动开展以后受影响程度的大小，需进行环境影响预测来判断。目前常用的方法大体上可以分为：

①以专家经验为主的主观预测方法。

②以数学模型为主的客观预测方法。

③以实验手段为主的实验模拟方法，一般称为物理模拟模型。

3.地理信息系统在环境影响评价中的应用

目前，环境影响评价中的许多环境问题和环境过程都可以通过模型准确地描述出来，地理信息系统（GIS）可以为环境模型提供一整套基于GIS逻辑原理的空间操作规范，将点或线上的环境影响评价尺度上升到区域空间尺度。

（1）GIS的应用

GIS能够集成与场地和建设项目有关的各种数据及用于环境评价的各种模型，适合作为环境质量现状分析和辅助决策工具（图9-6）。

GIS具有很强的数据管理和跟踪能力。图9-7给出了GIS在道路环境影响后评价中的应用。

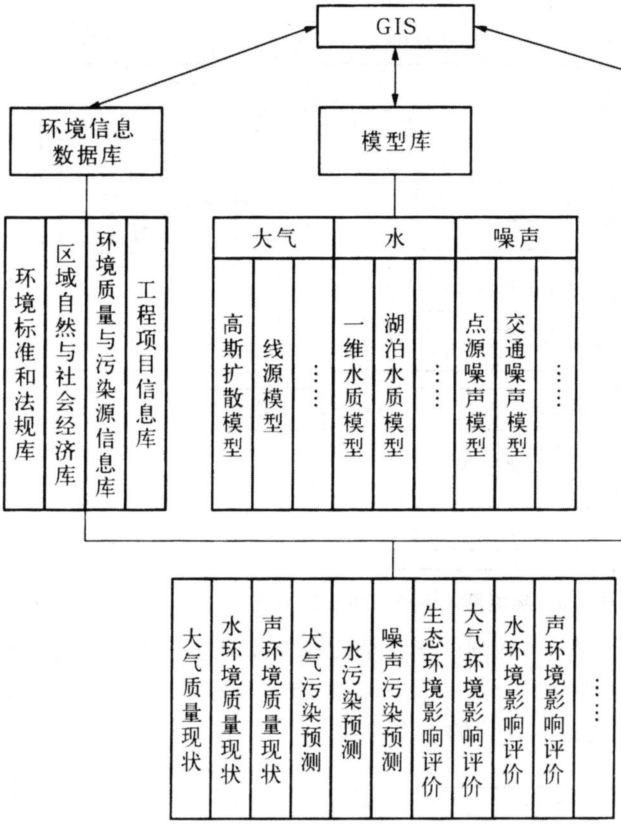

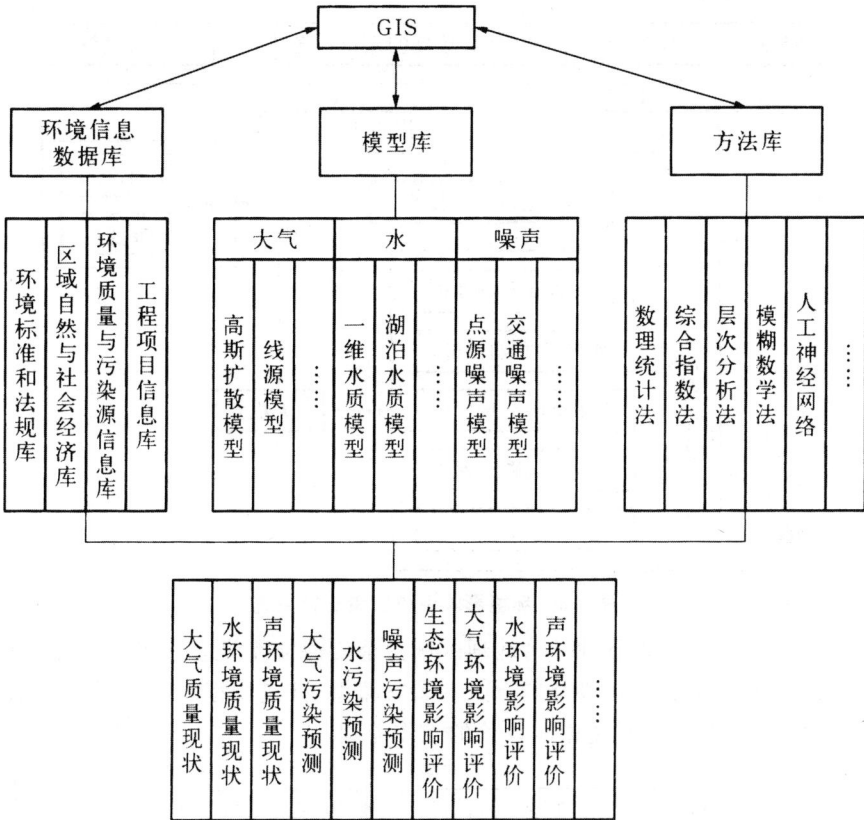

图 9-6　环境影响评价系统结构图

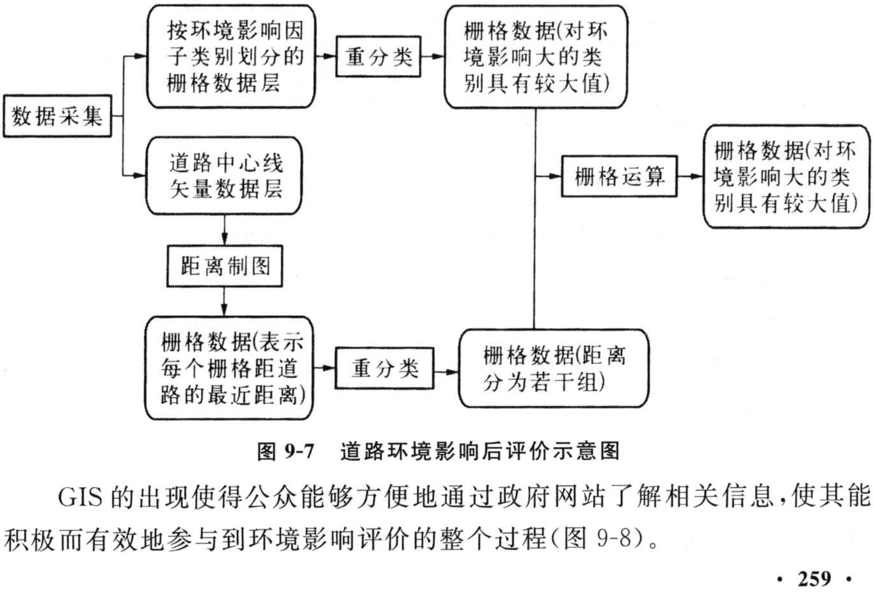

图 9-7　道路环境影响后评价示意图

GIS 的出现使得公众能够方便地通过政府网站了解相关信息，使其能积极而有效地参与到环境影响评价的整个过程(图 9-8)。

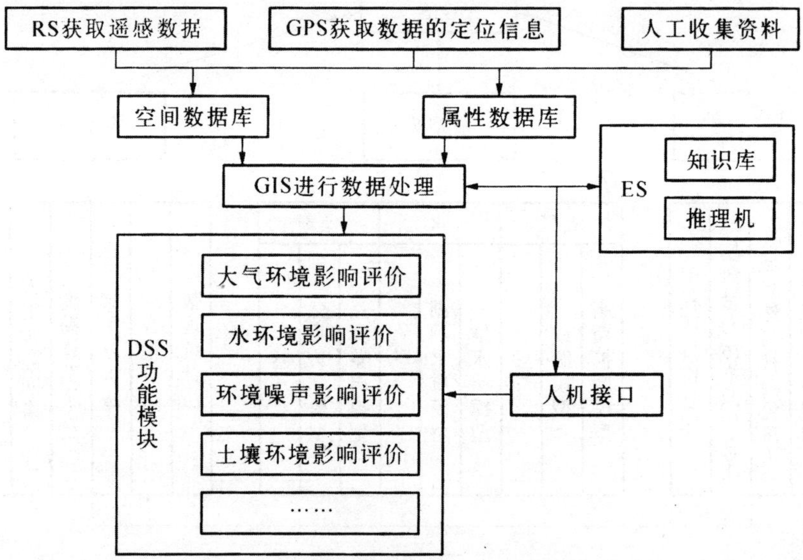

图 9-8　环境影响评价决策支持系统

GIS 能够有效地管理一个地理区域复杂的污染源信息、并能统计、分析区域环境影响诸因素的变化情况及主要污染源，并进行特征叠加、分析。图 9-9 为土地利用规划环境影响评价的工作流程。

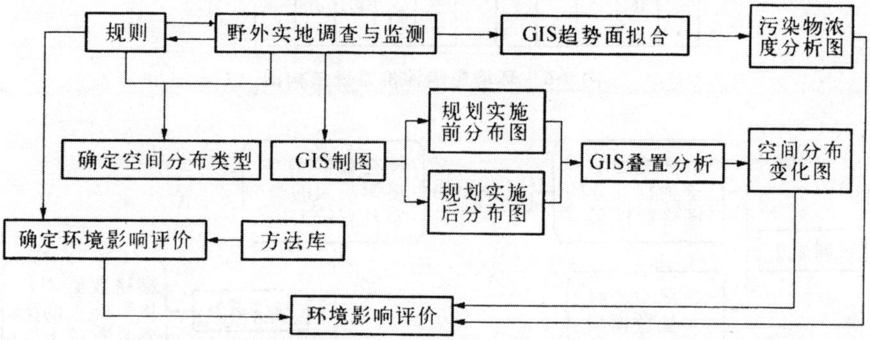

图 9-9　土地利用规划环境影响评价工作流程图

(2)实例研究

①建立空间数据库。

在某水域电子底图上，根据 10 个监测点的 BOD_5 和 COD 监测数据(图 9-10)，建立空间数据库。

②区域数字化分析。

建立空间数据库，实现监测点与其所在地理空间位置的关联。这样就可依据监测点的数据利用空间分析功能，对水体的区域环境进行数字化分析。根据已有的监测点的监测数值，可以得出 BOD_5 和 COD 两个评价参数在水域中的等值线(图 9-11)。

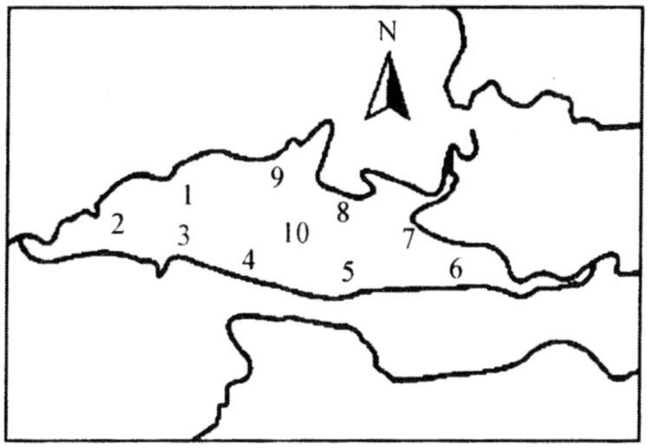

监测点	BOD_5/(mg/L)	COD/(mg/L)
1	2.15	14.22
2	3.21	15.53
3	3.16	16.23
4	2.43	15.12
5	2.56	16.24
6	3.41	17.53
7	1.98	14.82
8	1.92	14.49
9	2.12	15.42
10	3.62	16.74

图 9-10　监测点的监测数据及空间编码

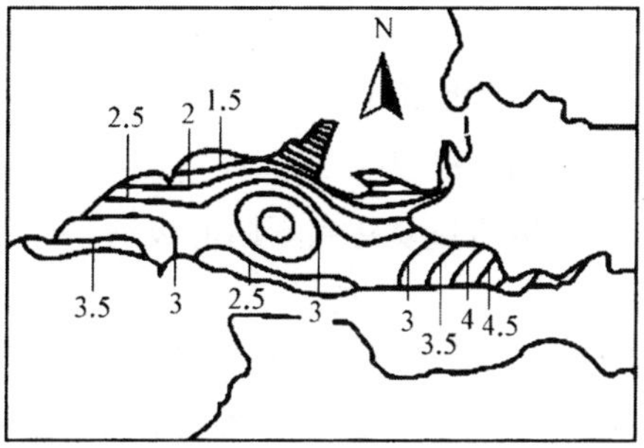

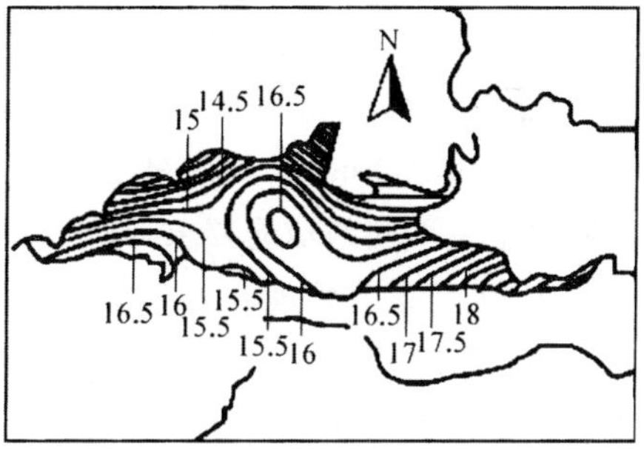

BOD_5/(mg/L)　　COD/(mg/L)

图 9-11　评价参数的等值线

③环境质量的评价。

在区域水环境数字化的基础上，所有评价指标的数值在空间的分布就可以从图上显示出来。在进行环境质量评价时，可按照评价标准修改图例，这样就可获得任一评价因子在水域中的等级分布图，BOD_5 和 COD 的环境质量评价如图 9-12 所示。

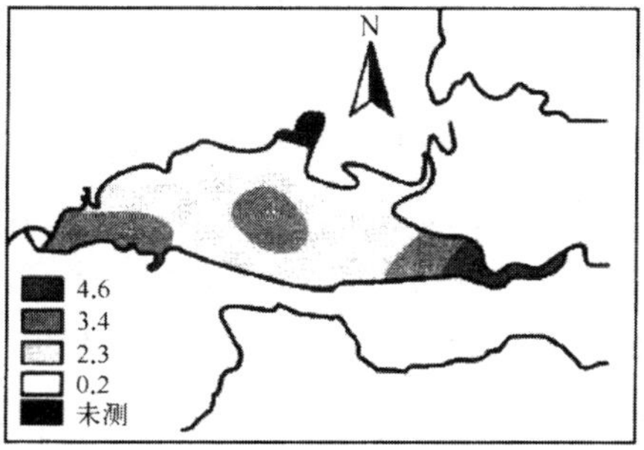

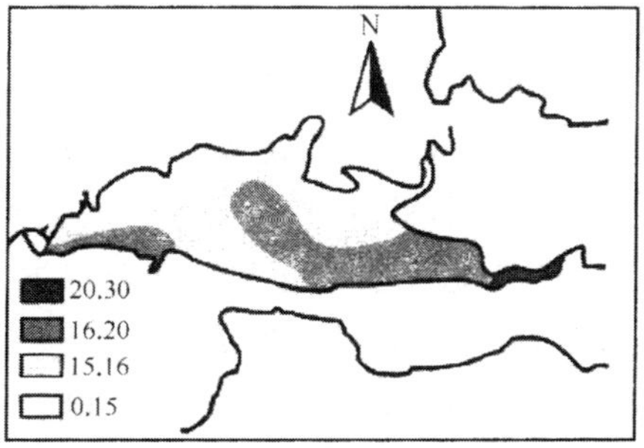

BOD_5/(mg/L)　　COD/(mg/L)

图 9-12　环境质量评价图

9.4 环境管理

9.4.1 环境管理的内容

可以分为对环境质量的管理和对生态系统的管理。当今时代，政府扮演着主要环境管理者的角色，因此着重从政府的环境管理行为角度，介绍环境管理的内容。

(1)环境质量管理

评价环境质量优劣的基本依据是环境质量标准，它是为保护人群健康而对环境中污染物的容许含量所做的规定。环境质量标准具有不同的级别。例如，在我国，空气中二氧化硫的日平均浓度低于 0.05mg/m^3 时为一级，0.05～0.15mg/m^3 为二级，0.15～0.25mg/m^3 为三级。政府因对不同地域规定了不同的功能要求，因而规定其环境质量要达到不同的级别。

(2)生态系统管理

生态系统管理是在自然资源管理进入了一个新阶段，人们对于自然资源的管理更多地强调生态系统的可持续性而不仅仅是产出，即可持续发展概念和战略日益受到重视的形势下出现的一个全新的概念，其核心是对自然资源强调整个系统的多目标管理，而不仅仅是局限于某个单一资源的商品产出(如木材、畜产品)。

9.4.2 中国环境管理的发展历程

中国环境管理的发展历程以 1973 年、1983 年、1989 年和 1996 年相继召开的四次全国环境保护会议为标志，大致可归纳为三个发展阶段。

1.起步阶段(1973—1983 年)

1973—1983 年，是我国环境保护工作的起步时期。1973 年 8 月召开了第一次全国环境保护会议。这次会议使我国人民初步认识到中国存在着较严重的环境问题，有了加强环境保护的观念，拉开了中国环保事业的序幕。会议提出了我国环境保护的 32 字方针，即“全面规划、合理布局、综合利用、化害为利、依靠群众、大家动手、保护环境、造福人民”。同时，国家还成立了环境保护的领导机构和办事机构，这说明我国环保工作从一开始即体现了以环境管理为中心的思想。

2.发展阶段(1984—1995年)

(1)第一个时期(1984—1988年)

这是我国环境管理工作发展的关键时期,标志着我国环境管理思想开始逐步走向成熟。它的标志是1984年第二次全国环境保护会议的召开,在这次会议上,我国环境管理取得重大突破和进步:

①确立了一整套用以长期指导中国环境保护实践的环境管理方针、政策和制度。例如,宣布将环境保护列为我国的基本国策;确立了"经济建设、城乡建设和环境建设同步规划、同步实施、同步发展,实现经济效益、社会效益和环境效益相统一的环境保护战略方针"(简称"三同步、三统一"方针);提出了"预防为主","谁污染谁治理",以及"强化环境管理"的三大环境保护政策。

②明确了各级政府对环境质量的责任。

③明确了进一步加强依法管理。

(2)第二个时期(1989—1995年)

这个时期是我国环境管理从理论到实践过渡的探索时期。该时期的主要标志有:

①第三次全国环境保护会议的召开。

②确立了可持续发展战略,制定了一系列纲领性文件。

③召开了第二次全国工业污染防治工作会议,提出了推行清洁生产的口号。

1989年召开的第三次全国环境保护会议,使环境保护中强化环境管理的思想又有了新的发展。会上提出了"全力推行环境保护目标责任制、城市环境综合整治定量考核、排放污染物许可证制、污染集中控制和限期治理"等环境管理的新五项制度。实践证明,这些管理制度是符合我国国情的。这次会议还明确了环境与经济协调发展的指导思想。1992年联合国环境与发展大会提出可持续发展战略,我国积极响应,并颁布了《中国21世纪议程》,明确宣布"走可持续发展之路是我国未来和下一世纪发展的自身需要和必然选择"。

3.深化阶段(1996年—　)

以1996年7月全国第四次环境保护会议的召开为标志,中国的环境管理进入了深化发展的阶段。它的总体特点是环境保护从管理策略、管理体制、管理思想和管理目标都进行了重大的改革和调整。例如,提出了建立和完善环境与发展综合决策等四大机制;环境保护的地位得到加强等。

9.4.4 中国环境管理的发展趋势

1. 由末端环境管理转向全过程环境管理

末端环境管理亦称“尾部控制”，即环境管理部门运用各种手段促进或责令工业生产部门对排放的污染物进行治理或对排污去向加以限制。这种管理模式是在人类活动已经产生污染和破坏环境后果的基础上再去施加影响，因而是被动的环境管理，不能从根本上解决环境问题。

全过程环境管理亦称“源头控制”。主要指对工业生产过程等经济再生产过程进行从源头到最终产品的全过程控制管理。运用各种手段促使节能、降耗，推行清洁生产，降低或消除污染。这种管理模式符合预防为主的方针。可持续发展战略要求环境管理由末端管理转向全过程管理。

在“人类-环境”系统中，联系着自然环境与人类的工业生产活动起决定性的作用。在这个复杂的系统中，为了维持人类的基本消费水平，人类要从环境中取得资源、能源进行工业生产。工业生产过程中的资源、能源利用率越低，则需要由环境取得的资源、能源越多，而向环境排出的废物也多。从生态系统的要求来看，在发展生产不断提高人类消费水平的过程中，必须提高资源、能源的利用率，尽可能减少从自然环境中取得资源、能源的数量，这样向环境排出的废物也就必然会少，同时尽可能使排放的废物成为易自然降解的物质。这就需要运用生态理论对工业污染源进行全过程控制：设计较为理想的生态工业系统。

2. 由污染物排放总量控制转向对人类经济活动实行总量控制

污染物排放总量控制就是为了保持功能区的环境目标值，将排入环境功能区的主要污染物控制在环境容量所能允许的范围内。

为了实现经济与环境的协调发展，保证经济持续快速健康的发展，建立可持续发展的经济体系和社会体系，并保持与之相适应的可持续利用的资源环境和环境基础，环境管理必然要扩展到对人类的经济活动和社会行为进行总量控制，并建立科学合理的指标体系，确定切实可行的总量控制目标。

主要污染物总量控制目标主要分三个方面。

①确定主要污染物：要根据不同时期、不同情况确定必须进行总量控制的污染物及其具体指标。

②生态总量控制指标：主要包括森林覆盖率、市区人均公共绿地、水土保持控制指标、自然保护区面积、适宜布局率、过度开发率等。

③经济、社会发展总量控制指标：主要包括人口密度、经济密度、能耗密

度、建筑密度、万元产值耗水量年平均递减率、万元产值综合能耗平均递减率、环境保护投资比等。

3.建立与可持续发展相适应的法规体系

依法强化环境管理是控制环境污染和破坏的一项有效手段，也是具有中国特色的环境保护道路中一条成功的经验。

第 10 章　全球环境问题与可持续发展

10.1　全球气候变化

10.1.1　气候变化趋势

第四纪是地球历史最新、最近的一个地质时代，和几十亿年的地质史相比，它的时间极为短促，距今仅二三百万年。第四纪气候特点是冰期、间冰期交替，可分四个冰期、三个间冰期和一个冰后期(距今约 11000 年前至今)(图 10-1)。

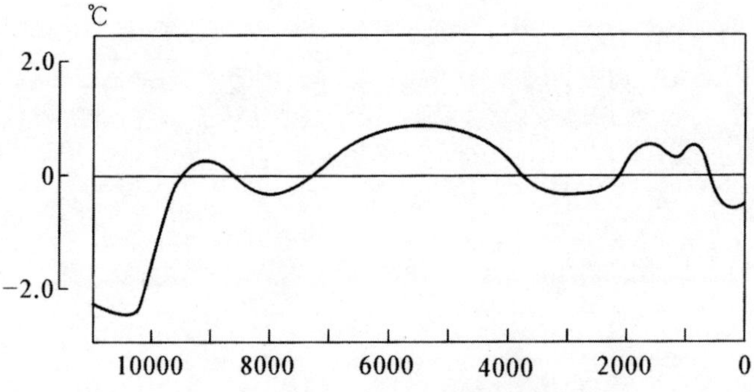

图 10-1　过去一万年的气温变化

百年或更短时间尺度的全球气候变化研究表明，近代气候变化的显著特点是气温上升(图 10-2)。过去 100 年(1906—2005 年)全球地表平均温度升高 0.74℃；最近 50 年的升温速率几乎是过去 100 年的两倍。

10.1.2　影响全球气候变化的因素

地球的温度是由太阳辐射照到地球表面的速率和吸热后的地球将红外辐射线散发到空间的速率决定的。太阳辐射经大气的吸收、散射和反射之后到达地球表面，部分为地表吸收，为地球表层能量的主要来源。吸收太阳辐射的同时，地球本身也向外层空间辐射热量。与太阳的短波辐射不同，地球的热辐射是以长波红外线为主。大气中的 CO_2、水蒸气和其他微量气体，如 CH_4、O_3 等，对太阳的短波辐射几乎无衰减地通过，却强烈吸收地面的长

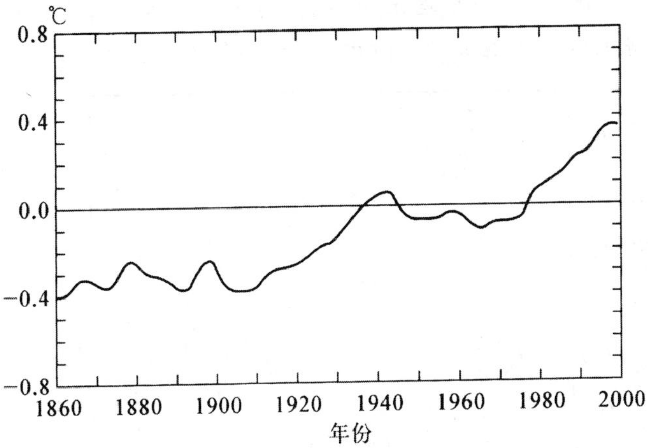

图 10-2　近百年来全球年平均气温的变化

波辐射。其结果是阻挡热量自地球向外逃逸，大气层相当于在地球和外层空间之间的一个绝热层，即有“温室”的作用。大气中能产生温室效应的气体已经发现近 30 种，其中 CO_2 增加 30%，CH_4 增加一倍，NO_x 增加 15%。氟利昂(CFCs)是人类的工业产品，尽管大气中浓度很低，但其大气寿命很长，在温室效应中的作用不容忽视。研究表明，大气中已经发现的近 30 种温室气体，对全球气候变化的贡献率差别明显，其中 CO_2 的贡献最大，CH_4、CFCs 和 NO_x 也起相当重要的作用(表 10-1、图 10-3)。

表 10-1　主要温室气体及其特征

气体	大气中浓度/ppm*	年增长/%	生存期/a	温室效应(CO_2=1)	现有贡献率/%	主要来源
CO_2	355	0.4	50～200	1	55	煤、石油、天然气、森林砍伐
CFCs	0.00085	2.2	50～102	3400～15000	24	发泡剂、气溶胶、制冷剂、清洗剂
CH_4	1.74	0.8	12～17	11	15	湿地、稻田、化石燃料、牲畜
NO_x	0.31	0.25	120	270	6	化石燃料、化肥、森林砍伐

* ppm(百万分之一)，这里指 μL/L，下同。

在 1750 年前后工业化开始之前的几千年内，各个碳库之间的交换一直维持着一个稳定的平衡。冰芯测量结果表明，那时大气中 CO_2 浓度的平均值约为 280ppm，变化则保持在大约 10ppm 以内。从 1700 年前后的 280ppm 增加到目前的 360ppm 以上(图 10-4)。自 1959 年以来，在夏威夷冒纳罗亚山顶附近的一个观测站进行的精确测量表明：虽然不同年份的

CO_2 增加量变化很大,但平均来说,现在每年增加大约 1.5ppm(图 10-5)。2005 年全球大气 CO_2 浓度 379ppm,为 65 万年来最高。

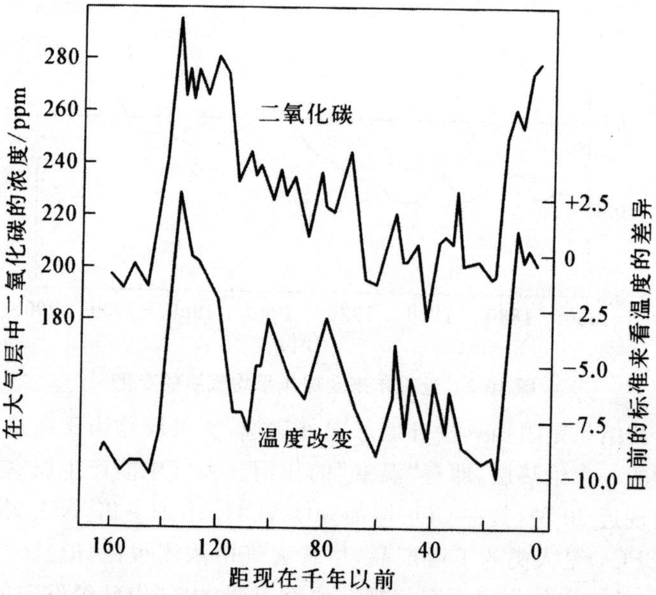

图 10-3 大气中 CO_2 的浓度与大气温度之关系

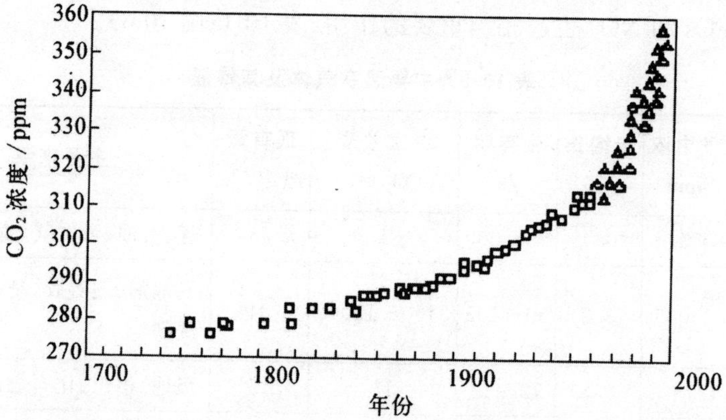

□ 表示南极冰芯的测量结果,△ 表示 1957 年以来在夏威夷冒纳罗亚观象台的直接测量结果

图 10-4 大气二氧化碳自 1700 年以来的增加

CO_2 剧增的原因有两个方面:

①工业化发展和人口剧增,对矿物燃料的需求增大,释放的 CO_2 增多。

②森林的大片砍伐,使森林对 CO_2 的吸收量减少。

目前,矿物能源占全部能源消耗的 90%,而热带森林由于无节制的滥砍滥伐,正以极大的速度从地球上消失。IPCC 评估,到 21 世纪中叶,大气

中的 CO_2 可能比现在增加 60%，比工业革命前增加一倍。

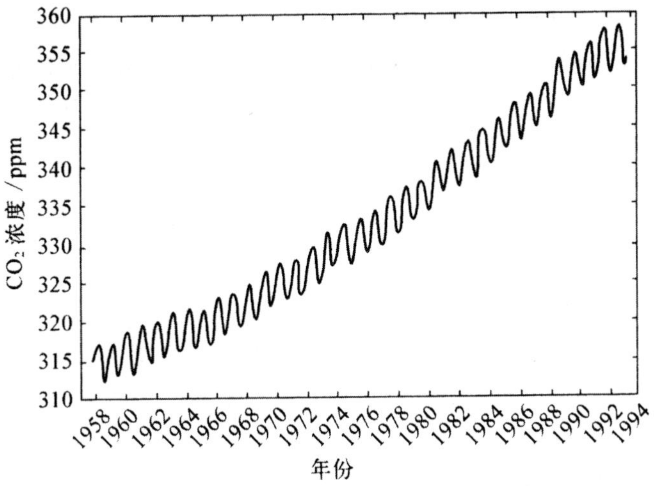

图 10-5　1958—1993 年夏威夷 Mauna Loa 岛大气中 CO_2 浓度的变化情形

10.1.3　气候变化的影响

对于人类来说，气候变化的一些影响是有利的。例如，在西伯利亚或加拿大北部的一些地区，增温使生长季延长，因而有可能在这些地区种植更多种类的作物。然而，由于在过去数百年里，人类及其活动已经适应了目前的气候，所以较大的气候变化可能产生不利影响。如果气候迅速变化或地球的某些地区在短时间内发生急剧的气候变化，如高温天气、飓风、暴雨等极端天气的频率增多等，会引起巨大的环境、经济和社会冲击。就目前人类的认知而言，全球气候变化可能导致的影响和危害主要有以下几种。

1. 对海平面升高的影响

根据 IPCC 的估算，到 2030 年平均海平面高度将升高 12cm，到 2100 年升高 50cm。特别是低洼的沿海、三角洲地区以及太平洋和其他海洋中地势低洼的岛屿国家。中国东部沿海地区，分布着几个大而低洼的冲积平原，0.5m 的海平面升高将会掩没 40000km^2 的土地，3000 万人将失去家园。

丧失土地并不是海平面升高的唯一影响。1970 年、1991 年风暴潮给孟加拉国造成 25 万人和 10 万人伤亡以及大范围的洪涝灾害。2004 年的印度洋海啸给亚洲南部沿海国家造成 15.6 万人死亡和巨大财产损失。即使海平面的微小升高也将增加类似地区对风暴的脆弱性。另外，海平面升高引起海水侵入地下淡水资源，影响沿海城市地下淡水资源水质和农业土地的生产力；海平面的上升还会引起海滩和海岸受侵蚀，海水倒灌和港口受损，并影响沿海养殖业。

2. 对淡水资源的影响

首先，干旱和半干旱地区水分更加短缺。人类社会需求的增长意味着即使是短期干旱，在世界许多水分短缺的地区，地下水的开采量大大超过它的补充量。由于人口增长，水分短缺的脆弱性也将增加，从而将加重全球变暖的负面影响。

其次，全球变暖引起的气候变化将在许多地方导致水分供给的巨大变化。虽然当前有关区域和局部气候变化方面的知识还不能使科学家们清楚地鉴别出最脆弱的地区，但是他们能够指出哪些地区将最易受到影响。

此外，一些地方如东南亚地区，它们依赖于未受管理的河流系统，与俄罗斯西部和美国西部那些具有受到管理的大规模水资源系统的地区相比，对气候变化更加敏感。

3. 对农业和粮食供给的影响

种植作物或饲养牲畜必须适应当地气候条件，当受到全球变暖的影响时，这一切都将发生变化，尤其是全球范围农作物的产量和品种的地理分布将发生变化。但种植作物存在着巨大的适应能力，随着对不同物种所需条件的详尽了解以及有效的遗传控制技术的发展，在全球大部分地区，使作物与新的气候条件相适应几乎不存在什么困难。至少，对于一年或两年内成熟的作物是这样。

4. 对自然生态系统的影响

自然生物群落和生态系统的变化是在数千年中发生的。随着全球变暖，气候变化将在几十年里发生，大多数生态系统不可能如此快地响应或迁移。因此，自然生态系统将愈来愈不能与其环境相适应。

在中、高纬度地区，特别是森林将受到增加的气候胁迫影响，造成大面积枯萎和生产力减少。同时，由于森林覆盖了全球陆地总面积的四分之一，所以气候变化对森林的影响特别重要。下个世纪可能发生的气候变化使得树木处于它们完全不能适应的气候中，温度或降水将显著改变，从而阻碍树木生长或使它们对病虫害更加敏感，因而更易遭受虫害、枯萎和森林大火的影响。

由于气候变化导致森林（特别是北半球北部森林）受到较大影响，发生枯萎，那么将会释放碳。释放的数量有多大是不确定的，但是无疑将大大增加大气中的 CO_2 含量，加快全球气候变暖。

10.2　臭氧层的破坏

10.2.1　地球大气臭氧层

在地球大气圈平流层上部，臭氧的浓度较大，称为臭氧层，它保存了大气中 90%的臭氧。臭氧总量通常用多布森(DU)单位来衡量。1 个多布森单位指的是，在气压为 1 个标准大气压和温度为 0℃的标准情况下臭氧总量累积厚度为 0.01mm。如果把大气中所有的臭氧集中在一起，那么在标准情况下，大气臭氧总量的全球平均值仅仅有 3mm 的薄薄一层，即地球大气臭氧浓度正常值为 300DU 左右。

在太阳光谱中的紫外线又可分为三个部分，其中波长长于 320mm 的部分称为紫外线 A(UV-A)，波长 290～320mm 的部分称为紫外线 B(UV-B)，波长短于 290mm 的部分称为紫外线 C(UV-C)。紫外线 C 可以杀死地面上一切生命，这部分紫外线被高空臭氧层完全吸收；紫外线 B 可以严重损伤地球生命，但其中波长最短的有害部分基本上也被臭氧层吸收；紫外线 A 对人类是有益的。也就是说，分布在平流层的臭氧，能吸收大量由太阳放射出的对人类及动植物有害的波长较短的紫外线，保护着球上的生命和生态系统。

10.2.2　臭氧层破坏及其原因

1. 臭氧层中臭氧的形成及耗竭机制

臭氧空洞，准确地说是“臭氧层减薄”，指臭氧的浓度较臭氧洞发生前减少超过 30%的区域，即大气臭氧浓度小于 200DU 的区域。

大气圈平流层中最重要的化学组分就是臭氧，其生成和消耗机制为：在来自太阳的高能紫外辐射作用下，分子氧(O_2)首先离解出原子氧(O)，然后它们再结合形成臭氧(O_3)，其化学反应为

$$O_2 + h\nu \longrightarrow 2O\ (h\nu \leqslant 240\text{nm})$$

这个反应产生的氧原子具有很强的化学活性，能很快与大气中含量很高的 O_2 发生进一步的化学反应，生成臭氧分子，反应式为

$$O + O_2 + M \longrightarrow O_3 + M$$

生成的臭氧分子在平流层也能吸收紫外辐射并发生分解，反应式为

$$O_3 + h\nu \longrightarrow O_2 + O\ (h\nu: 280 \sim 320\text{nm})$$

2. 臭氧层破坏的人为原因

人类活动致使臭氧层破坏的化学物质主要有CFCs、NO以及其他化学物质。

氟利昂是氯氟烃类物质(CFCs)的商业名称,包括许多品种,如 CCl_3F(F-11)、CCl_2F_2(F-12)、$CHClF_2$(F-22)等。20世纪30年代以来,CFCs广泛用作电冰箱、空调的制冷剂,还可做发泡剂、分散剂、清洗剂等;NO主要来源于矿物性燃料的利用以及飞机、汽车尾气等。

(1)氯氟烃类物质

科学研究表明,氯氟烃类物质中对臭氧层破坏最严重的也最常用的是 CCl_2F_2 和 CCl_3F。这些气体排放到大气中后,可存留数十年到一百年左右,它们上升到平流层后,在紫外线的照射下分解出可与 O_3 分子发生光化学反应的Cl原子,从而破坏臭氧层。光化学反应为

$$CCl_2F_2+h\nu \longrightarrow CClF_2+Cl$$
$$CCl_3F+h\nu \longrightarrow CCl_2F+Cl$$
$$Cl+O_3 \longrightarrow ClO+O_2$$
$$ClO+O_3 \longrightarrow Cl+2O_2$$

臭氧层中 O_3 会不断遭到破坏,而氯原子的净消耗却为零。只要有少量的氯达到平流层,即可使 O_3 不断被耗损。

氟利昂物质中,氯元素被溴元素置换后,称为哈龙(Halons),是含溴的化学物质,主要用作灭火剂。这类化合物具有特殊的灭火效果,而且不导电、毒性低、无残留,在计算机房、文史博物馆、舰船、飞机等部门都有广泛应用。研究表明,哈龙对臭氧层的破坏作用比氟利昂还要高10倍以上。

溴破坏臭氧作用机制为

$$BrO+ClO \longrightarrow Br+Cl+O_2$$
$$Br+O_3 \longrightarrow BrO+O_2$$
$$Cl+O_3 \longrightarrow ClO+O_2$$

(2)喷气式飞机在高空飞行排出的氮氧化物

$$N_2O+h\nu \longrightarrow N_2+O\ (h\nu<337nm)$$
$$N_2O+h\nu \longrightarrow NO+N\ (h\nu<250nm)$$
$$N_2O+O \longrightarrow N_2+O_2 \longrightarrow 2NO$$
$$NO_2+O \longrightarrow NO+O_2$$
$$O_3+O \longrightarrow 2O_2$$

10.2.3 臭氧层破坏的后果

2000年9月3日南极上空的臭氧层空洞面积达到 $2830km^2$,超出中国

面积两倍以上。这是迄今观测到的最大的臭氧层洞。据估计,由于人类活动的影响,臭氧含量已减少了3%,到2025年,有可能会减少10%。有害紫外线的增加,会产生以下危害。

1. 对人体健康的影响

阳光中紫外线的增加对人体健康有极大的危害作用,使皮肤癌和白内障患者增加,损坏人的免疫力,使传染病的发病率增加。

2. 对植物的影响

近十多年来,科学家对200多个品种的植物进行了增加紫外线照射的实验,发现其中三分之二的植物显示出敏感性。试验中有90%的植物是农作物品种,其中豌豆、大豆等豆类,南瓜等瓜类,西红柿以及白菜等农作物对紫外线特别敏感,花生和小麦等植物有较好的抵御能力。紫外辐射会使植物叶片变小,光合作用减弱,生产量降低。

3. 对水生系统的影响

紫外线的增加,对水生系统也有潜在的危险。水生植物大多贴近水面生长,这些处于水生生态食物链最底部的小型浮游植物的光合作用最容易被削弱,浮游生物的生产力下降。

4. 对材料的影响

过量的紫外线会加速建筑、喷涂、包装及电线电缆等材料的老化过程,尤其会使塑料等高分子材料老化和分解,结果又造成光化学大气污染。特别是在高温和阳光充足的热带地区,这种破坏作用更为严重。

5. 对全球气候的影响

平流层中臭氧对气候调节具有两种相反的效应:如果平流层中臭氧浓度降低,平流层自身会变冷;因辐射到地面的紫外线辐射量增加,会使地球表层增温变暖。如果整个平流层中臭氧浓度的减少是均匀的,则上述两种效应可以互相抵消,而事实上,平流层臭氧层呈不均匀减少趋势,将会导致局部气候异常变化。

10.3　生物多样性锐减

生物多样性是地球最为显著特征之一。生物多样性是地球上生命经过大约35亿年发展进化的结果,是生态系统生命支持系统的核心组成部分。生物多样性是人类的生存和发展的基础。

10.3.1 生物多样性概念

生物多样性是一个地区遗传、物种和生态系统多样性的总和。生物多样性是描述自然界多样性程度的概念，是生物在长期环境适应过程中逐渐形成的一种生存策略。生物多样性包括多个层次，主要为遗传多样性、物种多样性和生态系统多样性。

任何一个特定个体或物种，任何一个特定个体的物种都保持着大量的遗传类型，是个基因库。遗传多样性主要包括分子、细胞和个体水平上的遗传变异的多样性，是生命进化和物种分化的基础。基因多样性是改良生物品质的源泉。因此，遗传多样性对农、林、牧、副、渔业的生产具有重要的现实意义。

物种多样性(species diversity)指一个地区内物种的多样化及其变化，包括一定区域内生物区系的状况、形成、演化、分布格局及其维持机制等。物种多样化是生物多样性在物种水平上的表现形式。物种多样性有两方面的含义：①一定区域内物种的多样化；②生态学方面物种分布的均匀程度。物种被认为是生物多样性的中心，物种多样性是生物多样性研究的基础和核心内容。自然生态系统中的物种多样性在很大程度上能反映出生态系统的现状和发展趋势。

生态系统多样性(ecosystem diversity)是指生物圈内生境、生物群落和生态过程的多样性。生境多样性主要指地形、地貌、气候、土壤和水文等的多样性，是生物群落多样性的基础。生物群落多样性主要指群落的组成、结构和功能的多样性。生态系统过程主要指生态系统的组成、结构和功能在时间、空间上的变化，主要包括物质流、能量流和信息传递，如水分循环、营养物质循环、生物间的竞争、捕食和寄生等。

生态系统的主要功能是物质和能量流动，它是维持系统内生物存在与演替的前提条件。

10.3.2 生物多样性现状

1. 生物资源

据估计，地球上大约有1400万种物种，其中只有170万种经过科学描述(表10-2)。生物在地球的分布是不均匀的，有些生物物种是大部分地区共有的物种，而有些物种则是某一个地区特有的。生物多样性在全球的分布也是不均匀的，南北两极生物多样性最少，物种最丰富的地区是热带雨林、珊瑚礁、热带湖泊。如热带雨林仅占地球陆地面积的7%，但却是生物多样性最集中的地方，赋存着地球上一半以上的物种。物种多样性与地形、气候及局部环境的复杂性等有关，海拔升高、太阳辐射降低、降雨量减少，物种丰富度也随之减少。在中国，热带面积仅占国土的 0.5%，却拥有全国物种总数的 25%。

表 10-2　地球上主要类群的物种数目　（单位：万种）

类群	已描述的物种数目	估计可能存在的物种数
病毒	0.4	40
细菌	0.4	100
真菌	7.2	150
原生生物	4.0	20
藻类	4.0	40
高等生物	27.0	32
线虫	2.5	40
甲壳动物	4.0	15
蜘蛛类	7.5	75
昆虫	95.0	800
软体动物	7.0	20
脊椎动物	4.5	5
其他	11.5	25
总计	175.0	1362

2. 生态系统

生态系统是自然界存在的一个功能单位。目前，人们多采用按生境性质划分生态系统类型。地球上按生境性质把生态系统分为陆地生态系统、海洋生态系统和淡水生态系统等。

陆地生态系统可分为森林生态系统、草地生态系统和荒漠生态系统等。其中的每一类还可以再细分下去。

海洋生态系统的次一级生态系统主要有沿岸、海湾、河口生态系统，存在于浅水区的藻场生态系统，珊瑚礁、红树林和沼泽湿地生态系统，海岛生态系统和外海及上升流海洋生态系统。淡水生态系统可分为流水生态系统

(河流)和静水生态系统(湖泊、沼泽、池塘和水库等)。除自然生态系统外，地球上人类活动的影响愈来愈强烈，形成一系列人工、半人工生态系统，主要包括人类活动影响较轻的农业生态系统和人类活动影响强烈的城市生态系统。生态系统类型丰富，功能各异，各类系统面积悬殊。维持生态系统多样性与稳定性是地球物种多样性和遗传多样性的前提和保证。

3.生物多样性的功能

生物多样性是包括人类在内的地球生命生存和发展的基础。对人类社会发展来说，生物多样性不仅具有巨大的生产价值，而且具有间接的经济价值。一方面，人类社会从远古发展至今，无论是狩猎、游牧、农耕，还是集约化经营都建立在生物多样性基础之上。随着社会和经济的发展，人类不仅不能摆脱对生物多样性基础的依赖，而且在食物、医药等方面更加依赖对于生物资源的高层次开发。据统计，就食物而言，地球上大约 7 万～8 万种植物可以食用，其中可供大规模栽培的约有 150 多种，迄今被人类广泛利用的只有 20 多种，却占世界粮食总产量的 90%。发展中国家有 80%的人口依靠以动植物为主的传统药物进行治疗，发达国家有 40%的药物来源于自然资源或依靠从大自然发现的化合物进行化学合成。此外，生物多样性还为人类提供多种多样的工业原料。另一方面，生态多样性为人类提供持续、稳定、高效舒适的服务，即生态系统的服务功能。例如，生物多样性可以涵养水源，防止水土流失；可以降解有毒有害污染物质，净化环境；可以维持自然界的氧-碳平衡；可以为人类提供清洁的空气和饮用水；可以为人类提供优美的生态环境和休息娱乐场所。可见生物多样性的保护不仅是保护生物及其生存环境，也是保护人类生存和发展的环境。

10.3.3 生物多样性受到的威胁

自从大约 35 亿年以前地球上出现生命以来，就不断地有物种的产生和灭绝。物种的灭绝有自然灭绝和人为灭绝两种过程。物种自然灭绝是生物进化过程中的一个重要组成部分，直到今天，物种自然灭绝和自然形成过程仍在继续进行。物种的自然灭绝是一个按地质年代计算的缓慢过程。但是，自从地球上有了人类，物种形成和灭绝除受自然因素制约以外，更多地受到人类活动的影响。特别是最近几个世纪，由于人口的猛增，人类活动大大加快了物种的灭绝速率。

自 1600 年以来，由于人类对大自然无节制地索取和破坏，地球上的生物物种灭绝速度大为加快。以鸟、兽两类为例，1600—1700 年间大约每十年灭绝一种，1850—1950 年间大约每两年灭绝一种(表 10-3)。

表 10-3　世界受威胁物种状况　（单位:种）

—	已灭绝种	濒危种	渐危种	稀有种	未定种	受威胁种总计
植物	384	3325	3022	6749	5598	19078
鱼类	23	81	135	83	21	343
两栖类	2	9	9	20	10	50
爬行类	21	37	39	41	32	170
无脊椎动物	98	221	234	188	614	1355
鸟类	113	111	67	122	624	1037
哺乳类	83	172	141	37	64	497

中国的生物多样性损失严重，大约有 200 种植物已经灭绝，估计另有 5000 种植物在近年内处于濒危状态，占中国高等植物总种数的 20%，大约有 398 种脊椎动物濒危，约占中国脊椎动物总数的 7.7%。

在世界范围内，各类生态系统的面积的缩小和健康状况的下降，意味着动植物栖息地的改变和丢失。从生态系统类型来看，最大规模的物种灭绝发生在热带雨林，其中包括许多人们尚未调查和命名的物种。

10.3.4　生物多样性的保护措施

当前，世界上的许多物种都受到了严重的威胁，野生物种的灭绝，生物多样性的锐减。如前所述，生物多样性的保护不仅是保护生物及其生存环境，也是保护人类生存和发展的环境。全世界科学界和广大民众为保护生物多样性、拯救濒危生物而不懈努力。

近年来，生物多样性的保护与可持续利用问题，已引起各国政府的极大关注。1980 年 3 月 5 日，在中国、日本、英国、法国、联邦德国、美国、苏联等 30 个国家的首都，同时发表了《世界自然资源保护大纲》。1987 年 5 月 22 日，中国国务院环境保护委员会又发布了《中国自然保护纲要》。1989 年世界自然保护基金会就生物多样性问题发表了声明。联合国环境规划署将生物多样性锐减列为全球重大环境问题之一，并于 1992 年召开的联合国环境与发展大会上，通过了《生物多样性公约》，进而使得保护生物多样性真正成为全球的联合行动。1994 年，中国在该公约的精神和原则基础上，又制定了《中国生物多样性保护行动计划》，充分表明了中国政府对保护生物多样性的极大重视。

《生物多样性公约》的目标是从事生物多样性的保护，以便持久使用生物多样性的组成部分，公平合理的分享在利用遗传资源中所产生的惠益。通过签署该公约，全球对生物多样性保护和生物资源的持续利用已达成一些共识。

从保护的具体途径来划分，生物多样性的保护主要有就地保护、迁地保护与离体保护。

就地保护是以各种类型的自然保护区包括风景名胜区的方式将有价值的自然生态系统和野生生物生境保护起来，限制或禁止捕杀和采集等人类干扰活动，以保护生态系统内生物的繁衍与进化，维持系统内的物质能量流动与生态过程。

迁地保护指通过建设植物园、动物园、水族馆等迁地设施，对目标物种进行保护，主要适于对受到高度威胁的动植物种的紧迫拯救，不然它们就可能灭绝。

野生动物的迁地保护措施主要包括：

①利用动植物园的迁地保护。

②野生动植物的迁地保护基地与繁育中心。

离体保护指通过建设储藏库等设施，对目标物种遗传种质资源进行保护。

保护的措施主要包括：

①作物品种及其亲缘种的收集和保存。

②家养动物品种的收集与保存。

生物多样性保护的最佳途径是保持它们的生境，即建立相对完整的自然保护区网络，而迁地保护与离体保护是就地保护的补充形式。摆在人们面前紧迫的任务是加倍努力，制订包括生物多样性保护及其合理利用的综合战略，并有效动员国内、国际资金，用于保护区的建设和管理，切实有效地保护地球的生物多样性。

10.4　环境与发展前景展望

环境与发展，是当今国际社会普遍关注的重大问题。人类经过了漫长的奋斗历程，特别是自从产业革命以来，在改造自然和发展经济方面取得了辉煌的成绩。在人类社会生产力和生活水平提高的同时，也带来了环境质量恶化、生态失衡、资源匮乏、能源枯竭等负面影响。人们认识到通过资源、能源的高消耗，片面追求经济数量的增长和“先污染后治理”的传统发展模式已经不再适应当今及未来发展的要求，而是必须努力寻求一条人口、经济、社会、环境和资源相互协调，既能够满足当代人的需求，又不对满足后代人需求的能力构成危害的可持续发展模式。

环境与发展的关系是人类的经济活动和社会行为与环境的关系，包括了经济与环境、人口与环境、科学技术与环境、政治与环境、文化与环境、道德与环境等关系。

1. 经济与环境

经济生产的过程也就是把自然资源变成社会财富的过程。但是环境资源毕竟是有限的，环境作为经济发展的物质条件和基础，一方面可以直接支持与促进经济发展；另一方面也会在一定的条件下制约经济发展的方向、规模和速度。

在经济与环境的关系中，经济是矛盾的主要方面，起着主导作用。若以大量消耗资源、能源的粗放型发展模式盲目进行开发建设，牺牲环境求发展，势必会造成环境的污染和破坏。而以建立低消耗、高效益的社会经济结构，转变经济增长方式，提高资源、能源利用率与转化率，为环境保护提供物质和技术支持，才能促使经济与环境协调发展。

2. 人口与环境

环境是人口发展的物质基础和制约因素。人口是开发环境的动力，保持适度的人口数量有利于合理开发利用资源、保护生态环境；但是，一旦人口增长失控，作为社会消费主体，过多的人口将对环境构成巨大压力，造成环境的污染和破坏。因此，有计划地控制人口增长，提高人口素质，有助于与环境之间协调发展。

3. 科学技术与环境

科学技术的进步在增强人类利用和改造环境的能力同时，也大规模地改变了环境的组成和结构，改变了环境中的物质循环系统。随着建立在科学技术成果之上的现代化工业的迅猛发展，造成了气候变化、臭氧层破坏、生物物种锐减等环境问题。反过来，人们也可以利用科学技术来保护环境。例如，人类可以通过节能、新能源开发等来应对气候变化问题；开发新的制冷技术，寻找氟利昂的替代物，来制止其对臭氧层的破坏；大力推行清洁生产，逐步扩大生态设计和生态建设的范围和规模等。因此，重点在于如何合理地运用科学技术，使其与环境之间协调发展。

10.5　可持续发展与环境保护

产业革命之后，人类社会进入了工业化的新时代，社会生产力的显著提高促使人类对自然界的改造能力有了明显的提高，人们从各个方面对环境资源进行了采伐和采掘。工业生产的各种化学溶液的相互合成影响了整个生物圈的生存环境，全球范围内出现了酸雨、温室效应、臭氧层的破坏等一系列问题，社会环境遭到了严重的破坏。据不完全统计，全球平均每年排入环境的工业废渣达 30 亿吨，各种污水 5000 亿吨，各种气溶胶 10 亿吨。这些污染物进入环境之后，会带来无法弥补的严重后果。其损害主要表现为：危害人类生存与健康；危害地球上其他动植物种群的生存；引起固定资产、土地等价值的贬值和损失；影响和破坏可提供舒适性的自然景观；耗竭地球上的不可再生资源。

参考文献

[1]钱易,唐孝炎.环境保护与可持续发展[M].北京:高等教育出版社,2000.

[2]刘青松.生态保护[M].北京:中国环境科学出版社,2003.

[3]何强等.环境学导论[M].北京:清华大学出版社,2004.

[4]陈英旭.环境学[M].北京:中国环境科学出版社,2001.

[5]刘培桐等.环境学概论[M].北京:高等教育出版社,1995.

[6]仝川.环境科学概论[M].北京:科学出版社,2010.

[7]何康林.环境科学导论[M].徐州:中国矿业大学出版社,2005.

[8]刘震炎,张维竞等[M].环境与能源科学导论.北京:科学出版社,2005.

[9]左玉辉.环境学[M].北京:高等教育出版社,2002.

[10]朱蓓丽.环境工程概论[M].北京:科学出版社,2006.

[11]吴彩斌,雷恒毅,宁平.环境学概论[M].北京:中国环境科学出版社,2005.

[12]文博,魏双燕等.环境保护概论[M].北京:中国电力出版社,2007.

[13]任连海,田媛,齐运全.环境物理性污染控制工程[M].北京:化学工业出版社,2008.

[14]金瑞林.环境保护与资源法[M].北京:高等教育出版社,1999.

[15]刘天齐.环境保护[M].北京:高等教育出版社,2000.

[16]吕用龙,贺桂珍.现代环境管理学[M].北京:中国人民大学出版社,2000.

[17]伦纳德·奥托兰诺.环境管理与影响评价[M].郭怀成,梅风乔译.北京:化学工业出版社,2004.

[18]朱庚申.环境管理学[M].北京:中国环境科学出版社,2002.

[19]蔡建安,张文艺.环境质量评价与系统分析[M].合肥:合肥工业大学出版社,2003.

[20]郭廷忠.环境影响评价学[M].北京:科学出版社,2007.

[21]海热提,王文兴.生态环境评价、规划与管理[M].北京:中国环境科学出版社,2004.

[22]陆雍森.环境评价[M].上海:同济大学出版社,2005.

[23]吴国旭.环境评价[M].北京:化学工业出版社,2002.

[24]杨达源,姜彤.全球变化与区域响应[M].北京:化学工业出版社,2004.